アクチュアリー試験

三輪登信 監修
アクチュアリー受験研究会代表 MAH・
栗山太一・中村慎二・相馬直樹・畑田英和 著

合格へのストラテジー

会計・経済・投資理論

東京図書

監修者のことば

何かを学ぼうとするとき，まず全体像を把握し，何を目的としているかをざっくり理解してから各項目の内容がどうなっているか，どのように使うのかに踏み込んでいくという手法があります．本書『アクチュアリー試験　合格へのストラテジー　会計・経済・投資理論』は，まさにそうした視点を意識した作りになっています．教科書をおおまかにでも一巡したあと，知識の整理や定着に，あるいは教科書を読み進める際のガイドのように活用出来ます．また，試験本番で役立つようなアドバイスやテクニックが随所に盛り込まれており，思わず「なるほど」と感じることでしょう．

会計・経済・投資理論は，1次試験の中では数学要素の少ない科目ですが，実はアクチュアリーの仕事において，特に最近，この分野の知識が重要になってきています．主要なアクチュアリー業務の一つに保険会社の責任準備金計算があります．責任準備金は保険会社の決算書や健全性の確認などに使われます．責任準備金は決算書の中でも金額的に非常に大きな割合を占めていますから，その正確性の確保は重大です．また，保険料や保険金等とも密接に関係していますので，決算書全体の動きとの整合性や負債としての網羅性などにも留意する必要があります．決算書に注記される項目にも影響しますから，こうした関係を理解するうえで，決算書の作成に必要な会計用語や知識を修得しておくことは有意義と言えるでしょう．

また，保険会社の健全性の確認においては，想定から外れた事象下においても保険契約者への責任が果たせるよう，責任準備金の十分性や財務基盤の堅牢性を検討します．そのために，金利や株価といった経済変数が責任準備金及び対応する保有資産の推移に与える影響を推定します．最近では，国際財務報告基準（IFRS）や経済価値ベースのソルベンシーマージン規制の適用に向けて，割引率などを毎期見直して保険契約負債やリスクを測定する方法も議論されており，ますます会計や経済，投資に対する理解がアクチュアリー業務において重要度を増してきています．

年金の世界においても，たとえば退職給付債務計算では，その根拠となる退職給付会計をはじめとした会計全般に関する基本的な知識は必要ですし，計算に用いる割引率や死亡率・退職率・昇給率などを設定・提案する場合や退職給付制度を改定する場合は，年金法令や年金財政，経済情勢に関する知識に加え，退職給付会計上の要件や制度移行に関する会計基準等の定めに対する理解も求められます．

このように，数理の世界と会計や経済・投資の世界がオーバーラップしてきています．双方の知識が必要な分野でのアクチュアリーに対するニーズは今後も高まると思われ，会計や経済にも明るいアクチュアリーや公認会計士とのダブルライセンスホルダーの活躍の場はますます広がっていくことでしょう．本書を通じて会計・経済・投資理論への理解を深めていただき，合格への一助となることを心より祈念しています．

2021年5月

三輪登信

推薦のことば

モデルとは何か．

国際アクチュアリー会は，「モデルとは，統計的，財務的，経済的，または数学的な概念を用いて，組織や事象間の関係を簡略化して表現したもの」と定義しています．アクチュアリーが用いる数理的なモデルには，統計的・数学的なものだけでなく，財務的・経済的なモデルも含まれます．アクチュアリアル・サイエンスが社会科学と言われる所以です．そして，財務的・経済的な概念を学ぶのが「会計・経済・投資理論」の目的でもあります．

受験生と話をすると，「会計・経済・投資理論」は範囲が広いという声をよく聞きます．多くの受験生は，4冊のテキストと過去問を見比べて，既出問題や重要な部分にマーカーを塗るという作業を行った経験があると思います．本書は，全体の7割を占めると言われる「会計・経済・投資理論」の計算問題に必要な知識・公式をコンパクトに纏めてくれています．本書があれば，計算問題の対策に割く時間を省略することができ，余った時間で知識問題の対策に集中することができます．合格した人の体験談を聞くと，共通しているのがタイムマネジメントです．効率的な時間の活用が合格には欠かせません．その意味で，本書はそれを支援してくれる一冊になるでしょう．

また，テキストを一度読んでもすぐに忘れてしまう，そんな経験をしたことのある受験生もいると思います．忘却曲線に抗うためには，繰り返しの復習が大切です．

そのためにはテキストの重要な部分を自分で纏めないと・・・というのは過去の話であり，本書の第II部がそれを代わりにやってくれています．計算問題に必要な知識・公式を繰り返し読むことで，あやふやな知識が自信に変わり得点源となる，そんな読者が増えると筆者も喜ぶことと思います．

2021年5月

藤澤陽介

はじめに

おかげさまで，「アクチュアリー試験 合格へのストラテジー」シリーズも1次試験としては最後の第5作となりました.「数学」出版以来，多くの皆様にご評価・応援いただき，誠にありがとうございます.

「会計・経済・投資理論」(以下，KKT）は，アクチュアリー試験の1次試験5科目のうちでは最も数学部分のウェイトが小さく，知識問題も多く出題されます．そのため，数学が苦手な方の最初の受験科目としては，非常に適した科目といえます.

1科目でも合格すれば研究会員になり，それによって会員のみが対象の講義やプログラムなどに参加できる権利を得られるので，頑張る意義は大きいです.

また近年，公認会計士などの方たちによるアクチュアリー試験へのチャレンジも非常に増えてきています．公認会計士のダブルライセンスの一つとして難易度の高いアクチュアリーの資格を取得し，他の会計士に対しての優位性を築きたい，という目的もあるようです.

本書制作チームとしては，「KKT」になじみのない受験生，初学者でもスムーズに理解を進められるよう，勉強のパートナーとして最適な受験ガイダンス兼参考書を目指して，取り組んできました．ただ「KKT」は，指定教科書の総ページ数が1,700ページを超えることもあり，かなり難易度の高い作業となりました．限られた紙面で組み込むことができず，泣く泣くカットしなければならない部分も多々ありました.

しかし，執筆メンバーの努力の結果，本書と教科書の理解とともに過去問演習を重ねることで合格を目指せるような過去に類がない,「KKT」のエッセンスを集約した一冊が出来上がったと思います.

監修は,公認会計士とアクチュアリーのダブルライセンスを保持され大手監査法人で活躍されている三輪登信さんに,全体を俯瞰した適切なアドバイスを含め,示唆に富む知見を提供いただきました.深く感謝申し上げます.

栗山太一さんにはアクチュアリー受験研究会(以下[アク研])でも公認会計士としての知見を活かして長く会計分野の指導をされており,その経験も踏まえて会計分野を執筆いただきました.

中村慎二さんは,弁護士,公認会計士等多岐に亘る活躍をされており会社法等,多数の書籍も執筆されています.今回その経験や知見を活かし経済分野を担当いただきました.

相馬直樹さんは[アク研]の第1回の勉強会からのお付き合いです.「KKT」の試験の知識やスキルも豊富で保険会社の経理部で活躍されています.今回は投資理論分野を執筆いただきました.

畑田英和さんも[アク研]において過去問ワークブックなど多数の受験生向けツールを作成し,貢献いただきました.今回はそのノウハウを本書に注ぎ込んで投資理論分野を執筆いただきました.

また,SOMPO未来研究所の菊武省造さん,トーア再保険の加藤大博さん,RGA再保険の北村慶一さん,あずさ監査法人の中野貴章さんにはアドバイスを多数いただき,本書の計算チェック・記述チェックも含めて大いに協力いただき感謝しています.中野さんには付録も寄稿いただき,感謝申し上げます.

最後に東京図書の清水さんには,本書の編集・出版に今回も大変助けていただきました.5作ものシリーズを世に出していただいた情熱と多大なるご努力に感謝申し上げます.

2021年5月

アクチュアリー受験研究会代表　MAH

目　次

◆装幀　今垣知沙子（戸田事務所）

第I部

アクチュアリー試験
「会計・経済・投資理論」
受験ガイダンス

■第１章

アクチュアリー試験「会計・経済・投資理論」概要

1.1 「会計・経済・投資理論」の位置づけ

本書は，日本アクチュアリー会が実施しているアクチュアリー試験[*1]の１次試験科目の１つである「会計・経済・投資理論」（以下，「KKT」）について，受験ガイダンスや，必須の知識・公式とともにそれらを活用する計算問題へ対応すべく，一冊にまとめたものとなります．

他の１次試験科目はほぼ100％が計算問題ですが，「KKT」には，知識問題（正誤問題，選択問題等）のウェイトが約30％弱あります．「KKT」の教科書が，合計1,700ページもあるため，知識問題までも網羅した一冊にしようとするのは少し無理があり，本書は主に計算問題に対応すべく，構成している点ご容赦ください．合格のためには，計算問題だけでなく，当然知識問題もしっかり準備する必要があります．本書の第２章で，その準備の仕方をアドバイスしていますので，参考にしていただければと思います．

[*1] アクチュアリーとは何か，アクチュアリー試験がどんな試験か等の試験全体にかかわる情報については，本シリーズ第１作である [合格へのストラテジー 数学] に記述があります．正会員になるには「数学」試験も合格する必要がありますので，合わせてご購入ください．参考文献は巻末を参照下さい．

1.2　試験範囲と教科書について

試験範囲の詳細については，日本アクチュアリー会が毎年6月末あたりに公表する「資格試験要領 別紙 (1) 試験科目・内容および教科書・参考書」を参照ください．ここでは，2020年度の試験要領をもとに解説します．会計，経済，投資理論ともに，出題範囲に提示された項目と，教科書の章立てが1対1で対応しています．「数学」のようにどこに載っているのかわからないということはなく，教科書をしっかり理解できていれば解ける問題が大半です．

1.2.1　会計

会計の教科書は，[財務会計講義] が指定されています．出題範囲と，教科書対応は，下表の通りになります．注意すべき点は，こちらの [財務会計講義] は，毎年版を重ねており，試験要領でも毎年，最新版を指定しています．したがって，中古本を購入した場合，最新版にのみ記述された箇所に対応できないリスクがあります．多少ケチったところで不合格になっても面白くありませんので，必ず最新版を購入しましょう．版の改訂箇所が実際に出題される場合もあります．過去問を解く際も，最新版と処理や解答が異なることがありうる点に注意して勉強を進めていきましょう．

出題範囲	教科書対応
財務会計の機能と制度	第1章
利益計算の仕組み	第2章
会計理論と会計基準	第3章
利益測定と資産評価の基礎概念	第4章
現金預金と有価証券	第5章
売上高と売上債権	第6章
棚卸資産と売上原価	第7章
有形固定資産と減価償却	第8章
無形固定資産と繰延資産	第9章
負債	第10章
株主資本と純資産	第11章
財務諸表の作成と公開	第12章

1.2.2　経済

経済の教科書は，[入門経済学] になります．入門と冠するだけあって，経済について具体例の提示も多く平易で初心者向けに書かれている印象を持ちます．演習問題，用語集などがついており，理解の助けになると思います．こちらも会計同様，出題範囲と，教科書の対応する章が明確なので，学習に迷いは生じないと思います．全 16 章中，出題範囲は半分ほどなので，「KKT」の中では 1 番取り組みやすい分野でしょう．

出題範囲	教科書対応
需要と供給	PART1-1
需要曲線と消費者行動	PART1-2
費用の構造と供給行動	PART1-3
市場取引と資源配分	PART1-4
ゲームの理論入門	PART1-8
経済をマクロからとらえる	PART2-9
有効需要と乗数メカニズム	PART2-10
貨幣の機能	PART2-11
マクロ経済政策	PART2-12

1.2.3　投資理論

投資理論の教科書は, [新・証券投資論 I 理論篇], [新・証券投資論 II 実務篇] の 2 冊からなります．数学っぽい内容が豊富で，数学が苦手な方には少しとっつきにくいかもしれません．

出題範囲	教科書対応
投資家の選好	新・証券投資論 I　理論篇　第 1 章
ポートフォリオ理論	新・証券投資論 I　理論篇　第 2 章
CAPM	新・証券投資論 I　理論篇　第 3 章
リスクニュートラル・プライシング	新・証券投資論 I　理論篇　第 5 章
デリバティブの評価理論	新・証券投資論 I　理論篇　第 7 章
債券投資分析	新・証券投資論 II 実務篇　第 1 章
株式投資分析	新・証券投資論 II 実務篇　第 2 章
デリバティブ投資分析	新・証券投資論 II 実務篇　第 4 章

1.3　試験の形式と時間の考察

試験時間は，他の1次試験科目と同様3時間です．100点満点で設定されており，「合格基準点（各科目の満点の60%を基準として試験委員会が相当と認めた得点）以上の得点の者を合格とする」とされています．

「KKT」については，「会計」，「経済」，「投資理論」の各分野のうち一分野でも最低ライン（分野ごとの満点の40%を基準として試験委員会が相当と認めた得点）に達していない場合は不合格とすることとされているため，注意が必要です．

以前は，苦手な分野を勉強しないで得意な分野のみで得点を稼ぐ戦術もとりえましたが，現在では各分野ともしっかり網羅的に勉強することが求められているといえます．

平成12年度（2000年度）試験以降，配点に大きな変化はありませんが，2020年度の試験で見ると，配点と最低ラインは以下の通りです．

	配点（合計100点満点）	最低ライン（配点の40%）
会計	25点	10点
経済	25点	10点
投資理論	50点	20点

単純に，見直し時間を20分用意したとして，分野ごとに時間を割り振ると，最大限配分できる時間は，下記の通りになるでしょう．

会計	40分
経済	40分
投資理論	80分
見直し時間	20分

（合計180分）

実際にどの分野でどう得点を稼ぐかは，皆さんの得意分野に応じて配分を変えてよいでしょう．

おそらく，大半の受験生は「時間が足らない」という状態に陥りやすいです．それを防ぐためにも，分野ごとに最大限充てられる時間の目安を付けて，その時間が来たら見切りをつけて先に進めていく必要があります．特に計算を伴わない問題である正誤問題，空欄選択問題等は，知らなかったら解けないので，悩んで時間を掛けるべきではありません．試験全体のウェイトとしては30%弱くらいの配点があるので，理解と対策は必要ですが，準備が足らなければ解けないわけです．もし準備していない問題が出題されたら，知っている知識を最大限動員させて選択肢を決め，先に進めましょう．

そして，計算問題も同様に，1問にかけられる最大時間を超えたら諦めて，どんどん次に進めていきます．難問も混じっています．最終的には何も見ずに，過去問を制限時間以内に解けるかの訓練をしっかり行うことで，本番のタイムマネジメントをマスターしていきましょう．

1.3.1　会計の過去問分析

直近5年間の過去問の出題傾向（配点）を次ページにまとめています．10年間で見ても大きく傾向は変わりません．

各章からまんべんなく出題されているので，網羅的に学習する必要があります．出題形式は概ね固定されており，第1問が用語穴埋め問題，第2問が正しいものを選択する問題，第3問が正誤問題で，知識問題は計15点です．第4問，第5問が計算問題で，計10点となっています．計算問題は第4章以降の範囲の設例を中心に出題されることから，知識問題は第1章〜第3章からの出題のウェイトが少し高くなります．

計算問題のほとんどが，教科書の設例もしくは図表から出題されています．そのため，設例から解法を理解するという勉強法を多くの方がしています．会計の計算自体は簡単であるためすぐに解けてしまうのですが，結局は何をやっているのかよくわからないという声を聞きます．それもそのはずで，設例は演習問題ではなく，前後で説明している内容の例示に過ぎないからです．さらに，気を付けなければならないのは，設例等には理論的な考え方と基準で定められている処理方法などが混在していることであり，そこから抽出して問題が作られているため，解き方だけを見ても理解が進まない恐れがあります．過去問で学習する際には，対応する設例等の理論的な背景を必ず確認するようにしましょう．

なお，会計基準等は毎年改正が行われています．改正論点は知識問題で出題される傾向があります．教科書の新版が出版された際には必ずどこが改正されたのかを確認して，準備しておく必要があります．

章＼その年の配点	2020	2019	2018	2017	2016
財務会計の機能と制度	1	1	2	2	2
利益計算の仕組み	2	2	1	2	1
会計理論と会計基準	1	2	2	2	2
利益測定と資産評価の基礎概念	2	2	1	1	1
現金預金と有価証券	3	2	2	2	3
売上高と売上債権	2	1	2	2	1
棚卸資産と売上原価	2	2	4	2	1
有形固定資産と減価償却	1	2	2	3	2
無形固定資産と繰延資産	2	2	2	2	1
負債	4	3	2	3	2
株主資本と純資産	2	3	2	2	3
財務諸表の作成と公開	3	3	3	2	6
合計点数（うち知識問題）	25 (15)	25 (15)	25 (15)	25 (15)	25 (15)

1.3.2　経済の過去問分析

直近5年間の過去問の出題傾向（配点）を次ページにまとめています．10年間で見ても大きく傾向は変わりません．

年により多少の偏りはありますが，ミクロ経済学とマクロ経済学がおよそ2:1の割合で出題されることが多いといえます．

ミクロ経済学では「市場取引と資源配分」への偏りが多いように見えますが，「市場取引と資源配分」の分野は，それよりも前にある「需要と供給」「需要曲線と消費者行動」「費用の構造と供給行動」の3つの章の内容を踏まえた応用的な章であるため，結局のところ基礎にあたるこれら3つの章の勉強は不可欠といえます．この「市場取引と資源配分」の分野は大問（第8問に相当）が出題される可能性が極めて高いことがわかります．応用的な問題が出題されることが多いため，高得点をあげるには過去問の分析と対策の必要性が高いと考えられます．

また，ミクロ経済学関連では，これとは別に「ゲームの理論入門」から毎年出題があります．年によって難問が出題されることがあり，教科書の通読だけでは対応できない場合が少なくありません．過去問を分析した上で，自信がない方は後回し（場合によっては捨て問）にするといった決断が必要になると思われます．

ミクロ経済学と比べるとマクロ経済学については大問での出題例は少ないですが，その代わりに小問の中で各章からまんべんなく出題されるケースが多いと思われます．これらについては教科書を読んだうえで過去問を検討しておくと比較的容易に解くことができると思われます．

また，第6問と第7問の一部（通常は(1)）は知識問題です．こちらは教科書を読むことで，ある程度解答可能と思われますので，過去問を解いておくことをお勧めします．

注 指定教科書である[入門経済学]は第4版が2015年に出版され，第3版とは記載内容が若干異なります．その関係で，第3版が教科書として指定されていた時期とは出題範囲・出題される問題の種類が若干異なります．2014年度以前の過去問を解く際には注意が必要です．

章＼その年の配点	2020	2019	2018	2017	2016
需要と供給	1	1	1	-	1
需要曲線と消費者行動	-	1	1	-	-
費用の構造と供給行動	2	1	-	1	3
市場取引と資源配分	10	10	9	11	4
ゲームの理論入門	3	4	4	3	4
経済をマクロからとらえる	1	1	5	1	1
有効需要と乗数メカニズム	1	3	2	3	-
貨幣の機能	3	3	2	4	2
マクロ経済政策	4	1	1	2	10
合計点数（うち知識問題）	25 (7)	25 (7)	25 (7)	25 (7)	25 (7)

1.3.3 投資理論の過去問分析

直近5年間の過去問の出題傾向（配点）を次ページにまとめています．10年間で見ても大きく傾向は変わりません．

年により多少の偏りはありますが，試験範囲である8つの章からまんべんなく出題されていることがわかります．過去問とは毛色の違う新傾向の問題も多少出題されることもありますが，大部分は本書と過去問をマスターしておけば難なく解ける問題です．

注 試験範囲は，必ず試験要領で確認するようにしましょう．

また，近年の特徴として計算問題だけではなく知識問題もある程度のボリュームを占めている点が挙げられます．計算問題をマスターするのが先決ではありますが，余裕があれば知識問題も対策しておきましょう．少なくとも，過去問演習で出てきた知識を教科書で調べる際に，その周辺のページもついでに読んでおくことをお勧めします．

章＼その年の配点	2020	2019	2018	2017	2016
投資家の選好	5	5	5	5	-
ポートフォリオ理論	5	3	4	4	7
CAPM	7	7	7	7	6
リスクニュートラル・プライシング	7	7	6	7	7
デリバティブの評価理論	6	4	4	4	6
債券投資分析	7	9	9	8	8
株式投資分析	8	9	8	8	11
デリバティブ投資分析	5	6	7	7	5
合計点数（うち知識問題）	50 (6)	50 (11)	50 (11)	50 (12)	50 (4)

1.3.4 アクチュアリー試験「KKT」の沿革

平成元年度～ 「会計・経済」試験が開始．この時点では記述式．

平成6年度～ 「会計・経済」に「投資理論」が加わった．加わった当初の配点は，「会計」30点，「経済」35点，「投資理論」35点であった．平成11年度までこの配点が続き，平成12年度以降，「会計」25点，「経済」25点，「投資理論」50点となった．

平成18年度～ 「会計」について，現在の教科書[財務会計講義]と試験範囲に変わった．以後教科書は毎年最新の版に変わりつつ，試験範囲は現在まで同一．

平成19年度～ マークシート試験となった．

平成22年度～ 「投資理論」について，現在の教科書[新・証券投資論I理論篇]，[新・証券投資論II実務篇]と試験範囲に変わった．以後現在まで同一．

平成27年度～ 「経済」について現在の教科書[入門経済学]と試験範囲に変わった．以後現在まで同一．

令和4年度～ CBT試験となった．

■第2章

アクチュアリー試験
「会計・経済・投資理論」攻略法

2.1　3分野全体にいえること

「KKT」の教科書4冊分の総ページ数は約1,700ページにも及びます．もちろん，試験範囲外の部分もありますが，かなりの分量です．最初はどの分野も，まず教科書を通読していきましょう．完全に理解していなくとも構いません．どこに何が書いてあるか，程度でもよいです．そこから理解を深めていくのですが，ラッキーなことに，KKTの教科書は1次試験の他の4科目の教科書と比べて圧倒的に読みやすいです．もちろん計算問題もそれなりに出題されますが，「数学」や「損保数理」のように微分積分のオンパレードというようなことにはなりません．

以下，大まかなスケジュールと進め方について説明していきます．

2.2　「KKT」学習の進め方

2.2.1　1年間のスケジュール

以下では「KKT」が初受験である受験生が3月から勉強を開始する場合を想定し，大まかなスケジュールを提案します．

3月	基礎固め.
4月～5月	会計の教科書設例・本書の問題集・過去問を解き理解を深める.
6月～7月	経済の教科書問題・本書の問題集・過去問を解き理解を深める.
8月～9月	投資理論分野の本書の問題集・過去問を解き理解を深める.
10月～11月	3分野合わせた過去問の演習を行う. 未出部分の対策を行う.

2.2.2　基礎固め

なにはともあれ，まずは教科書の通読からはじめましょう．はじめのうちは細かく読まずに，わからなくてもいいからまずは一巡することです．この時点では会計・経済・投資理論ともそれぞれどういうことをやっているのか，という大意をつかめればOKです．

そのうえで，過去問や，本書の必須問題集を解き進めながら，教科書の内容を理解していくといいでしょう．過去問や本書は問題・解答ごとまるごと覚えて，カンペなしで人に説明できるくらいやり込みましょう．問題が徐々に解けるようになって成功体験を重ねていくことで，「できる」感覚がつかめると思います．

2.2.3　過去問と教科書の紐づけ

知識問題は全体の3割弱を占めます．教科書の知識を固めるために，過去問で登場する知識問題（正誤，空欄選択等，計算問題以外の問題）に一通り当たっていきましょう．方法はいろいろありますが，下記はその一例です．

過去問の文章問題のキーとなる文章を見つける

最低でも10年程度の問題について，教科書のどこに記述されている部分から出題されているのかを見つけてマークします．知識問題と計算問題と両方ともマークし，○○年1(2)などとメモをしていきます．

マークした文章からキーとなる箇所に暗記ペンでマークする

マークした文章で，実際に出題されたキーワード，例えば空欄選択で登場するような語句を緑（もしくは赤）マーカーでマークしていきます．100円ショップで暗記用のマーカーとシートが手に入ります．

暗記用シートで隠した箇所を思い出す演習を繰り返す

赤（もしくは緑）シートで隠した状態で，何度も内容を思い起こすトレーニングを繰り返していきます．

その他の方法

アクチュアリーの2次試験の対策ではこういった知識問題に対応する方法がいくつか編み出されています．他にも下記の方法があげられます．いずれにしろ準備段階ではかなり大変な作業を伴いますが，その分教科書の内容自体に愛着が湧いてくるでしょう．

- 穴埋め問題マクロを使って自作の穴埋め問題を作る
  くまぷーさんと言う方の作成したWord上の文章で穴埋め問題を自動作成するマクロがあります．こちらを作成者の許可を得て改変したLiptonさん作のWordマクロが[アク研]にて入手可能です．[アク研]のサイトにログインし，「穴埋め　マクロ」で検索すればマクロを入手できます．
- 暗記用のアプリを使う
  教科書にチェックマーカーを付けて写真で取ったものを，スマホ上の画面でチェック部分を隠したり，戻したりするアプリ「暗記マーカー」があります．こちらもお手軽に今日覚える分だけをスマホに入れて，通勤・通学中に勉強するのに便利でしょう．ほかにも多数ありますが自分のお気に入りの暗記用アプリを入れて学習を進めていくとよいと思います．そういったものを[アク研]の勉強仲間に提供していくのもモチベーション維持に有効です．[アク研]にはnamachu_ さんが2015年受験時に作成した「Anki」というアプリを用いた「KKT」それぞれの「用語系問題」に特化したデータベースもあります．1,000題くらい登録されていますが，こちらをアップデートして他の会員に提供するのも大変勉強になると思います．

2.2.4　会計が苦手な方へのアドバイス

受験生から，会計がよくわからないという声をいただきます．日商簿記3級くらいの知識を持っていると教科書の話がだいぶ楽になるので，時間があれば一度簿記3級試験のテキストで勉強してみることをお勧めします．

本書では，付録に会計の基礎を簡単にまとめた『初心者のための「会計」の基礎』を付けましたので，まずはそれを参考にされたらよいと思います．さらにもう少し勉強したいという方には，下記の会計入門書をお勧めします．

『会計のことが面白いほどわかる本　会計の基本の基本編』天野敦之著

初心者向けで，天使との会話で疑問点を解きほどいていく形式で会計の基本を解説してくれます．借方，貸方って何？ くらいのところから解説してくれていますので，初心者でも理解できます．2012年以降に発行されたカラー版を購入しましょう．

『会計のことが面白いほどわかる本　会計基準の理解編』天野敦之著

『基本の基本編』に加えて，IFRSについても解説されています．試験範囲を超える部分もありますが，退職給付会計については素人向けにやさしく書かれているのでお勧めです．目的や意味がわかるだけで，その後の理解は格段に違ってくると思います．こちらも2012年以降に発行されたものを購入しましょう．

2.2.5　過去問への取り組み

本書の問題集は計算問題中心としていますので，知識問題への対応は十分ではありません．合格圏内に近づくには，過去問に取り組み，知識問題を含めさらなるパターンを網羅していく必要があります．

あまりにも古いと，現在の教科書と合致していないこともあるので，おおむね過去10年程度の過去問については，解答を見ないで解けるようになるまで，練習しましょう．最初は，教科書のどこに書かれている問題かを探しながらで構いません．

[アク研]のWEB[*1]には「過去問ワークブック」など会員が整理したものがありますので，適宜活用しましょう．

まずは解答を見ないで自力で解けるようになりましょう．そのうえで，時間を計って，目標時間内に解けるようにしましょう．

2.3 お勧め受験対策

2.3.1 [アク研]の活用

[アク研]は，アクチュアリー試験に挑戦する仲間が集うオンライン上に存在する勉強サークルです．私MAHが，アクチュアリー試験に関する各種情報を蓄積していくこと，勉強仲間を増やし，お互いにモチベーションを高めてあっていくことを目指して設立しました．

[アク研]には数百件の各公式集，過去問解説，教科書解説，誤植情報，またアクチュアリーの仕事についての情報などが多数掲載されており，今もなお増え続けています．アクチュアリー試験に関する全科目の情報をネット上で入手できる国内最大の会員制サイトとなっています．

[アク研]の勉強会では，1次・2次科目ともに多くの受験生が集い，試験に合格していくためのさまざまな情報を得つつ，一緒に勉強する仲間を作っていくことができます．また，正会員，準会員の方も多数参加し，懇親会でも気軽に仲良くなれます．生保・損保・年金分野等の実務がどうなっているのかなど，就職や転職にあたって必要な情報や話題も得ることができます．学生の方や，転職を考えている社会人の方にもお勧めいたします．

「受験生の道具箱」には科目ごとに有用な情報（数百件）が詰まっており，

[*1] https://pre-actuaries.com/

公式集，ワークブック等，日々進化を続けています．

首都圏では月に1回，勉強会を実施[*2]しています．同じ科目を勉強する仲間が集まり，切磋琢磨しますので，「自分も頑張ろう」というモチベーションが高まります．

年間の勉強のペース配分にもアク研は大いに有効です．「KKT」はかなり範囲が広く，またやらなければならないことも多いため，月に1回，参加するだけでも，自分の勉強具合が進んでいるのか遅れているのかがよくわかります．以下は，ある年の勉強会のスケジュール例です（その参加者で変化しますので，参加する際は事前に確認してください）．

3月　ガイダンス，会計第1回
4月　会計第2回
5月　経済第1回
6月　経済第2回
7月　投資理論第1回
8月　投資理論第2回
9月　投資理論第3回
10月　模擬試験・総合演習
11月　模擬試験・総合演習

特に，どんどん自作の模試や簡易テストなどを制作し，[アク研]のサイトに投稿したり，勉強会で自分なりの解答を発表するなど，アウトプットを行うことは，理解度を高め記憶の定着に大変有効ですので，ぜひ，[アク研]をしっかり活用していきましょう．

---

*2 2020年度はコロナの影響で主にZOOMでオンライン開催でした．

第Ⅱ部

アクチュアリー試験
「会計・経済・投資理論」
必須知識＆公式集

第II部では，アクチュアリー試験「会計・経済・投資理論」の計算問題を解くのに必要な知識や公式を可能な限りまとめました．これらの知識・公式は最終的に暗記し，身に付けておく必要があります．ただし，知識・公式をただ暗記するのではなく，第III部の必須問題集を解きながら，問題とセットで覚えるといいでしょう．

本書は，試験範囲3分野の計算問題を解くのに必要な知識や公式をほぼ網羅した史上初の本だと思っています．通勤や通学のお供として，常に持ち歩いて本書をまるまる読み込んで暗記していただいて構いません．

そして，空いたスペースに自分にとって必要な知識があればどんどん書き加えていきましょう．

試験本番直前に最終的に持ち込む本として，貴方にとってのBestな一冊に仕上げてください．

知識問題の対策を別途する必要があり，本書だけで合格することはできませんが，過去問を解いたり，未出問題を対策したりするベースの一冊になるでしょう．

■第3章
「会計」必須知識＆公式集

この章では，「会計」分野の計算問題を解くための知識や用語・公式を中心にまとめる．

3.1　利益測定と資産評価の基礎概念

3.1.1　資産評価の諸基準

「財務会計の概念フレームワーク」は，**資産**を，過去の取引または事象の結果として，財務報告の主体が支配している経済的資源と定義している．資産に関しては，次のような評価基準が考えられる．

- **取得原価**：購買市場で資産が取得された過去の時点での支出額．過去の歴史的な事実に基づくことから，**歴史的原価**ともよばれる．
- **取替原価**：保有中の資産と同じものを現在の購買市場で取得して取替えるのに要する支出額．現時点での資産の再調達を仮定した場合の評価額であることから，**再調達原価**ともよばれる．
- **純実現可能価額**：資産の現在の売価から，販売費等の付随費用を控除して算定する価額．**正味売却価額**ともよばれる．
- 将来キャッシュ・フローの**割引現在価値**：将来キャッシュ・フローの価

値の現時点の評価額．**経済学的利益**ともよばれる．

3.2　現金預金と有価証券

3.2.1　現金及び預金

- **現金**：紙幣と通貨だけでなく，金銭と同一の性質をもつものが含まれる．
- **預金**：銀行や信託会社その他の金融機関に対する各種の預金・貯金・掛け金，郵便貯金，郵便振替貯金などが含まれる．

預金のうち特に当座預金は頻繁に預入れと引出しが生じることから，月末や決算期末には，銀行から残高証明書を入手して帳簿と照合することが望ましい．この際に，不一致がある場合には，**銀行勘定調整表**を作成し，不一致の原因を明らかにするとともに，必要に応じて自社の記録を修正する．

不一致の原因は，主として会社と銀行の記帳処理の時間的なズレによる場合であり，これらを調整して銀行と会社の修正残高を一致させる．

【銀行勘定調整表】

残高証明書の残高	***	当座預金出納帳の残高	***
加算項目	***	加算項目	***
減算項目	***	減算項目	***
銀行の修正残高	A	会社の修正残高	A

3.2.2　有価証券の取得価額

会計上の**有価証券**：金融商品取引法（2条1項）に列挙された証券をいう．(a) 株式や新株予約権証券などの持分証券，(b) 国債・地方債・社債などの負債性証券，(c) 証券投資信託や貸付信託の受益証券などが，その代表的なものである．

- 購入した有価証券の 取得価額＝購入対価＋付随費用
  有価証券のうち公社債を利払日以外の日に購入する場合は，前回の利払日から売買日までの期間の利息（**端数利息**）を加えて代金の支払が行われる．そのため，支払額のうち利息部分は，有価証券の取得原価に算入してはならない．

3.2.3　有価証券の期末評価

- 有価証券の保有区分
  - **売買目的有価証券**：時価変動からの利益獲得を目的に保有する市場性のある有価証券
  - **満期保有目的の債券**：満期まで所有する意図で保有する社債等の債券
    - ∗ **償却原価法**：債券等をその額面金額と異なる価額で取得した場合に，その差額を償還期まで毎期一定の方法で，逐次，貸借対照表価額に加算または減算する方法
      - · **利息法**：実効利子率による複利計算を前提とする方法
      - · **定額法**：毎期均等額ずつ差額を配分する方法
  - 子会社・関連会社の株式
  - **その他有価証券**
    - ∗ **純資産直入法**：評価差額を「その他有価証券評価差額金」勘定で貸借対照表の純資産の部に直接計上する会計処理
      - · **全部純資産直入法**（原則）：評価差額を貸借対照表の純資産の部に計上する方法
      - · **部分純資産直入法**：評価差益は純資産の部に計上するが，評価差損は当期の損失として処理する方法

- 有価証券の期末評価

保有目的	評価
売買目的有価証券	時価評価し，評価差額を損益に計上
満期保有目的の債券	取得原価または償却原価
子会社・関係会社株式	取得原価
その他有価証券	時価評価し，評価差額は純資産に計上

3.2.4　有価証券の減損処理

有価証券の**減損処理**とは，売買目的有価証券以外の有価証券であっても，価値が取得価額に比べて著しく下落している場合に評価損を認識して損益計算書に計上することをいう．時価がない場合は株式の実質価額（通常は１株当たり純資産額）で評価する．

著しく下落した証券の価値に回復の見込みがないため，いったん減額した評価額を復元させる余地はない．したがって，切放し方式で処理する．

- **洗い替え方式**：前期末に計上した評価差額を翌期首に戻し入れる方式
- **切放し方式**：前期末の時価評価額が翌期首に修正されることなく，そのまま帳簿価額として引き継がれる方法

3.3　売上高と売上債権

3.3.1　営業循環における収益の認識

- ３つの収益認識基準
  - **販売基準**：財やサービスの販売時点で計上する方法
  - **生産基準**：生産プロセスの進行や完了を基礎とする方法．時間基準・工事進行基準・収穫基準などが該当する．
  - **回収基準**：代金が実際に回収されるまで収益の計上を繰延べておき，代金の回収時点で回収額だけ収益を計上する方法

発生主義会計は，実現原則・発生原則および対応原則という3つの基本原則に支えられている．収益は実現原則に従って認識され，費用は発生原則に基づいて計上され，そして最後に，対応原則により収益と費用を対応付けた差額として，各期間の利益が算定される．

- **実現原則**：収益の認識は，(a) 企業が顧客への財やサービスの移転を通じて，履行義務を充足したこと，およびこれに伴って (b) 移転した財やサービスと交換に，企業が権利を有する対価を獲得したこと，の2つの条件が満たされた時点で実現したものとして判断されるとする原則
- **発生原則**：収益と費用の計上は，「発生の事実」に基づいて行わなければならないとする原則．「発生の事実」とは，企業活動に伴う経済的価値の生成や消費を表すような事実を意味する．
- **対応原則**：経済活動の成果を表す収益と，それを得るために費やされた犠牲としての費用を対応づけた差額として，期間損益が算定されるとする原則

3.3.2　履行義務の識別

収益認識に関する会計基準は，収益認識を5段階に区分して規定している．(1) 契約の識別と (2) そこに含まれる履行義務の特定，(3) 取引価格の算定と (4) その配分，および (5) **履行義務**を充足した一時点での，または一定期間にわたる，収益認識，という5つのステップである．

- **履行義務**：顧客との契約において，別個の財またはサービスを顧客に移転する約束
- 小売店のポイント制度のように，顧客に対して購買額の何％かを次回の購買時に無料で利用が可能なポイントとして付与する場合，その負担額を**ポイント引当金**として設定し，その同額を販売促進の費用として計上するのが一般的であった．

  しかし，収益認識基準が適用されたことにより，ポイント制度においては，(a) 取引した財やサービスの提供に加えて，(b) 追加の財やサービス

を取得するオプションを付与したこととなり，そのオプションから履行義務が発生していると考える．
したがって，取引価格のうち(a)の額は履行義務が充足しているため当期の売上収益として認識するが，(b)に配分された額は**契約負債**として計上したうえで，オプションの行使や消滅の時に収益として認識する．
また，2つの履行義務(a)(b)への金額の配分は，取引価格の総額を**独立販売価格**（それぞれを独立に販売する場合の価格）の比で按分する．

3.3.3　取引価格の算定と配分

顧客と約束した対価のうち，変動する可能性のある部分を**変動対価**という．

(1) 変動対価を含む取引は，変動部分の金額を見積り計上する．
(2) 対価額の不確実性が事後的に解消する際に，解消される時点までに計上された収益の著しい減額が発生しない可能性が高い部分に限り，取引価格に含める．
(3) また，見積った取引価格は，各決算日に見直しを行う．

3.4　棚卸資産と売上原価

3.4.1　払出単価の決定

- **棚卸資産**：売上収益を得るために払出すことを予定して保有している資産で，短期のうちに数量的に減少する項目をいう．
  - 通常の営業過程において販売するために保有する資産
    - **商品**：完成品を他企業から購入したもの
    - **製品**：自社生産したもの
  - 販売を目的として現に製造中の資産
    - **半製品**：未完成のまま販売できる市場があるもの
    - **仕掛品**：市場がないもの
  - 販売目的の財やサービスを生産するために，短期間に消費する予定

の資産（**原材料**）
  - 販売活動と一般管理活動で，短期間に消費する予定の資産（**貯蔵品**）
- 払出数量の把握方法
  - **棚卸計算法**：「払出数量＝期首棚卸数量＋当期受入数量－期末棚卸数量」で算定する方法
  - **継続記録法**：資産の種類ごとに在庫帳を作成し，受入れと払出しのつど数量を記録して，帳簿上の残高数量を常に算定しておく方法
- **原価配分方法**：棚卸資産の原価総額を売上原価になる部分と次期への繰越部分に配分するための方法
  - **個別法**：単位当たりの取得原価が異なる個々の資産を受け入れるつど区別して記録し，払出時にはその資産の取得原価を払出単価とする方法
  - **先入先出法**：最も古く取得されたものから順次払出しが行われると仮定して払出単価を計算する方法
  - **後入先出法**：最も新しく取得されたものから順次払出しが行われると仮定して払出単価を計算する方法
  - **平均原価法**：取得した棚卸資産の平均原価を計算して払出単価とする方法
    * **総平均法**：期首繰越分も含めた期間中の棚卸資産の取得原価合計額を，合計受入数量で除した平均原価を払出単価とする方法
    * **移動平均法**：棚卸資産を受け入れるつど，その時点での在庫分と合わせて加重平均単価を算定し払出単価とする方法
  - **最終仕入原価法**：期末に最も近い時点で最後に棚卸資産を取得したときの単価をもって，期末棚卸品の評価を行う方法
  - **売価還元法（小売棚卸法）**：期末商品の売価合計額に原価率を適用して，期末棚卸品の金額を算定する方法

$$\text{原価率} = \frac{\text{期首繰越商品原価} + \text{当期受入原価総額}}{\text{売上高} + \text{期末繰越商品売価}}$$

3.4.2 棚卸資産の期末評価

売上原価を確定するためには，費用収益対応の原則に基づき，棚卸資産の原価総額のうち，当期の売上高に対応する部分とその残りを区分する必要がある．そのためにはまず，期末時点における棚卸資産を正確に把握する必要があるため，通常会社は実地棚卸を期末に実施する．

その結果，棚卸減耗があれば棚卸減耗費を計上しなければならず，また時価が帳簿価額を下回れば棚卸評価損を計上しなければならない．

- **棚卸減耗費**：帳簿上の在庫数量に対し実地棚卸で判明した不足分に払出単価を乗じて算定する．
- **棚卸評価損**
  - **原価基準**：時価が下落しても取得原価で評価
  - **低価基準**：期末の時価と帳簿価額を比較して，低い方で評価

  かつては，原価基準を選択できたが，現在は低価基準の適用が強制されている．

  また棚卸資産の期末評価にあたり，帳簿価額と対比すべき時価は**正味売却価額**である．

3.5 有形固定資産と減価償却

3.5.1 有形固定資産の取得原価

災害によって滅失した固定資産について保険金を受領し，当該保険金により新たに同一種類同一用途の固定資産を取得した場合，交換により取得した場合に準じて**圧縮記帳**が認められる．圧縮記帳とは受入れた補助金等の額だけ，固定資産の取得原価から減額することをいう．

受取った保険金が対象資産の帳簿価額を超えた場合の差額を**保険差益**というが，法人税法上は原則課税される．しかし，保険差益が滅失資産の再取得に充当されている限り，以前と変化しておらず利益は未実現である．また，これに課税することは，滅失した資産に代わる新たな資産の取得を資金的に困難

とするおそれがある．したがって法人税法は圧縮記帳の採用を認めている．

3.5.2　国庫補助金等で取得した資産

- 企業は株主以外からも，固定資産の取得に充当して資本を充実させることを目的とした金銭を受け取ることがある．
  - **国庫補助金，建設助成金**：国や地方自治体からの補助金のうち，資本助成の目的で交付を受けたもの
  - **工事負担金**：公益企業が，サービス供給の設備の新規建設に要する工事費用を消費者に負担してもらう形で受入れた金銭や資材の額

  この国庫補助金等も原則として益金の額に算入され法人税の課税対象となる．しかし，課税の対象となり資金が流出することで助成目的が害されるため，圧縮記帳方式もしくは**積立金方式**により計上された金額は，課税所得計算における損金として控除することが認められている．
- 積立金方式：受入れた補助金等と同額の任意積立金を，利益剰余金の処分において設定する方式である．

  積立金方式は，固定資産を本来の取得原価で資産計上して減価償却するとともに，設定した任意積立金を固定資産の耐用年数にわたって取崩して益金に算入する．

3.5.3　減価償却に関する変更

減価償却とは，費用配分の原則に基づいて有形固定資産の取得原価をその耐用年数における各事業年度に配分する会計手続である．

有形固定資産の取得時に見積った耐用年数や残存価額は，その後の技術革新などによって，事後的に変更が必要となることがある．そのような場合，次の2通りの方法が考えられる．

- **キャッチ・アップ方式**：変更後の残存価額や耐用年数を最初から適用していたと仮定して，変更の影響を一時に認識する方法

  過年度の減価償却修正分が特別損失に計上される．

- **プロスペクティブ方式**：過年度の償却計算を修正することなく，変更の影響を変更後の会計期間の減価償却計算に吸収させる方法

耐用年数や残存価額の変更は，それが判明した時点での環境変化によって必要となったものであり，当初の見積りが合理的に行われていた限り，過去の償却計算を遡って修正する必要はない．そのため，「会計上の変更及び誤謬の訂正に関する会計基準」は，プロスペクティブ方式で会計処理するよう規定している．

3.5.4　固定資産の減損

固定資産への投資は，その事業から回収される金額が投資額を上回ることを期待して実施されたものであるが，収益性の低下により投資額の回収が見込めなくなる場合がある．その状態を**減損**という．そのような状態が生じた場合は固定資産からの回収可能価額の低下を反映させるように，帳簿価額を減算する**減損処理**を行わなければならない．

- 減損会計の流れ
  (1) 資産のグルーピング
  減損損失の認識・測定を行う単位としての，資産グループを決定する．資産グループは，他の固定資産から概ね独立したキャッシュ・フローを生み出す最小の単位である．
  (2) **減損の兆候**の把握
  減損が生じている可能性を示す事象のことで，「固定資産の減損に係る会計基準」では次の4つを例示している．
    - 営業損益や営業活動からのキャッシュ・フローの継続的なマイナス
    - 事業再編（リストラクチャリング）の実施
    - 経営環境の著しい悪化
    - 市場価格の著しい下落

(3) 減損の認識と判定

資産グループから得られる割引前将来キャッシュ・フローの総額が帳簿価額を下回る場合，減損損失を認識する．

(4) 減損損失の測定

減損損失の認識が必要な資産グループについては，帳簿価額を**回収可能価額**まで減額して，減額分を減損損失として当期の特別損失に計上する．

- 回収可能価額：**正味売却価額**（売却時価から処分費用見込み額を控除した額）と**使用価値**（将来キャッシュ・フローの割引現在価値）のうち，いずれか高い方

複数の資産から構成される資産グループについて認識された減損損失の金額は，構成資産の帳簿価額などの合理的な基準によって配分し，各資産の帳簿価額を減額する．また，その資産グループに**のれん**が含まれているとき，減損損失はのれんに優先的に配分する．

3.5.5 リース会計

- **ファイナンス・リース取引**：**解約不能**と**フルペイアウト**の2条件を満たすリース取引
  - 解約不能：中途解約が契約上または事実上において不可能
  - フルペイアウト：リース物件から生じる経済的利益と使用コストが実質的に借手に帰属すること
- **オペレーティング・リース取引**：ファイナンス・リース取引以外のリース取引

ファイナンス・リース取引を借手からみれば，契約上はリース物件の賃貸とそれに伴う賃貸料の支払の形式をとっているが，その経済的な実質上は，当該物件を購入し代金を長期に分割払いにしているのと同じである．法的形式よりも経済的実質を重視する**実質優先の原則**からすれば，ファイナンス・リース取引は，賃貸借取引としてではなく売買取引として処理しなければな

らない．

そのため，リース物件とこれに係る債務を，リース資産およびリース債務として計上する．しかし，リース料の総額がそのまま，リース資産の取得原価やリース債務の評価額になるわけではない．リース期間は長期にわたることから，リース料のうちには多額の利息部分が含まれていると考えられるためである．したがってリース料総額から利息相当額を控除して算定しなければならない．利息相当額を控除した後のリース資産の取得原価は，次の表の通り決定される．

	所有権移転	所有権移転外
貸手の購入価額が明らかな場合	貸手の購入価額	貸手の購入価額と，リース料総額の割引現在価値のいずれか低い方
貸手の購入価額が不明な場合	借手の見積現金購入価額と，リース料総額の割引現在価値のいずれか低い方	

- 利息相当額は，リース期間にわたり原則として利息法で配分する．そのためには，リース料総額の割引現在価値をリース負債計上額と等しくするような割引率である**実効利子率**を算定しておかなければならない．
- リース料の支払いのつど，リース債務の減少を記録する．ただし支払リース料には，リース債務の元金返済部分と，利息相当額の両方が含まれることからこれらを区別して仕訳する．

(借)	リース債務	***	(貸)	現金預金	***
	支払利息	***			

3.6　負債

3.6.1　納税義務と税効果会計

- **法人税**は，**課税所得**に所定の税率を乗じて算定し，国に納める税金である．そして，課税所得は**益金**の額から**損金**の額を控除した差額である．この益金・損金の金額は，会計上の収益・費用に対応するものであるが，完全に一致するものでもない．収益の中には，受取配当金のように益金には含まれない項目や，費用の中にも損金には含まれない項目が存在する．

そこで，法人税法は損益計算書に記載されている当期純利益を基礎とし，税法特有の調整項目を加算・減算することによって課税所得を算出する方式を採用している．そして，課税所得の額に税率を乗じて法人税額が算定される．

課税所得＝当期純利益＋税法特有の加算項目－税法特有の減算項目

法人税額＝課税所得×法人税率－税額控除

- **税効果会計**とは，発生主義会計のもとでの税金費用と税務上の負債を，課税の源泉となる取引や事象が発生した期間に，税引前利益に対応づけて計上する会計手続をいう．

  前述の通り，会計上の収益費用と課税所得上の益金損金に差異が存在する．この差異は，永久差異と期間差異に分類することができる．
  - **永久差異**：会計上の収益費用と税務上の益金損益との差異のうち，将来にわたって永久に解消されないタイプの差異
  - **期間差異**：会計上の収益費用と税務上の益金損益との差異のうち，当期に生じた不一致が将来の会計期間において解消されると予想されるタイプの差異
- 会計利益と課税所得の間の期間差異は，損益計算面だけでなく，資産・負債の金額についても不一致をもたらす．また，その他有価証券の評価差額のように，損益計算書での当期純利益の計算に含めなかった金額については，税務上は時価評価は行わないことから，当該有価証券を売却する将来時点までは，一時的に差異が生じる．

  期間差異と，このような資産・負債の評価差額を合わせて，**一時差異**という．すなわち一時差異とは，貸借対照表に計上されている資産・負債の金額と，課税所得計算上の資産・負債の金額との差額をいう．
- 税効果会計の方法には，**繰延法**と**資産負債法**がある．
  - **繰延法**：期間差異について，当該差異が解消する年度まで，貸借対

照表上，税金軽減額または税金負担額を繰延税金資産または繰延税金負債として計上する方法である．したがって，適用する税率は期間差異が発生した年度の税率が用いられる．

– **資産負債法**：一時差異の発生年度にそれに対する繰延税金資産または繰延税金負債を計上する方法である．適用する税率は，一時差異が解消される将来の年度に適用される税率である．

「税効果会計に係る会計基準」において，税効果会計の方法は資産負債法によることとしている．

- 一時差異は，それが解消する将来の課税所得に対し，増加と減少のいずれの影響をもたらすかにより，将来加算一時差異と将来減算一時差異に分類される．
  - **将来加算一時差異**：解消時に課税所得を増額する効果をもつ一時差異．差異の額に税率を乗じて**繰延税金負債**を計上する．

    （借）　法人税等調整額　***　　（貸）　繰延税金負債　***
  - **将来減算一時差異**：解消時に課税所得を減額する効果をもつ一時差異．差異の額に税率を乗じて**繰延税金資産**を計上する．

    （借）　繰延税金資産　***　　（貸）　法人税等調整額　***

  ここに，**法人税等調整額**とは，権利義務確定主義に基づいて費用計上された法人税等の額を，発生主義の金額へ調整するために，追加計上する税金費用である．
- **法定実効税率**：法律で定められた税率に基づく納税義務額を，税引前利益の金額で除して算定する．

$$法定実効税率 = \frac{納税義務額}{税引前利益}$$

$$= \frac{法人税率 + \{法人税率 \times (地方法人税率 + 住民税率)\} + 事業税率}{1 + 事業税率}$$

法人税，地方法人税及び住民税は損金とならないのに対し，事業税は損金算入される．そのため上記算式において，分母に「1＋事業税率」が現れる．

3.6.2 社債

- **社債**：有価証券の一種である社債券を発行して資金調達を行ったことから生じる債務

社債の発行価額が額面金額と異なる場合は，償却原価法で算定した金額をもってその社債の貸借対照表価額とする．実効利子率による複利計算を前提とした利息法を原則とし，継続適用を条件として定額法を採用することもできる．

社債発行費として繰延資産に計上した場合は，社債の発行時から償還までの期間にわたり償却する．この償却方法も利息法が原則であるが，継続適用を条件として定額法を採用することもできる．また，途中償還が行われた場合には，それに対応する社債発行費の未償却残高を取崩さなければならない．

3.6.3 新株予約権付社債

- **新株予約権付社債**：保有者が前もって決められた金額を払込んで新株式を購入する権利が付与された社債

(a) 新株予約権付社債の実際の発行価額と，(b) 当該社債が普通社債として発行されたと仮定した場合の発行価額の推定値の差額が新株予約権の評価額と考えられる．社債本体（(b)）と新株予約権（(a)−(b)）を別個に認識する区分法により会計処理を行う．

（借）	現金預金	(a)	（貸）	新株予約権付社債	(b)
				新株予約権	(a)−(b)

3.6.4 退職給付引当金

- **退職給付引当金**の構成要素

$$\text{退職給付引当金} = \text{退職給付債務} - \text{年金資産} \pm \text{未認識過去勤務債務} \pm \text{未認識数理計算上の差異}$$

– **退職給付債務**：退職給付のうち，認識時点までに発生していると認められる部分を割引いたもの
– **年金資産**：退職給付制度のために，その制度について企業と従業員との契約（退職金規程等）等に基づき積立てられた特定の資産

● **退職給付費用**の構成要素

退職給付費用 ＝ 勤務費用 ＋ 利息費用 － 期待運用収益 ± 過去勤務債務償却額 ± 数理計算上の差異償却額

– **勤務費用**：1期間の労働の対価として発生したと認められる退職給付
– **利息費用**：割引計算により算定された期首時点における退職給付債務について，期末までの時の経過により発生する計算上の利息
– **期待運用収益**：年金資産の運用により生じると合理的に期待される計算上の収益

● **過去勤務費用**や**数理計算上の差異**について，各期の発生額をいったん簿外で繰延べたうえで，従業員の平均残存勤務期間以内の一定の年数で按分し，将来の年度で分割して調整する．発生時に一括計上せずに，将来期間にも按分する会計処理を**遅延認識**という．

– 過去勤務費用：退職給付水準の改訂等に起因して発生した退職給付債務の増加または減少部分
– 数理計算上の差異：退職給付費用の計算に用いる割引利子率や期待運用収益率などは予想値であるから，実績値との間で事後的に差異が生じるが，これに起因して生じる退職給付引当金の過不足額

● 連結財務諸表においては，退職給付債務から年金資産の額を控除した額を「**退職給付に係る負債**」として表示される．そのため，次の仕訳が追加的に行われる．

（借）	退職給付引当金	***	（貸）	退職給付に係る負債	***
	退職給付に係る調整額	***			

この際に用いられる**退職給付に係る調整額**については，連結貸借対照表の純資産の部で「その他包括利益累計額」の項目として計上される．

3.6.5　資産除去債務

- **資産除去債務**：有形固定資産の取得，建設，開発または通常の使用によって生じ，当該有形固定資産の除去に関して法令または契約で要求される法律上の義務及びそれに準ずるもの

  (1) 資産除去債務は，有形固定資産の除去に要する将来キャッシュ・フローを見積り，それの割引価値で算定し，負債に計上する．同時にその資産の帳簿価額に加算して資産計上する．これは，付随費用と同様の性格をもつと考えられるからである．

（借）	固定資産	***	（貸）	資産除去債務	***

  (2) 資産の取得現価は，資産除去債務を含めた金額で減価償却することにより，資産除去債務が各期に期間配分される．また，負債は割引計算されているため，利息相当額を期末に調整額として負債に追加計上し，同額をその期の費用として処理する．

（借）	減価償却費	***	（貸）	減価償却累計額	***
（借）	資産除去債務調整額	***	（貸）	資産除去債務	***

  (3) 資産が除去される時点の資産除去債務の残高 (A) と，除去に要した支出額 (B) の間に生じた差額は，資産除去費用として計上する．

（借）	減価償却累計額	***	（貸）	固定資産	***
（借）	資産除去債務	A	（貸）	現金預金	B
	資産除去費用	B−A			

3.7　株主資本と純資産

3.7.1　ストック・オプション

- **新株予約権**：株式会社に対して行使することにより，その会社の株式の交付を受けることができる権利
- **ストック・オプション**：会社の役員や従業員などがその会社の株式を予め定められた価額で取得することを選択できる権利

ストック・オプションが労働の対価として付与され，経済的な価値を有する限り，付与された時点からその公正価値に基づいて**株式報酬費用**（人件費）を計上する必要がある．また，対応する金額を，ストック・オプションの権利の行使または失効が確定するまでの間，貸借対照表の純資産の部に新株予約権として計上する．

(1) 権利確定日以前の会計処理
各会計期間における費用計上額は，ストック・オプションの公正な評価額のうち，対象勤務期間を基礎とする方法その他合理的な方法に基づき当期に発生したと認められる額となる．
(2) 権利確定日には，ストック・オプション数を権利の確定したストック・オプション数（権利確定数）と一致させる．すなわち，修正後のストック・オプション数に基づくストック・オプションの公正な評価額に基づき，権利確定日までに費用として計上すべき額と，これまでに計上した額との差額を権利確定日の属する期の損益として計上する．
(3) 権利確定日後の会計処理
ストック・オプションが行使され，これに対して新株を発行した場合には，新株予約権として計上した額のうち，当該権利行使に対応する部分を払込資本に振り替える．
また，権利不行使による失効が生じた場合には，新株予約権として計上した額のうち，当該失効に対応する部分を利益として計上する．

3.7.2　企業結合

「企業結合に関する会計基準」においては，共同支配企業の形成及び共通支配下の取引以外の企業結合は取得となるとし，会計処理はパーチェス法によるものとしている．

- **企業結合**：ある企業（またはそれが営む事業）と他の企業（またはその事業）が，1つの報告単位となる会計実体へ統合されること
- **合併**：会社法の規定に従って2つ以上の会社が合体して，法的にも1つ

の会社になること

- **取得**：当事企業の一方が他方に対する支配を獲得する企業結合
- **持分の結合**：統合されるいずれの企業の株主も，他方の企業を支配したとは認められず，結合後の企業のリスクや便益を引続き相互に共有することを達成するために行われる企業結合

- 会計処理方法
  - **パーチェス法**（取得の場合）：被取得企業の株主がいったん投資を清算し，改めて資産・負債を時価で測定した再投資額によって，取得企業に現物出資したと考える会計処理
  - **持分プーリング法**（持分の結合の場合）：結合当事企業の貸借対照表の各項目を帳簿価額で引継ぐ方法
- **共同支配企業の形成**：複数の独立した企業が契約等に基づき，当該共同支配企業を形成する企業結合
- **共通支配下の取引**：結合当事企業のすべてが，企業結合の前後で同一の株主により最終的に支配される企業結合

(1) 取得企業の決定

企業結合にパーチェス法を適用するには，結合当時企業のどれが取得企業か決定しなければならない．この決定には，連結会計基準における支配の考え方（多くの場合議決権の過半数を所有しているかで判定する）を用いる．

(2) パーチェス法の会計処理

被取得企業の資産と負債は時価で評価され，取得企業に引継がれる．一方で，取得企業における取得原価は，引継がれた純資産の時価と，支払対価たる財貨の時価のうち，より高い信頼性をもって測定可能な時価で算定する．市場価格のある株式が取得の対価として交付される場合には，企業結合日における株価を基礎にして算定される．

(3) 取得原価が，引継がれた資産と負債に配分された純額を上回る場合には，その超過額は**のれん**として会計処理し，下回る場合には，その不足額を**負ののれん**として会計処理する．

3.7.3　株式交換・株式移転

株式交換・株式移転は，いずれも完全親子会社関係を作りだすための行為である．いずれも企業結合の一種であることから，「企業結合に関する会計基準」に準拠して会計処理を行う．すなわち，取得企業を決定しパーチェス法で処理をする必要がある．
ただし，株式交換・株式移転の結果，完全子会社となる会社においては，株主が変わるだけであるから，何ら会計処理を必要としない．

3.7.4　会社の分割

会社の**分割**とは，会社法の規定に従って，会社の事業の一部を分離することである．新会社を設立して事業を承継させる新設分割と，既存の会社に事業を承継させる吸収分割がある．

(1) 分離元企業の会計処理
- 移転した事業に関する投資が清算されたとみる場合
  分割した事業の資産及び負債を，売買したものとして処理（**売買処理法**）し，対価の株式などの公正な時価と移転した事業の帳簿価額に基づく純資産との差額を**移転損益**として認識する．
- 移転した事業に関する投資がそのまま継続しているとみる場合
  分離された資産・負債の帳簿価額による純資産額で評価する（**簿価引継ぎ法**）．

(2) 分離先企業の会計処理
分離先企業では，企業結合となるため，「企業結合に関する会計基準」に基づいて処理を行う．分離先企業が取得企業となる場合もあれば，分離元企業が取得企業となる場合（**逆取得**という）もある．

3.7.5　剰余金の配当

株式会社では株主の有限責任の制度が採用されているため，債権者の権利は会社の純財産によってのみ保証されているに過ぎない．したがって，会社の財産が無制限に株主に配分されてしまうと，債権者の権利が著しく害されることになる．そのため会社法では，株主と債権者の利害調整の目的で，会社財産を株主に払い戻すことが可能な上限額を「分配可能額」として法定し，それを超える分配を禁止している．

(1) 決算日における剰余金の額を算定

(資産＋自己株式)－(負債＋資本金・準備金＋法務省令で規定する項目)

なお，法務省令で規定する項目には，評価・換算差額等と新株予約権が該当する．

結果として剰余金は，その他資本剰余金＋その他利益剰余金 となる．

(2) 配当の効力発生日の剰余金を算定

- 決算日後に増加した剰余金
  - 自己株式処分差益（差損の場合は減少）
  - 資本金の減少額（資本準備金とした額を除く）
  - 準備金の減少額（資本金とした額を除く）
- 決算日後に減少した剰余金
  - 消却した自己株式の帳簿価額
  - 剰余金の配当額
  - 会社法計算規則 150 条に規定する額

(3) 分配可能額の算定

分配可能額＝効力発生日の剰余金－効力発生日の自己株式の帳簿価額
　－決算日後に処分した自己株式の対価－その他法務省令で定める額

(4) のれん等調整額

(3) のその他法務省令で定める額の項目の中に，のれん等調整額による制限額が含まれている．のれん等調整額は，のれん÷2＋繰延資産　で算定され，資本金，準備金およびその他資本剰余金との大小関係によりそれぞれのケースに応じて控除額が算定される．
$A=$のれん等調整額，$B=$資本金＋資本準備金，
$C=B+$その他資本剰余金 とすると控除額は次の通りとなる．

ケース	控除額
$A \leq B$の場合	控除額なし
$B < A \leq C$の場合	$A-B$
$C < A$かつ(のれんの額÷2) $\leq B$の場合	$A-B$
$B <$ (のれんの額÷2)の場合	その他資本剰余金＋繰延資産

(5) 実際に配当が可能な額配当を行う場合，準備金の合計額が資本金の4分の1に達するまで，配当により減少する剰余金の額の10分の1を資本準備金または利益準備金として積立てなければならない．そのため，分配可能額に11分の10を乗じた額が，実際に配当が可能な額となる．

3.8 財務諸表の作成と公開

3.8.1 包括利益

包括利益とは，特定期間の財務諸表において認識された純資産の変動額のうち，当該企業の純資産に対する持分所有者との直接的な取引によらない部分をいう．
包括利益の表示は，当期純利益に**その他の包括利益**の内訳項目を加減して行う．ここで，その他の包括利益とは，包括利益のうち当期純利益に含まれない部分をいう．

- その他の包括利益に含まれるものは，損益計算書を通らず純資産を増減させる項目であることから，次の項目の期中変化額が内訳項目となる．
  (a) その他有価証券評価差額金，(b) 繰延ヘッジ損益，(c) 土地再評価差額金，(d) 退職給付に係る調整額，(e) 為替換算調整勘定

これらの項目は，個別貸借対照表の純資産の部で「**評価・換算差額等**」として，また連結貸借対照表では「その他包括利益累計額」として表示されている．

- 時価のある有価証券に関する取得原価と時価との差額は，その他有価証券評価差額金の増減として，その他の包括利益を構成する．一方でその有価証券を売却した際には，売却時点の時価と取得原価との差額が売却損益として当期純利益を構成することになる．
  このような場合，当期及び過去の期間にその他の包括利益に含まれていた項目が当期純利益にも含まれていることとなり，二重計上が生じることとなる．この二重計上を避けるために，**リサイクリング（組替調整）**を行う必要がある．
  具体的には，組替調整額は，当期に計上された売却損益及び減損損失等，当期純利益に含められた金額による．

3.8.2 株主資本等変動計算書

- **株式払込剰余金**：株式の払込金額は，その全額を資本金に組入れるのが原則であるが，2分の1までは資本金としないことができる．
  資本金に組入れなかった部分は，資本準備金の1項目として積立てなければならない（会社法445条）．
- 会社がいったん発行した自社の株式を取得して保有しているとき，この株式を**自己株式**という．
  取得した自己株式は支出額によって計上し，決算に際しても取得原価で評価する．
  自己株式の売却や交付は資本増加に相当することから，自己株式処分差益は資本剰余金の性質をもち，「その他資本剰余金」の区分に表示する．
- 株式会社では出資者たる株主が有限責任であるから，債権者の権利を保全するには，元本として維持すべき資本金等を明確にするため，分配可能な利益部分が峻別されなければならない．このため，1期間に獲得された利益は，次の仕訳によって**繰越利益剰余金**勘定へ振替えられて，資本金とは区別される.

（借）損益　***　　　（貸）繰越利益剰余金　***

3.8.3　1株当たり利益の注記

- **1株当たり当期純利益** $= \dfrac{\text{普通株式に係る当期純利益}}{\text{普通株式の期中平均株式数}}$

- $\begin{array}{c}\text{潜在株式調整後}\\ \text{1株当たり}\\ \text{当期純利益}\end{array} = \dfrac{\begin{array}{c}\text{普通株式に係る}\\ \text{当期純利益}\end{array} + \begin{array}{c}\text{当期純利益}\\ \text{調整額}\end{array}}{\begin{array}{c}\text{普通株式の}\\ \text{期中平均株式数}\end{array} + \begin{array}{c}\text{普通株式}\\ \text{増加数}\end{array}}$

  – **潜在株式**：将来株式に代わる可能性がある潜在的な株式

  – **希薄化効果**：行使することにより1株当たり利益が減少する場合に，その潜在株式が希薄化効果をもつという.

3.8.4　四半期特有の会計処理

- 原価差異の繰延処理

  原価差異が操業度等の季節的な変動に起因したものであり，原価計算期末までに差異がほぼ解消すると見込まれる場合は，継続適用を条件として，その原価差異を流動資産または流動負債として繰り延べることができる.

- 税金費用の計算

  (a) 年度決算と同様の方法

  納付税額 = 課税所得 × 法定実効税率 − 税額控除

  (b) 年間の見積税率を用いる方法

  税金費用 = 税引前四半期純利益 × 見積税率

$$\text{見積税率} = \frac{\text{予想税金費用}}{\text{予想年間税前利益}}$$

  (c) 重要性が乏しい連結会社については，税引前四半期純利益に，前年度の損益計算書による税金負担率を乗じて計算することができる.

$$\text{税負担率} = \frac{\text{法人税等} \pm \text{法人税等調整額}}{\text{税引前当期純利益}}$$

■第4章 「経済」必須知識＆公式集

この章では，「経済」分野の計算問題を攻略のための知識や公式を中心にまとめる．

ミクロ経済学

4.1 需要と供給

4.1.1 需要曲線と供給曲線

1. 需要曲線・供給曲線とは

- **需要曲線**は，需要量を価格の関数として表現したもの．X を需要量，p を価格とすると，$X = D(p)$ と表現できる．
- **供給曲線**は，供給量（＝生産量）を価格の関数として表現したもの．X を供給量，p を価格とすると，$X = S(p)$ と表現できる．

注意 ここで $D(p)$ および $S(p)$ とは，需要量・供給量 X が価格 p の関数であることを表している．

2. 需要曲線と供給曲線の読み方（図 4.1）

- 需要曲線は，縦軸に価格，横軸に需要量をとったとき，「消費者がその価格である財[1]を買うことができるとした場合に，消費者が購入したいと考える量」という価格と需要量の組合せを曲線で表現したもの．

- 供給曲線は，縦軸に価格，横軸に供給量をとったとき，「生産者がその価格である財を売ることができるとした場合に，生産者が販売（生産）する量」という価格と供給量（生産量）の組合せを曲線で表現したもの．

価格が変化した場合に需要量・供給量が変化するという関係は，「需要曲線・供給曲線上の移動」で表現される（価格および需要量／供給量は内生変数[2]である）．これに対して，価格以外の要因（外生変数[3]）によって需要量・供給量が変化するという関係は，「需要曲線・供給曲線のシフト」によって表現される．

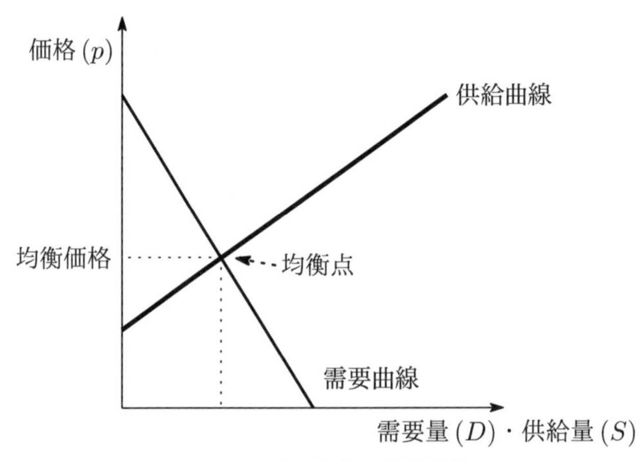

図 4.1　需要曲線と供給曲線

注意 需要曲線・供給曲線のグラフでは慣習的に縦軸に価格をとる．需要量を D，価格を p とした場合に，本試験では需要曲線の形状（需要関数）を例えば「$D = 100 - p$」というように，D を p によって表した式で与えてい

[1] 財とは，何らかの効用（定義は後述）を生み出すもの全般をいう．
[2] 内生変数とは，考察対象となっている経済モデルの中でその動きが分析の対象となる変数をいう．
[3] 外生変数とは，考察対象の経済モデルの範囲外ですでに決まっている変数をいう．

ることが少なくない．これをグラフに描く場合に，価格と需要量をとり間違えないように注意が必要である．慣れないうちは，いったん「$p = \cdots$」の形（この例では「$p = 100 - D$」）に変形してみてもよい（例えば問題7.1参照）．

3. 均衡点と均衡価格

需要曲線と供給曲線の交わる点を**均衡点**．均衡点における価格を**均衡価格**という（図4.1参照）．もし価格が均衡価格と異なる場合，次の①または②の過程により価格は最終的に均衡価格に調整される（図4.2参照）．

① 均衡点の価格よりも高い価格にある場合，同じ価格で比較すれば（つまり，ある縦軸上のある1点から右側に行って供給曲線・需要曲線と交わる点を考えると）需要量＜供給量．つまり，供給過剰．この場合，商品の売れ残りで価格は下落し，それに伴い需要量も増加するため，最終的には均衡点の価格で落ち着く．

② 同様に，均衡点の価格よりも低い価格にある場合，同じ価格で比較すれば，需要量＞供給量．つまり，需要過剰．この場合，商品不足になることから価格は上昇し，最終的にはやはり均衡点の価格で落ち着く．

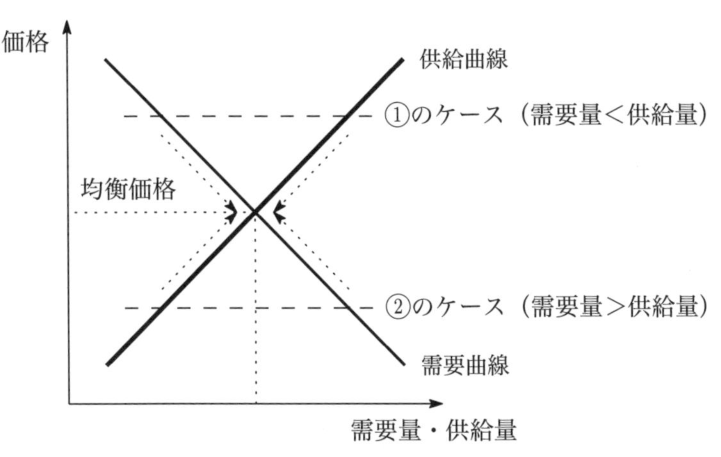

図4.2　価格の調整メカニズム

4.2 需要曲線と消費者行動

4.2.1 需要曲線の分解

市場全体における需要曲線は，その市場に存在する個々の消費者の需要量を水平方向に足し合わせたものと考えることができる．

本試験では，個々の消費者に関する需要関数の式が与えられた場合に，市場全体の需要関数の式の導出を求められることがある（問題7.6および問題7.7参照）．その場合に計算ミスをなくすための計算手順の一例を紹介する．

ステップ1．個々の消費者の需要量と市場全体の需要量を区別する

例えば個々の消費者の需要量を $D_1, D_2, \ldots$ と表記し，市場全体の需要量を D と表記し，両者を区別する（別のものと考える）．

ステップ2．以下のように式を並べる

$$\begin{cases} D_1 = (\text{需要関数の式}) \\ D_2 = (\text{需要関数の式}) \\ \quad \vdots \\ D = D_1 + D_2 + \cdots \end{cases}$$

ステップ3．上記の式から $D_1, D_2, \ldots$ を消去し，D と p の関係式を求める

4.2.2 応用編（多国間の総需要）

2つの国の需要関数を水平方向に足し合わせる場合を考える（問題7.7参照）．この場合2か国間の通貨の違いに注意が必要である．例えば日本の1円と米国の1ドルは同じ1通貨単位であってもその価値が異なる．両者の通貨の価値の関係を示すのが為替相場である．

この場合，4.2.1節で説明した需要量の区別に加えて価格の区別も必要となる．例えば各国の価格を p_1，p_2 などと区別して次のように式を立てる．

$$\begin{cases} D_1 = (p_1\text{を用いた需要関数の式}) \\ D_2 = (p_2\text{を用いた需要関数の式}) \\ (p_1\text{と}\ p_2\text{の関係式}) \\ D = D_1 + D_2 \end{cases}$$

以上から，D_1，D_2 および p_1 または p_2 の一方（通常は分析している国でない，外国の通貨の方）を消去して需要関数を求める．

4.2.3 需要曲線と効用

1. 需要曲線の2通りの読み方

需要曲線には2つの読み方がある（図4.3参照）．

① 縦軸にとられた価格（図4.3の p_1）に対して，横軸にとられた需要量（D_1）を示すもの．「ある財がこの価格で買えるとした場合，市場の消費者が買いたいと考える量」を与える．

② ①とは逆に読む．つまり，それぞれの需要量（図4.3の D_2）に対して，市場の消費者が支払ってよいと考えている金額（図4.3の p_2）に関する情報を与える．経済学的にいえば，消費活動によって得られる満足度（効用）は物の購入のために払ってもよいと考える金額で測定できる．

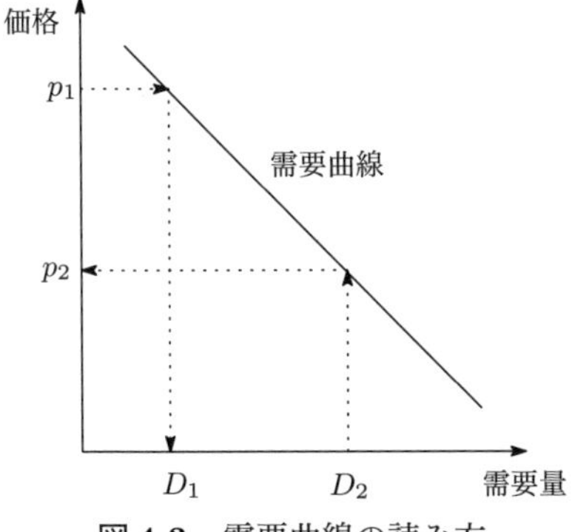

図4.3 需要曲線の読み方

2. 限界的評価

限界的評価とは，追加的に財の購入量を増やすことに対する消費者の評価をいう．すなわち，「もう1個追加して購入するとしたらいくら支払ってもよいか」を金銭で評価したものである．限界効用ともいう．

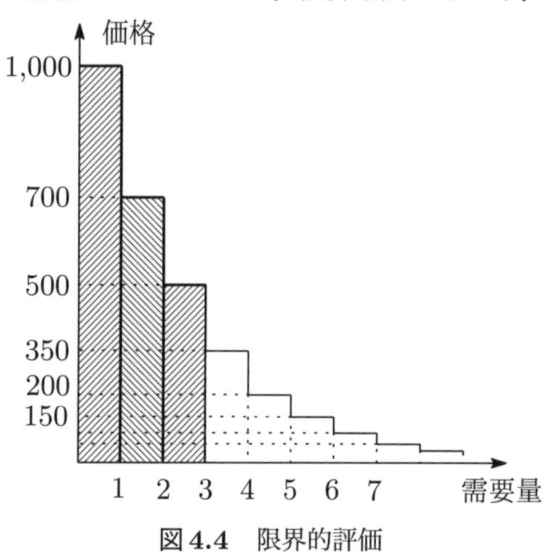

図4.4　限界的評価

図4.4の例を考えてみよう．ある消費者にとって，ある財の最初の1個に1,000円の価値がある（最初の1個を購入するために1,000円支払ってもよいと考える）．そしてこの財の2個目（最初の1個をすでに購入することとした消費者がもう1個購入するとした場合）の価値は700円，3個目の価値は500円である．よって，例えば，この消費者がこの財を3個買うこととした場合の評価（価値）の合計は1,000+700+500=2,200円と計算できる（次頁の表4.1参照）．なお，これは図4.4における需要曲線，横軸および縦軸で囲まれた斜線部分の面積に等しい．

一般化すると，財をn個買うことの価値は，

(1個目の限界的評価)+(2個目の限界的評価)+$\cdots$+(n 個目の限界的評価)

と表すことができる．

需要曲線が右下がりであることは，購入する財の個数が増加するにつれてその財の限界的評価が減少すると解釈することもできる（**限界効用逓減**）．

表 4.1　限界的評価の計算の例

購入個数	限界的評価	評価（価値）の合計
1	1,000	1,000
2	700	1,700(=1,000+700)
3	500	2,200(=1,700+500)
4	350	2,550(=2,200+350)
5	200	2,750(=2,550+200)
6	150	2,900(=2,750+150)

3.　価格が与えられたときの消費者の行動

前頁で説明したように，ある財の限界的評価（限界効用）は，その財を多く買うほど低下する．そのため，ある個数まで買ったところで限界的評価が価格と一致する．経済学的には，消費者はこのように限界的評価が価格と一致するところまでその財を購入することを決定すると考える．

例えば，図 4.4 の例で価格が 350 円のとき，限界的評価が 350 円と一致するのは 4 個のときであるから，この消費者はこの財を 4 個購入する[*4]．

消費者が購入する財の個数は購入できる価格によって変化する．もし価格が 500 円であれば，この消費者は 3 個しか購入しないことになる．

4.2.4　消費者余剰

1. 消費者余剰の計算方法

消費者余剰は，支払う意思があるが支払わないで済んだという意味での消費者の利益を表す．金額的には，限界的評価が価格を上回る分が消費者の利益であり，これをすべての財について合計したものが消費者余剰となる．式で書くと以下の通り．

[*4] 予算制約がないことを前提としている．

消費者余剰＝（消費者のその財に対する）価値の総額－購入費用総額

＝1個当たりの「限界的評価－価格」の合計

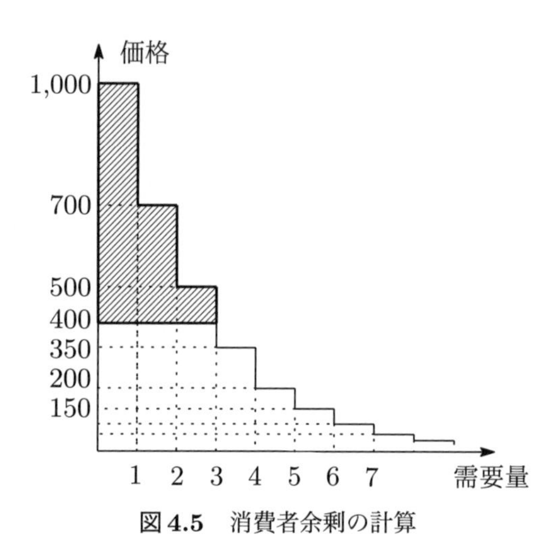

図 4.5　消費者余剰の計算

図 4.5 において，消費者余剰は需要曲線，縦軸およびその財の価格を示す横線（価格線）で囲まれる斜線部分の面積と等しい．図 4.5 では，価格が 400 円のときの消費者余剰が斜線部分で示されている．

消費者余剰の値は，例えば次のように計算できる．

- 1個目の消費者余剰：$1{,}000 - 400 = 600$
- 2個目の消費者余剰：$700 - 400 = 300$
- 3個目の消費者余剰：$500 - 400 = 100$
- 合計：$600 + 300 + 100 = 1{,}000$

2. 離散型と連続型

消費者余剰の計算方法には，問題文における情報の与え方によっておおむね次の2つの型に分類できる．

- 離散型：需要量が非負の整数の値しかとらない前提で価格と需要量の

関係が与えられている場合．図 4.4 の例はこの離散型であり，需要曲線は階段状となる．また，消費者余剰は上記の通り 1 個当たりの「限界効用－価格」を順番に足し上げて計算することができる（問題 7.2 参照）．

- 連続型：需要量が整数に限らず，どれだけ細かい値をとることもできる前提で価格と需要量の関係が与えられている場合．例えば，需要曲線が 1 次関数（$p=100-D$ など）の右下がりの直線で表現される．この場合の消費者余剰は，需要曲線（限界的評価を示す）と価格を示す直線で囲まれた三角形の面積によって与えられる（図 4.6 参照）．よってこの三角形の「底辺」と「高さ」がわかれば面積を求めることができる．

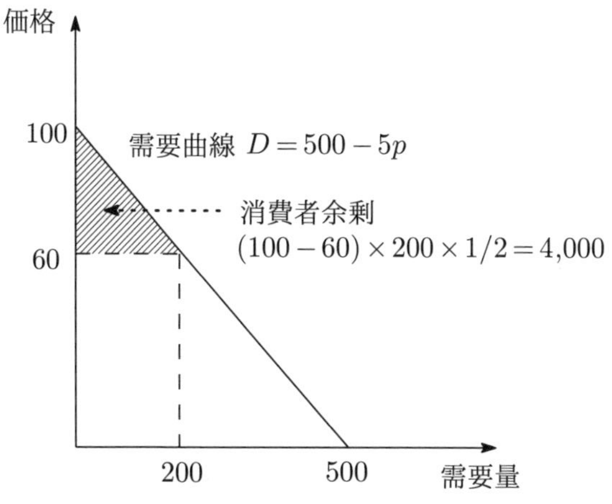

図 4.6 連続型の場合の消費者余剰の計算方法の例

なお，市場全体の需要量が個々の消費者の需要量の合計であったのと同様，市場全体の消費者余剰も個々の消費者の消費者余剰の合計として計算することも可能である．

価格が与えられたときの消費者の行動を消費者余剰の概念を用いて説明すると，消費者は自分の消費者余剰を最大化するように行動し，需要曲線はそれぞれの価格において消費者余剰が最大となる需要量を示したものである（つまり需要量とは，消費者余剰が最大となるような購入量を意味する）．

4.3　費用構造と供給行動

4.3.1　費用構造と供給曲線

1.　供給曲線の分解

市場全体の供給曲線は，その市場を構成する個々の生産者の供給量（生産量）を水平方向に足し合わせたものと考えることができる．これは需要曲線の分解と同様に考えることができる．

2.　費用の構造

生産者（企業）が財の生産を行うにあたって発生する費用にはさまざまな概念があり，整理すると以下の通りである（図4.7および図4.8参照）．

- **総費用**：費用の全体
- **平均費用**：単位当たりの費用（＝総費用÷生産量）
- **限界費用**：生産量を1単位増加させることに伴う費用の増加額
- **可変費用**：総費用のうち，生産量に応じて増加する部分（＝総費用－固定費用）
- **固定費用**：総費用のうち，生産量とは独立にかかる費用

なお，本試験では，需要曲線の場合と同様，費用のデータを，生産量が1個，2個，3個，… といったとびとびの値である場合のそれぞれについて平

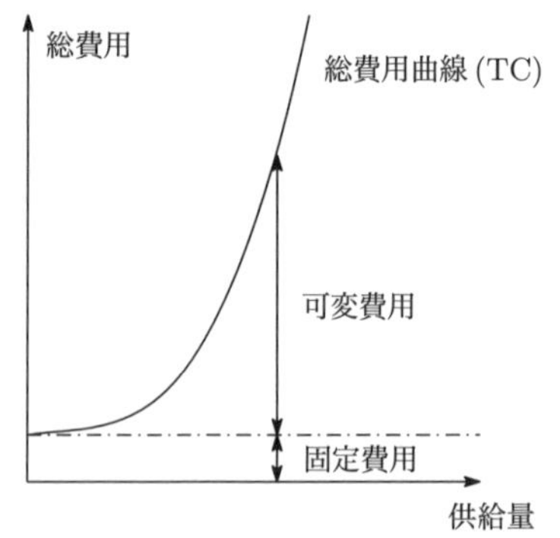

図4.7　可変費用および固定費用

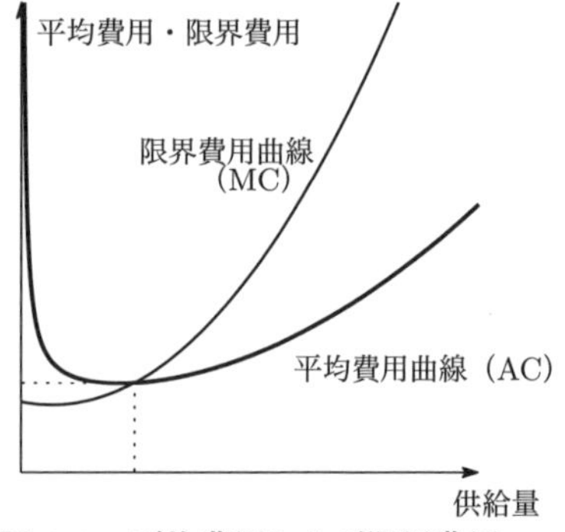

図4.8　平均費用および限界費用

均費用や固定費用を（表形式または関数の形式で）与えているケース（いわゆる離散型）と，生産量が整数に限らずいくらでも細かい値をとることができることを前提に，総費用を生産量の関数として与えているケース（いわゆる連続型）がある．

離散型 の場合は，以下の性質を利用する（問題7.3および問題7.5参照）．

- 「総費用＝平均費用×生産量」で計算できる．
- 各生産量の総費用の差をとれば限界費用が計算できる．
- 各生産量の限界費用を0個から足し合わせれば総費用となる．

連続型 の場合は，生産量 X，総費用 C を X の関数として $C=T(X)$ で表すと，平均費用と限界費用は以下のように計算できる（問題7.4参照）．

- 平均費用 $AC=\frac{T(X)}{X}$
- 限界費用 $MC=T'(X)$

3. 限界費用曲線と平均費用曲線の特徴（前頁の図4.8参照）

- 平均費用が最小となる点（平均費用曲線の底）を限界費用曲線が通る．
- 供給量が「平均費用＞限界費用」のときは平均費用は減少，供給量が「平均費用＜限界費用」のときは平均費用は増加．

4. 限界費用曲線の意味

ある生産者の供給曲線は，その生産者の限界費用曲線であると考えられる．そのため，個々の生産者の限界費用曲線を水平方向に足し合わせたものがその市場の供給曲線となる．

供給曲線も，需要曲線と同様に2通りの読み方がある．

① 縦軸にとられた価格に対して，横軸にとられた供給量を示すもの．「この価格で売ることができる場合，市場の生産者は全体でこの量を生産（供給）する」ことになる．

② ①を逆から読む．つまり，それぞれの供給量（生産量）に対して，それに対応する市場全体の限界費用を示したものと解釈できる．

4.3.2 生産者余剰

1. 利潤最大化行動

以下では，完全競争[*5]的な市場を前提として議論する．この場合，個々の企業（生産者）はプライス・テイカー（自身の生産活動によって価格を変えることができないので，その価格を受け入れるしかない立場）であるが，その代わり，その価格でいくらでも売ることができる．

つまり，個々の企業の限界収入＝価格（**限界収入**とは，追加で1個生産したときに得られる収入をいう）となる．

企業は，「限界収入＝限界費用」となるまで生産することによって利潤（収入−費用）を最大化できる[*6]．完全競争的な市場においては，「価格＝限界費用」となる場合に利潤が最大となる（問題7.4参照）．

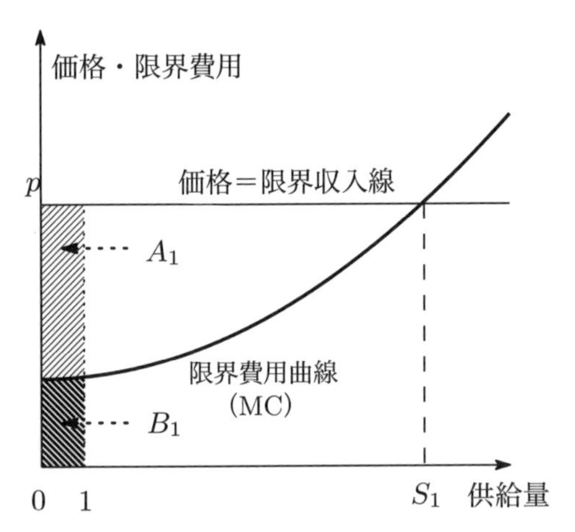

図4.9　限界収入，限界費用および利潤の関係

図4.9において，価格がpで与えられているとすると，限界収入はつねにpである．これに対して，限界費用は供給量（生産量）の水準次第である．

[*5] 完全競争とは，競争相手が非常に多くて，すべての供給者がプライス・テイカーとして行動し，利益がほとんど出ないところまで価格が下がっているような状況をいう．

[*6] 限界費用は供給量の増加につれて増加すると考えてよい．そのため，供給量を増やすと，ある供給量において限界費用が限界収入と一致すると考えられる．

図 4.9 においては，最初の 1 個を生産したときの限界収入は p，限界費用は B_1 の部分の面積で与えられる．

また，利潤が最大となるのは，「価格＝限界費用」となる供給量であり，これは価格（限界収入）線と限界費用曲線が交わる点の供給量として，図 4.9 では S_1 で与えられる．

2.　生産者余剰の計算方法

生産者余剰とは，限界収入（価格）と限界費用との差額の和をいう．固定費用を考えない場合，生産者が得られる利潤と等しい（以下の式を参照）．

生産者余剰＝1 個当たりの「限界収入（＝価格）－限界費用」の合計
＝総売上高－費用総額

生産者余剰の計算方法は，問題における情報の与えられ方によって消費者余剰と同様の方法で求められる．

前頁の図 4.9 でいえば，最初の 1 個を生産したときの生産者余剰は限界収入 p から限界費用を B_1 を控除したもので，A_1 の部分に対応する．価格線（限界収入線）と限界費用曲線で囲まれた部分の面積が生産者余剰となる．

企業の利潤最大化行動とは生産者余剰の最大化であり，生産者は，生産者余剰が最大となるように供給量（生産量）を決定する．

4.4　市場取引と資源配分

4.4.1　余剰分析

総余剰は，

総余剰＝生産者余剰＋消費者余剰

として計算する．ただし，後述のように税金が課される場合，

総余剰＝生産者余剰＋消費者余剰＋税金収入

として計算する．価格が均衡価格である場合，総余剰が最大となり，社会全体が好ましい状態にある（資源配分が最適である）という．

なお，供給曲線と需要曲線の両方が直線（1次関数）で与えられる場合，消費者余剰も生産者余剰も，図4.10のように直線で囲まれた三角形の面積によって与えられる．そのため，生産者余剰・消費者余剰を求める際には，つねにグラフを描くことをお勧めする．

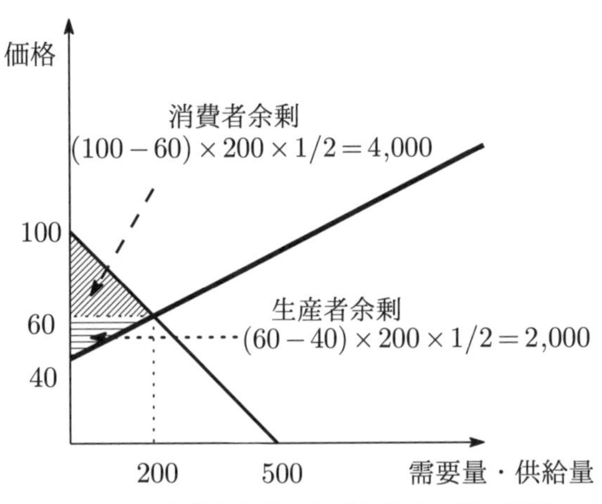

図4.10　消費者余剰および生産者余剰の計算

4.4.2　間接税と補助金

本試験では，均衡状態の価格と需要量・供給量を計算させたうえで，新たに税金（間接税）が課された場合，または新たに補助金が付与された場合に余剰（消費者余剰・生産者余剰・総余剰）がどのように変化するかを問う問題が頻出である（問題7.6，問題7.7および問題7.8参照）．

間接税が課された場合，

- 供給曲線の上方シフト（または供給曲線の傾きの変化）
- 需要曲線の下方シフト（または需要曲線の傾きの変化）

のいずれかを考えることにより，間接税が課された場合の新しい価格を計算する必要がある．

以下では，供給曲線・需要曲線のシフトのどちらとして解釈しても解答できるようなアプローチを紹介する．まず次の2点を押さえておく．

① 間接税が課されることによって，「消費者が購入するために支払うべき価格（消費者価格）」と「生産者が販売することによって受け取ることができる価格（生産者価格）」は一致しない．

② 「消費者価格＝生産者価格＋税」つまり，間接税が課されると，消費者が購入のために支払った金額から税金が差し引かれ，その残りが生産者の手元に入る．

この2点を踏まえ，間接税が課された場合の均衡点は次の手順で計算する．

ステップ1．生産者価格と消費者価格の区別

例えば生産者価格を p_s，消費者価格を p_d と表記し，需要関数の中の p は p_d，供給関数の中の p は p_s と表記して需要関数，供給関数を書き直す．

ステップ2．　次の3つの式を並べる

$$\begin{cases} \text{需要関数} \\ \text{供給関数} \\ p_d = p_s + \text{税金} \end{cases}$$

ステップ3．　p_d または p_s の一方を消す

p_d を消して p_s だけを用いて需要曲線を描き直すと，シフトさせた需要曲線が表れる．これに対して，p_s を消して p_d だけを用いて供給曲線を描き直すと，シフトさせた供給曲線が表れる（教科書はこちらの方法）．このあと，p_d または p_s およびこれに対応する需要量＝供給量を求めればよい．

例1：定額の物品税

需要量を D，供給量を S，価格を p とした場合に，需要関数が $D=500-5p$，供給関数が $S=10p-400$ で与えられたとする（なお，この場合，均衡価格は60，このときの需要量・供給量は200である）．

ここで財1個に対して10の物品税が課されることとなった場合の消費者余剰と生産者余剰を計算する．

まず，上記のステップ1と2にしたがって次のように式を並べる．

$$\begin{cases} D = 500 - 5p_d \\ S = 10p_s - 400 \\ p_d = p_s + 10 \end{cases}$$

ここで p_s を消して p_d だけを用いて供給関数を書き直すと，供給関数は

$$S = 10(p_d - 10) - 400 = 10p_d - 500$$

となる．これは課税により供給曲線が上に10だけシフトしたことを意味する．そしてシフト後の供給曲線と需要曲線の交点が消費者価格 p_d となる（図4.11の $\frac{200}{3}$）．このとき生産者価格は $p_s = \frac{200}{3} - 10 = \frac{170}{3}$ となる．

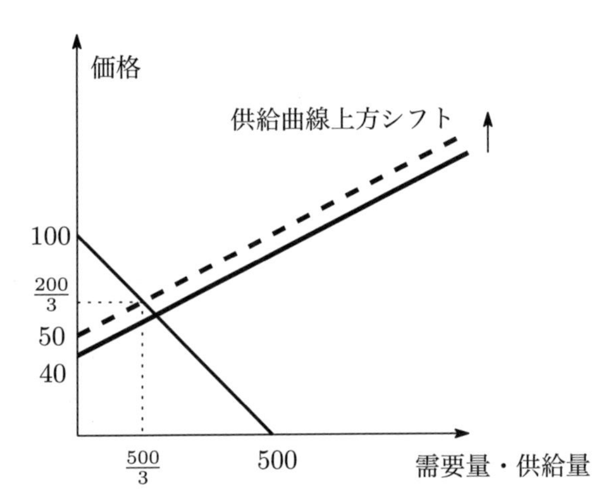

図4.11　物品税が課された場合（供給曲線のシフト）

他方，p_d を消して p_s だけを用いて需要関数を書き直すと，需要関数は

$$D = 500 - 5(p_s + 10) = 450 - 5p_s$$

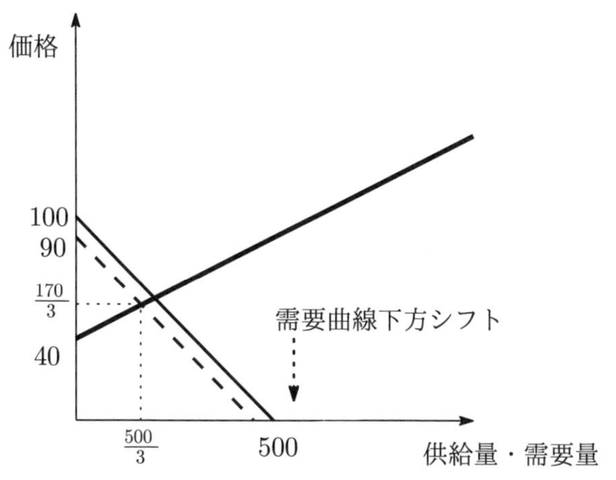

図 4.12　物品税が課された場合（需要曲線のシフト）

となる．これは課税により需要曲線が下に 10 だけシフトしたことを意味する．物品税の分だけ財が値上がりしたのと似た状況である．そしてこの場合，シフトした後の供給曲線と需要曲線の交点は生産者価格 p_s に対応する (図 4.12 の $\frac{170}{3}$)．このとき消費者価格は $p_d = \frac{170}{3} + 10 = \frac{200}{3}$ となる．

どちらの方法によっても，物品税 10 の導入によって，生産者価格と消費

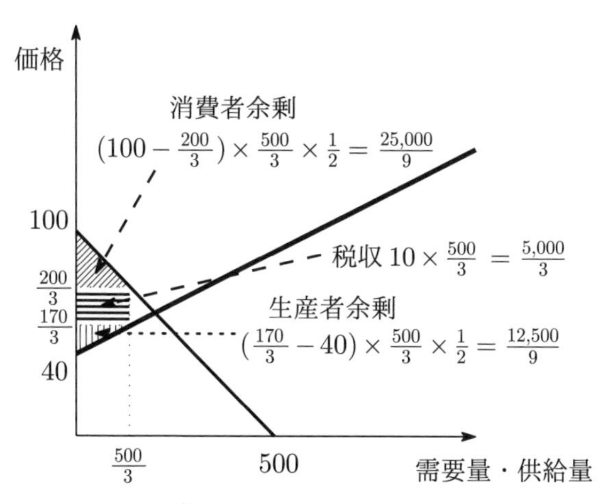

図 4.13　物品税が課された場合の余剰分析

者価格がそれぞれ $\frac{170}{3}$ と $\frac{200}{3}$ になることが計算できる．このときの生産者余剰と消費者余剰は図 4.13 のようになる．税収を加えたとしても，物品税の導入前よりも総余剰が減少していることがわかる．

注意 慣れないうちは生産者余剰・消費者余剰を計算する際にシフト後の需要曲線・供給曲線を含めない図を描き直す方がミスが少ない．シフト後の曲線を入れたままだと，どの曲線の交点を使うのか混乱することがある．

例 2：定率の消費税

例 1 と同様の需要関数・供給関数において，今度は財 1 個に対して価格の 20% の消費税が課されることとなった場合の消費者余剰と生産者余剰を計算する．例 1 と同様ステップ 1 と 2 にしたがって次のように式を並べる．例 1 と異なるのは p_d と p_s の関係式（下線部分）だけである．

$$\begin{cases} D = 500 - 5p_d \\ S = 10p_s - 400 \\ \underline{p_d = p_s \times 1.2} \end{cases}$$

ここで p_s を消して p_d だけを用いて供給関数を書き直すと，供給関数は

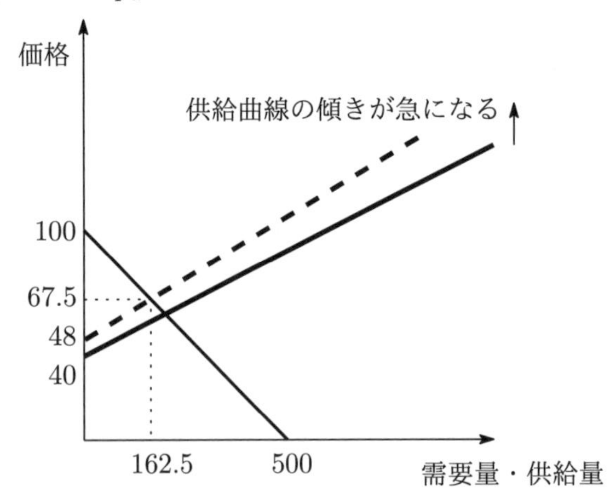

図 4.14　消費税が課された場合（供給曲線のシフト）

$$S=10(\frac{p_d}{1.2})-400=\frac{25}{3}p_d-400$$

となる．これは供給曲線の傾きが急（1.2倍）になったことを意味する．例1と同様，傾きが変わった後の供給曲線と需要曲線の交点は消費者価格p_dに対応する（図4.14の67.5）．このとき生産者価格$p_s=\frac{67.5}{1.2}=56.25$となる．

他方，p_dを消してp_sだけを用いて需要曲線を書き直すと，需要関数は

$$D=500-5\times 1.2p_s=500-6p_s$$

となる．これは需要曲線の傾きが緩やかになった（1.2分の1倍になった）ことを意味する．例1と同様，傾きが変わった後の供給曲線と需要曲線の交点は生産者価格p_sに対応する（図4.15の56.25）．このとき消費者価格は$p_d=56.25\times 1.2=67.5$となる．

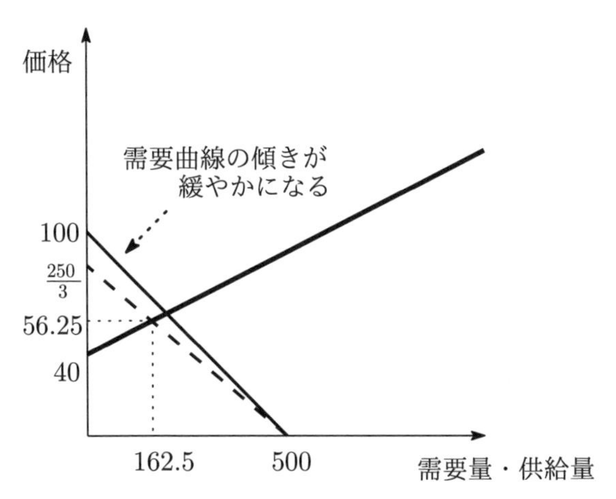

図4.15 消費税が課された場合（需要曲線のシフト）

なお，<u>補助金はマイナスの税金</u>と考えれば同様の方法により計算できる．

4.4.3 供給制限

国の政策等により供給量が（均衡点の供給量未満に）制限された場合の総余剰への影響を計算させる問題が出題されることがある（問題7.6参照）．

例：図4.16は，均衡点の供給量（需要量）が200であるにもかかわらず供給量が100に制限されたケースである．この場合需要量も100に制限される．このとき，消費者余剰・生産者余剰は，需要量・供給量が100以下の部分に限られるため図の斜線部分となる．その結果，総余剰は供給制限がない場合よりも小さくなり，供給制限は最適な資源配分をゆがめることがわかる．

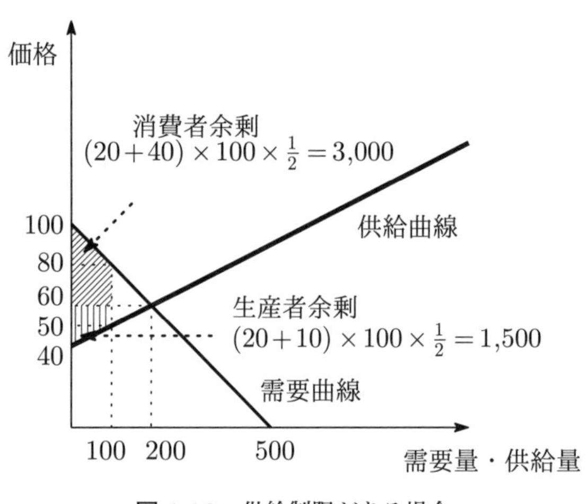

図4.16　供給制限がある場合

4.4.4　輸入と関税

1.　輸入ができる市場

前提を少し変えて，ある財を購入する方法として，国内（その市場内）の生産者（供給者）だけでなく国外の生産者（供給者）から購入する，つまり輸入することができる場合を考える（問題7.6参照）．輸入数量に上限がない（所定の価格でいくらでも輸入できる）ことが前提となっている．

このような輸入ができる市場を分析する場合は，輸入がない前提のこれまでのモデルにおける均衡価格（需要曲線と供給曲線が交わる点の価格）と輸入価格の関係に注目する．もしもこの均衡価格より輸入価格の方が高ければ，国内の消費者は安い方の財を購入するから，すべて国内生産者から購入し，輸入品は購入しない．そのため，輸入できるとしても均衡点が動かない．裏を返すと，輸入価格<均衡価格 のときに均衡点は動くことになる．

例：4.4.3節と同じ事例で，国内市場の均衡価格が60であるが海外から50でいくらでも輸入できるとする．このとき，国内生産者が60のままで販売しようとすると，国内の消費者は全員安い方の輸入品を購入してしまう．そのため，（合理的な）国内生産者も輸入価格と同額の50で販売せざるを得ない．

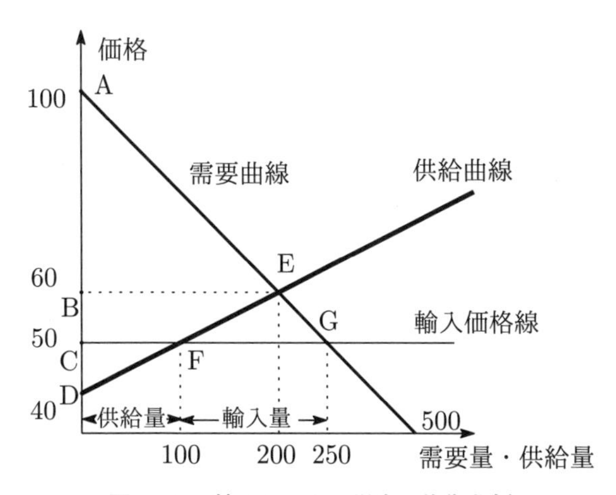

図4.17　輸入ができる場合の均衡分析

価格が50となる価格線と需要曲線・供給曲線との交点に対応するのがそれぞれの需要量・供給量である．図4.17では，需要量は250（G点），供給量は100（F点）である．両者の差 $250-100=150$ が輸入量となる．

図4.17において，消費者余剰は三角形ACG，生産者余剰は三角形CDFに該当する（図4.18の斜線部分）．それぞれの面積を計算すると，
消費者余剰 $=(100-50)\times 250\times \frac{1}{2}=6{,}250$,
生産者余剰 $=(50-40)\times 100\times \frac{1}{2}=500$　と計算される．

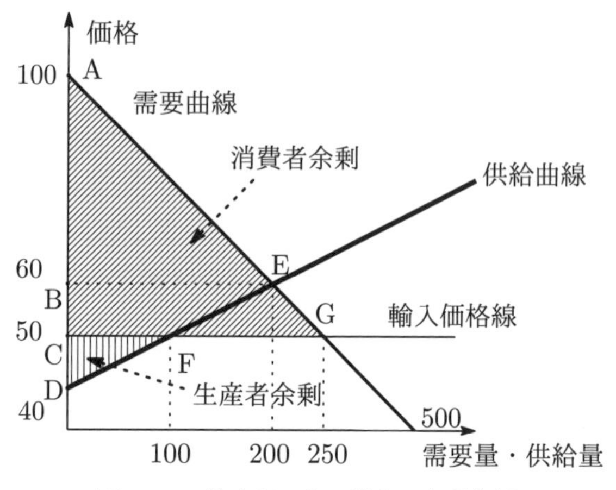

図 4.18　輸入ができる場合の余剰分析

消費者余剰・生産者余剰を求める問題における解答の手順をまとめると，以下の通りである．

(1) 輸入価格（p' とする）の価格線 $p=p'$（横線）と需要曲線・供給曲線との交点を求める．

(2) それぞれの交点に対応する需要量と供給量の差（=輸入量）を計算する．

(3) 消費者余剰は需要曲線と価格線 $p=p'$，生産者余剰は供給曲線と価格線 $p=p'$ に囲まれた部分の面積として計算できる．

注意　この場合の総余剰は，輸入を考える前の均衡価格を用いて計算した総余剰よりも大きいことがわかる．つまり，国内市場の均衡価格よりも安く輸入できる場合は，輸入を制限・禁止するのではなく，輸入を自由化する方が最適な資源配分になることを示している．

2.　関税を課した場合

最適な資源配分という観点からは輸入を完全自由化した方が適切ではあるが，国内産業の保護等の観点から輸入に一定の制限をかける場合がある．輸入量の制限をする場合は，供給量の制限の場合と同様に議論できる．以下では別の方法として関税を課す場合を検討する（問題 7.6 参照）．

関税を課すと，関税の額だけ輸入価格を引き上げることができることになる．この結果，国内生産者の販売価格も関税分だけ引き上げることができるため，より多くの数量を生産・販売することができるようになる．

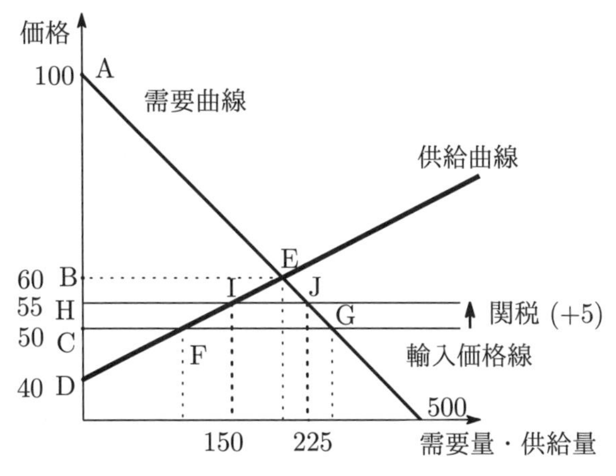

図 4.19 関税を課した場合（均衡分析）

例：4.4.3 節と同じ事例で，輸入価格が 50 のところ，財 1 個当たり 5 の関税を課すことを考える．価格線が関税の分だけ上方シフトして $p = 55$ となる．関税の課税後の価格線と需要曲線・供給曲線の交点を求め，それぞれに対応する需要量・供給量を計算する．この例では需要量が 225，供給量が 150 と求まるため，差額の $225 - 150 = 75$ が輸入量となる（図 4.19 参照）．

消費者余剰・生産者余剰を分析する．図 4.19 において消費者余剰は三角形 AHJ，生産者余剰は三角形 HDI に相当し，それぞれ以下の通りとなる．
消費者余剰 $= (100 - 55) \times 225 \times \frac{1}{2} = 5{,}062.5$,
生産者余剰 $= (55 - 40) \times 150 \times \frac{1}{2} = 1{,}125$ （次頁図 4.20 の斜線部分参照）．

なお，税収は，関税の額×輸入額として，$5 \times 75 = 375$ と計算される（図 4.21 の四角形 IKLJ の面積に相当する）．

このすべてを合計した総余剰は関税がない場合の総余剰よりも小さくなっている（減少した分の総余剰はちょうど図 4.21 の斜線部分に相当する）．

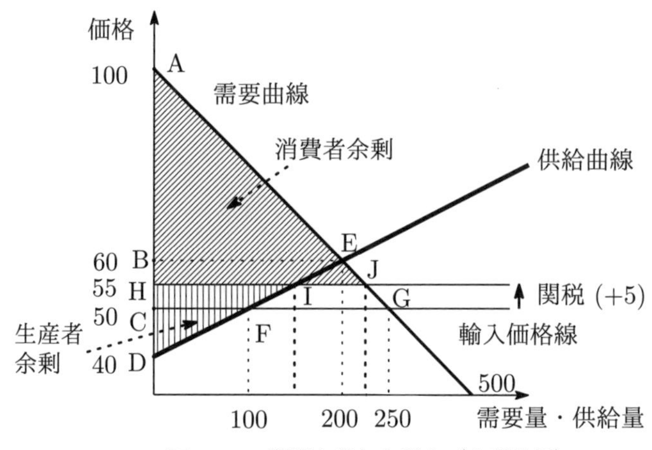

図 4.20　関税を課した場合（余剰分析）

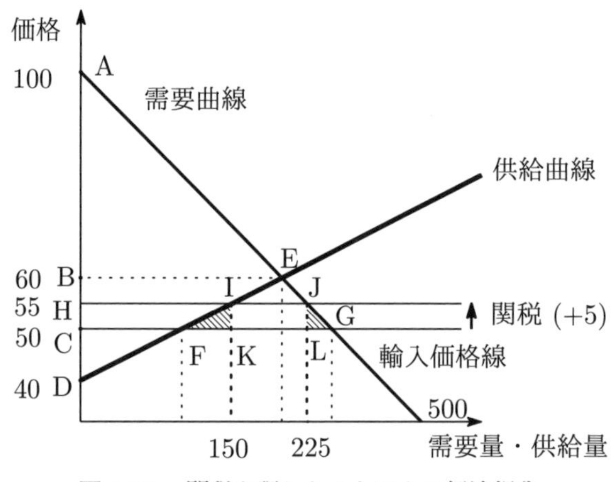

図 4.21　関税を課したことによる経済損失

注意　この例からわかるように，関税を課すと輸入量が減少する結果，最適な資源配分がゆがめられることが確認できる．

4.5 ゲーム理論入門

4.5.1 ナッシュ均衡

本試験では，ゲーム理論*7 の分野ではナッシュ均衡を求めさせる問題が多い．**ナッシュ均衡**とは，「自分だけ戦略*8 を変えても利得が増えない状態が全員に成り立つ戦略の組合せ」をいう．ナッシュ均衡は，利得の状況によって，複数存在する場合もあるし，1つも存在しない場合もある．

4.5.2 利得表

利得表とは，ゲームの各プレイヤーがそれぞれある戦略を選択した場合に各プレイヤーが得る利得の組合せを表にしたものである．通常は，（第1のプレイヤーの利得, 第2のプレイヤーの利得）という数値の組合せを，各戦略の組合せに応じて表にしたものが使われる．表4.2は，プレイヤーXとYの2名がいて，それぞれがX1とX2，Y1とY2という2種類の戦略をとることができる場合の，両者の利得の組合せを記載した利得表の例である．

表 4.2 利得表の例

	戦略Y1	戦略Y2
戦略X1	(10, 30)	(35, 10)
戦略X2	(15, 40)	(20, 35)

ナッシュ均衡を求める手順は下記の通り（問題7.9参照）．

最初に「Xだけ戦略を変えても利得が増えない状態」を考える．

① まずYが戦略Y1を選択した場合のXの行動を考える．利得表（表4.2）のうち戦略Y1の列のみ注目する．そしてXの利得（利得の対のうち左側の数値）のみを見る．Xは戦略X1を選択すれば利得10，戦略X2を

*7 ゲーム理論は，自分の行動が他者の利得に影響を与え，他者の行動が自分の利得に影響を与えるという状況においてどのような行動がとられるかを分析する理論である．

*8 戦略とは各プレーヤー（参加者）がとり得る行動の選択肢をいう．

選択すれば利得15を得る．そのためXは戦略X2を選択する方が有利である．Xが選択する戦略X2におけるXの利得の数字15に丸をつけておく（表4.3参照．なお便宜上戦略Y2の列は省略している）．

表4.3　① YがY1を選択したときのXの行動

	戦略Y1
戦略X1	(10, 30)
戦略X2	(⑮, 40)

② 次に，Yが戦略Y2を選択した場合を考える．Y2の列に注目し，あとは①と同様に考える．Xは戦略X1を選択すれば利得35，戦略X2を選択すれば利得20が得られる．戦略X1の方が有利である．そこで戦略X1におけるXの利得の数字35に丸をつけておく（表4.4参照）．

表4.4　② YがY2を選択したときのXの行動

	戦略Y1	戦略Y2
戦略X1	(10, 30)	(㉟, 10)
戦略X2	(⑮, 40)	(20, 35)

① ②ではXの行動を考えたが，Yについても同様に検討する．

③ まずXが戦略X1を選択した場合のYの行動を考える．今度はX1の<u>行</u>のYの利得（右側の数値）をみる．Yは戦略Y1を選択すれば利得30，戦略Y2を選択すれば利得10を得る．よってYは戦略Y1を選択する．そこで表4.5のように戦略Y1におけるYの利得の数字30に丸をつけておく．

表4.5　③ XがX1を選択したときのYの行動

	戦略Y1	戦略Y2
戦略X1	(15, ㉚)	(㉟, 10)
戦略X2	(⑮, 40)	(20, 35)

④ 最後に，X が戦略 X2 を選択した場合の Y の行動を同様に考えると，Y は戦略 Y1 を選択すれば利得 40，戦略 Y2 を選択すれば利得 35 を得る．表 4.6 のように，有利な戦略 Y1 の方の利得の数字 40 に丸をつけておく．

表 4.6　④ X が X2 を選択したときの Y の行動

	戦略 Y1	戦略 Y2
戦略 X1	(10, ㉚)	(㉟, 10)
戦略 X2	(⑮,㊵)	(20, 35)

⑤ この作業の結果，X の利得，Y の利得の両方に丸がついている戦略の組があれば，それがナッシュ均衡となる．表 4.6 から明らかなように，この事例ではナッシュ均衡が存在し，それは (X2, Y1) のみとなる．

4.5.3　混合戦略

これまでは，複数の戦略のいずれか 1 つを（確定的に）選択する場合（純粋戦略）を想定していたが，それぞれある確率で複数の戦略を組み合わせることを考える場合（**混合戦略**）がある．この場合には，どの戦略を選ぶかではなく，それぞれの戦略をどれくらいの確率で選択するかを計算することとなる．混合戦略におけるナッシュ均衡を求める際は，各戦略の利得にそれぞれの戦略をとる確率を乗じたものを足しあわせた期待値（期待利得）を考える．そのため，この場合のナッシュ均衡とは，「自分が各戦略をとる確率を変えても自分の期待利得が増えない状態が全員に成り立つ各戦略の確率の組合せ」として求める．具体例として問題 7.11 および問題 7.13 参照．

4.5.4　動学ゲーム

これまでに紹介したゲーム理論では，すべてのプレイヤーが同時に戦略を決定することを前提としており，お互いに相手の戦略を事前に知ることができない（**静学ゲーム**（または**同時手番ゲーム**）と呼ばれる）．これに対して，各プレイヤーがある順番に従って行動するというルールのゲームを考えることがある（これを**動学ゲーム**（または**逐次手番ゲーム**）という）．Xがまず戦略を決め，それをみてYが自分の戦略を決め，最後に，その結果を踏まえてXがもう1度（次の）戦略を決めるとXとYの最終的な利得が決まるという出題例がある（問題7.12参照）．こうした動学ゲームは後ろから解く（バックワード・インダクションという．すなわち，時系列を逆にたどり，各時点における各プレイヤーの最適な戦略を選択することによって解く）．

マクロ経済学

4.6 経済をマクロからとらえる（GDP）

GDP（国内総生産：Gross Domestic Product）とは，1年間に国内で生産された財・サービスの総額をいう．GDPに関しては，試験対策上は次の式によって計算される**GDPデフレーター**が重要である（問題7.14参照）．

$$\text{GDPデフレーター} = \frac{\text{名目GDP}}{\text{実質GDP}} \times 100$$

名目GDP＝「比較年の生産額」の合計

実質GDP＝「調整後の生産額」の合計

ここで

比較年の生産額＝比較年の価格×比較年の生産量

調整後の生産額＝基準年の価格×比較年の生産量

GDPデフレーターは基準年から比較年までの物価の変化率を表す．

なお，上記で比較年とは，GDPデフレーター（およびその前提となる名目GDP）の計算対象となる年をいい，基準年とは，実質GDPを計算するうえで基準となる価格をとる年（通常は比較年よりも前の一定の年）をいう．

4.7 有効需要と乗数メカニズム

マクロ経済の分析においては以下の公式が重要である（問題7.15参照）.

GDPに関する恒等式

GDPをY，消費をC，投資をI，政府支出をGとおくと，

$$Y=C+I+G \quad \cdots\cdots\cdots \text{Ⓐ}$$

これはマクロ経済全体（日本なら日本という国家全体）の総生産（左辺）が，マクロ経済全体における総需要（財やサービスを買う金額の合計）（右辺）に一致することを恒等式で示したものである[*9].

消費関数

所得をY，消費をCとおくと，

$$C=cY+b \quad \cdots\cdots\cdots \text{Ⓑ}$$

上記Ⓑ式のc $(0<c<1)$を**限界消費性向**という．限界消費性向は所得の増加分に対する消費の増加分の割合である．このモデルにおける均衡は，生産，所得および需要の3つが等しくなる点として，上記のⒶ式とⒷ式とを連立させて求めた生産量（Y）の水準として求められる.

乗数効果 $\dfrac{1}{1-c}$

投資や政府支出が1単位変動した場合にGDPがどの程度変動するかを示すのが乗数$\dfrac{1}{1-c}$である．なおcは消費関数における限界消費性向をいう．乗数は1よりも大きくなるため，投資や政府支出の増加額よりもGDP増加額の方が大きくなるという効果（**乗数効果**）が生じる.

なお，乗数$\dfrac{1}{1-c}$は派生需要の無限等比級数の係数として計算される．つまり，

$$1+c+c^2+c^3+c^4+\cdots=\frac{1}{1-c}$$

*9 この恒等式は海外との貿易がない場合に成立する．貿易がなされる場合，$Y=C+I+G+(EX-IM)$（EXは輸出，IMは輸入）となる.

4.8　貨幣の機能

ハイパワード・マネーとマネーストックの概念を理解したうえで，貨幣量に関する種々の公式を理解することが重要である（問題7.16参照）．

4.8.1　ハイパワード・マネーとマネーストック

ハイパワード・マネー（H）　$H=C+R$

マネーストック（M）　$M=C+D$

Cは現金（中央銀行が発行する通貨），Dは預金（市中銀行に対する預金），Rは預金準備（市中銀行の中央銀行に対する預金）をそれぞれ表している．

ハイパワード・マネーは，中央銀行が供給するマネーをいう．別の言い方をすると，ハイパワード・マネーは，中央銀行のバランスシート（貸借対照表）において負債として計上されるものに相当する（Cは中央銀行が発行する現金，Rは中央銀行が市中銀行に対して返済義務を負う預金準備の額）．

マネーストックは，市中で流通している貨幣の量（貨幣供給量）をいう．つまり，一般の個人や法人は，貨幣を現金として自ら保有するか（C）または銀行に預けるか（D）のどちらかの形で保有すると考えられる．中央銀行は，ハイパワード・マネーの調節を通じてマネーストックを調節する．

4.8.2　信用乗数

信用乗数　$\dfrac{M}{H}=\dfrac{1+\alpha}{\alpha+\lambda}$　（α：現金預金比率(C/D)，λ：預金準備率(R/D)）

なお，この式は，ハイパワード・マネーを増減させた場合に，それに対応して増減するマネーストックの量，つまり変化分同士の比率についても成立する．それぞれの変化分をΔH，ΔMとおくと，以下の式も同様に成り立つ．

$$\frac{\Delta M}{\Delta H}=\frac{1+\alpha}{\alpha+\lambda}$$

4.8.3 ハイパワード・マネーの調整

ハイパワード・マネーを調整する手段には国債の売りオペレーション・買いオペレーションがある．

売りオペレーション（売りオペ）とは，金融を引き締めるために，中央銀行が市中の金融機関に対して国債などを売却し，市中から貨幣を買い取る手法をいう．これに対し，**買いオペレーション**（買いオペ）とは，金融緩和を促すため，中央銀行が市中の金融機関から国債を購入することをいう．

買いオペレーション⇒市中の通貨が増加⇒ハイパワード・マネーの増加

（売りオペレーションは逆の効果が生じる．）

4.8.4 貨幣数量式

貨幣数量式（フィッシャーの交換方程式）　$MV = PT$

M は貨幣量（マネーストック），V は貨幣の流通速度，P は GDP デフレーター，T は取引量をそれぞれ表している．

使われた貨幣の総額（貨幣量×貨幣の流通速度）が，1年間に行われる取引総額（取引量×物価）に等しくなるという関係を示している．

市中の取引量（T）が増加する場合，または取引される財・サービスの価格（P）が上昇する場合，必要となる貨幣量（マネーストック）は増加する．この貨幣数量式は，貨幣量そのもの（M）を増加させる代わりに貨幣の流通速度（V）を上昇させることによっても均衡を保つことができることを示している．同じ貨幣を複数の決済に続けて用いることができれば，少ない貨幣量でも多くの決済を達成できるためである．

ケンブリッジ方程式　$M = kPy$

M はマネーストック，k は**マーシャルの** k，P は物価（GDP デフレーター），y は実質 GDP をそれぞれ表している．

貨幣数量式において，取引量 T が実質 GDP の y に比例すると仮定して $T = ay$（a は定数）とおき，この関係式を用いて貨幣数量式から T を消去して $a/V = k$ とおくとケンブリッジ方程式を導出することができる．

なお，Y を名目 GDP とすると $Py = Y$ と表すことができる．そのため，ケンブリッジ方程式は $M = kY$ と表記することもできる．この式から，マーシャルの k は貨幣量と名目 GDP の比率を表す係数であることがわかる．

また，このケンブリッジ方程式を応用して，物価および実質 GDP の変動分をそれぞれ ΔP，Δy とすると，次の関係式も成り立つ．

$$\frac{\Delta P}{P} = \frac{\Delta M}{M} - \frac{\Delta y}{y}$$

4.9　マクロ経済政策

財やサービスが取引される市場（財市場）と貨幣が取引される市場（資産市場）とを同時に観察する際には両者の関係性が重要である．

例えばケンブリッジ方程式 $M = kY$ は，財市場における GDP（Y）と資産市場におけるマネーストック（M）との間に一定の関係が保たれることを示唆している．

4.9.1　資産市場の需給

利子率は貨幣に対する需要と供給のバランスで決まる．貨幣需要曲線（次頁図 4.22 の M_d）はミクロ経済学の需要曲線と同様に右下がりとなる（利子率が上昇すると需要量は減少する）．一方，貨幣の供給量は利子率によらず一定である（利子率以外の要因でしか増減しない）と考えるため，貨幣供給曲線は垂直線（図 4.22 の M_s）となる．両者の交点（図 4.22 の E）に対応する利子率（r_1）が資産市場において決定される利子率となる．

利子率は貨幣に対する評価（価値）であると考えると理解しやすい．

貨幣供給量が増加すると貨幣供給曲線が右にシフトし（図 4.22 の $M_s \rightarrow M_s'$），貨幣需要曲線との交点が移動する（図 4.22 の $E \rightarrow E'$）．新たな交点に対応する利子率（r_2）は当初の利子率（r_1）よりも小さい．

よって，貨幣供給量が増加すると利子率が低下することが図 4.22 によって確認できる．

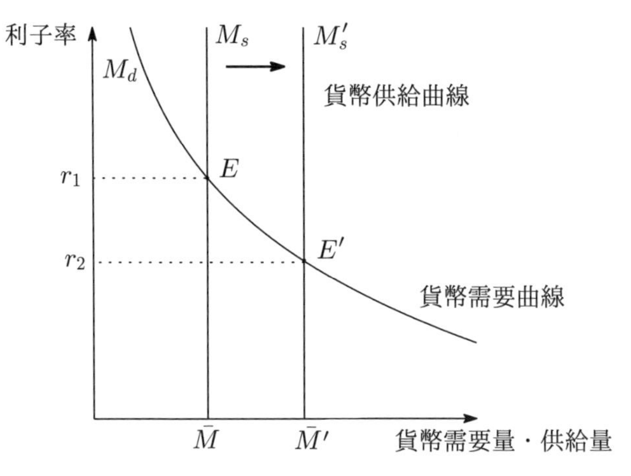

図 4.22　貨幣需給量と利子率の関係

4.9.2　金利と投資の関係

4.7 節の $Y = C + I + G$ の式における投資 I は利子率と逆相関．つまり

- 利子率が上昇すると投資は減少（→ GDP は減少）し，
- 利子率が低下すると投資は増加（→ GDP は増加）する．

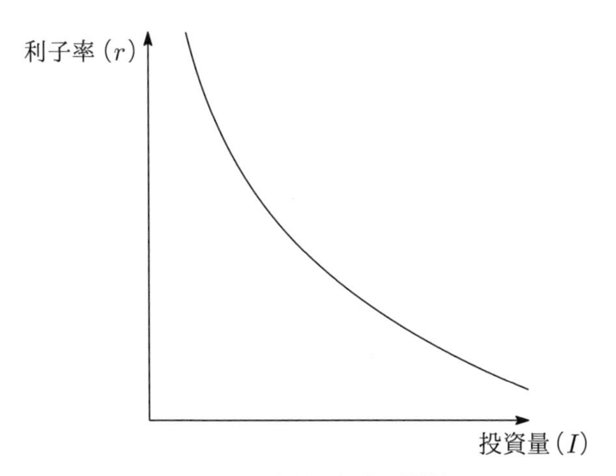

図 4.23　金利と投資の関係

注意 簡潔に補足すると，投資は利子率（例えば借入利子率）を上回る収益性があるものでなければ実行に値しない．そのため，利子率が上昇するほど，その利子率よりも高い水準の収益性を実現できる投資案件の数が限定される（減少する）ため，投資量（I）が減少すると考えることができる(前頁図4.23を参照)．

4.9.3　財政政策と金融政策

財政政策

財政政策は，4.7節の$Y = C + I + G$の式における政府支出（G）を増減させる政策である．よって，財政政策は財市場における総需要を増減させる．

金融政策

金融政策は，ハイパワード・マネー（H）の量を調整し，これを通じてマネーストック（M）の量を調整する政策である．つまり資産市場における通貨供給量を調整する経済政策を意味する．4.9.2節で説明したように，通貨供給量が増加すると利子率は低下する．さらに利子率が低下すると財市場における投資量（I）が増加することから，金融政策は，財市場と資産市場のリンクを活用し，資産市場における貨幣の需給を調整することを通じて財市場における総需要に影響を及ぼす経済政策となる．

■第5章 「投資理論」必須知識&公式集

この章では，「投資理論」分野の計算問題を解くための知識や公式を中心にまとめる．

5.1　投資家の選好

将来に不確実性のある投資先（株式など）に対して投資家がとる行動を分析するため，「確率くじ」といった簡略化されたモデルを用いた一連の例を通して，「効用」やそれに付随する概念を学ぶ．

5.1.1　確率くじ

- **確率くじ**：将来に不確実性のある投資先の動きを，くじ引きに置き換えて単純化したモデル．

例 賞金額が確率 0.2 で 100，確率 0.8 で 40 になるくじ A を考える．これを図示すると次の図のようになり，これを「確率くじ A」と呼ぶことにする．

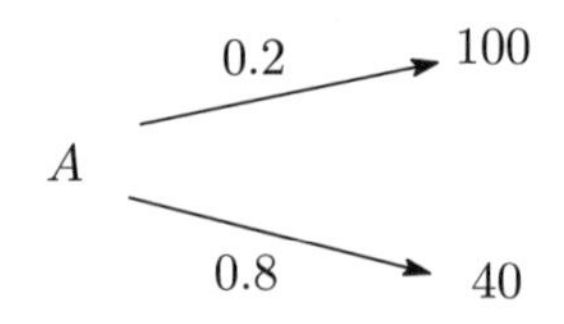

くじ引き後の賞金額を確率変数 X と表すと，以下の計算ができる．

$$平均\ E(X) = 0.2 \cdot 100 + 0.8 \cdot 40 = 52$$

$$分散\ Var(X) = E(X^2) - (E(X))^2 = (0.2 \cdot 100^2 + 0.8 \cdot 40^2) - 52^2$$
$$= 3{,}280 - 2{,}704 = 576$$

$$標準偏差\ \sigma = \sqrt{Var(X)} = \sqrt{576} = 24$$

5.1.2　効用

- **効用**：財を消費した時に得られる満足度．
- **効用関数**：x 単位の財の消費から得られる満足度を表した関数．**u**tility function の頭文字を使って，$u(x)$ と表す．

例 投資家の効用関数が $u(x) = 500x - x^2$ $(0 < x < 250)$ であるとき，確率くじ A の $x = 40$ における効用は，$u(40) = 500 \cdot 40 - 40^2 = 18{,}400$．

- 効用関数の分類
  効用関数はその特徴により，以下の4つに分類される*1．

  ①リスク回避型：凹関数
  ②リスク中立型：一次関数
  ③リスク追求型：凸関数
  ④混合型

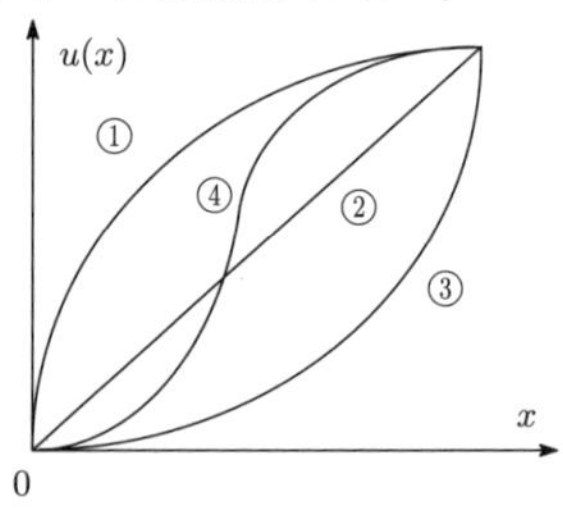

リスク回避型は限界効用（後述）が逓減する（すなわち $u''(x) < 0$）特

*1 ここで示したグラフは一例であり，x の定義域の条件などは適当な仮定をおいている．なお，凹関数とは下に凹（上に凸）の形をしたものであり，紛らわしいので注意．

徴があり，その反対に**リスク追求型**（ギャンブラー型）は限界効用が逓増する（すなわち $u''(x) > 0$）特徴がある．

- **期待効用**：効用の期待値．期待値の効用ではないことに注意．

例 確率くじ A の期待効用は以下のようになる．

$E[u(x)] = 0.2u(100) + 0.8u(40) = 0.2 \cdot 40{,}000 + 0.8 \cdot 18{,}400 = 22{,}720$

- **ジェンセンの不等式**：リスク回避型の効用関数の場合，以下の不等式が成立するが，これをジェンセンの不等式と呼ぶ．

$$E[u(X)] \leq u[E(X)]$$

- **期待効用最大化原理**：投資家は期待効用を最大にすべく行動するという主張．
- **限界効用**：財の消費量が1単位増加したときに得られる効用の増加分[*2]．
- 限界効用関数：効用関数を消費量 x で微分したもの．marginal utility function の頭文字を使って，$M_u(x)$ と表す．

例 限界効用関数は $M_u(x) = u'(x) = 500 - 2x$ となり，例えば $x = 40$ における限界効用は $M_u(40) = 500 - 2 \cdot 40 = 420$.

5.1.3 確実等価額，リスク回避度

- **確実等価額**：$u(\hat{X}) = E[u(X)]$ を満たす $\hat{X}$．いくらの賞金額を確実に保証すれば，確率くじの期待効用と等しくなるか，という額．

例 期待効用は $E[u(x)] = 22{,}720$ であったから，$u(\hat{X}) = 22{,}720$ を満たす $\hat{X}$ が確実等価額である．$u(\hat{X}) = 500\hat{X} - \hat{X}^2 = 22{,}720$ を解くと，X の定義域にも注意して，$\hat{X} = 50.550\cdots \approx 50.55$.

- **リスク・ディスカウント額**：賞金の期待値と確実等価額の差．投資家が確実に賞金を得るために支払ってもよいと考える額．以降，本書では "RD" と略している箇所がある．

[*2] ここでいう「限界」は，"limit" ではなく "marginal" の訳である．"marginal" には「わずかな」という意味があり，これが「1単位」や「微分」につながるイメージを持っておくとよい．

例 $\text{RD} = E(X) - \hat{X} = 52 - 50.550\cdots \approx 1.45$

ここで，リスク回避型の投資家の場合，ジェンセンの不等式より $u[E(X)] \geq E[u(X)]$ が成立し，$u[E(X)] \geq E[u(X)] = u(\hat{X}) \Leftrightarrow E(X) \geq \hat{X}$ となるので，リスク・ディスカウント額は正となる．反対に，リスク追求型の投資家のリスク・ディスカウント額は負となる．

- **リスク回避度**：ある賞金額における，効用関数の曲率．投資家が，リスクをとることを避けたいと考えている度合い．
  絶対的リスク回避度 $A_u(x) = -\dfrac{u''(x)}{u'(x)}$ と**相対的リスク回避度** $R_u(x) = xA_u(x)$ があり，それぞれ coefficient of **a**bsolute（絶対的）/ **r**elative（相対的） risk aversion の頭文字で覚えるとよい．

例
$$A_u(x) = -\frac{u''(x)}{u'(x)} = -\frac{-2}{500-2x} = \frac{1}{250-x}$$
$$R_u(x) = xA_u(x) = \frac{x}{250-x}$$

- **リスク許容度**：絶対的リスク回避度の逆数．投資家がリスクをとってもよいと考えている度合い．

例 $x = 50$ における絶対的リスク回避度は $A_u(50) = \dfrac{1}{250-50} = \dfrac{1}{200}$ であるから，リスク許容度 $= 200$.

5.2　ポートフォリオ理論

5.2.1　ポートフォリオのリターンとリスク

- 金額 X_0 を投資して金額 X_1 を回収するとき，以下の R を投資の**リターン**という．
$$R = \frac{X_1}{X_0} - 1$$
- 複数の資産に投資をしたときの資産構成のことを**ポートフォリオ**と呼び，各資産がポートフォリオに占める割合を**投資比率**と呼ぶ．

- 投資比率は，買い持ち（**ロング・ポジション**）のとき，プラスとなり，空売りをする（**ショート・ポジション**）場合にはマイナスとなる．
- 例えば，リターンが R_1 の資産 1 に投資比率 w_1，リターンが R_2 の資産 2 に投資比率 w_2 で投資するときのポートフォリオのリターン R_p は以下の式で与えられる．

$$R_p = w_1R_1 + w_2R_2$$

- リターンを将来への投資と考えれば，確率変数と考えることができる．そこで，$\mu_1 = E(R_1)$, $\mu_2 = E(R_2)$ とするとき，ポートフォリオの**期待リターン** $\mu_p = E(R_p)$ は以下の式で与えられる．

$$\mu_p = w_1\mu_1 + w_2\mu_2$$

- ポートフォリオのリターンの標準偏差を**トータル・リスク**と定義する．このとき，ポートフォリオの分散 $\sigma_p^2 = Var(R_p)$ は以下の式で与えられる．

$$\sigma_p^2 = w_1^2\sigma_1^2 + w_2^2\sigma_2^2 + 2w_1w_2\sigma_{12} \tag{5.1}$$

$$= w_1^2\sigma_1^2 + w_2^2\sigma_2^2 + 2w_1w_2\rho\sigma_1\sigma_2 \tag{5.2}$$

ここで，$\sigma_1^2, \sigma_2^2, \sigma_{12}, \rho$ は以下の通り．

$$\sigma_1^2 = Var(R_1) \text{（}R_1\text{ の分散），} \qquad \sigma_2^2 = Var(R_2) \text{（}R_2\text{ の分散）}$$

$$\sigma_{12} = Cov(R_1, R_2) \text{（}R_1, R_2\text{ の共分散）}$$

$$\rho = \frac{\sigma_{12}}{\sigma_1\sigma_2} \text{（}R_1, R_2\text{ の相関係数）}$$

- なお，$w_1 + w_2 = 1$ のとき，σ_p が最小となるときの $w_1, w_2, \mu_p, \sigma_p^2$ は (5.2) 式より，以下の式で与えられる．

$$w_1 = \frac{\sigma_2^2 - \rho\sigma_1\sigma_2}{\sigma_1^2 + \sigma_2^2 - 2\rho\sigma_1\sigma_2} \tag{5.3}$$

$$w_2 = \frac{\sigma_1^2 - \rho\sigma_1\sigma_2}{\sigma_1^2 + \sigma_2^2 - 2\rho\sigma_1\sigma_2} \tag{5.4}$$

$$\mu_p = \frac{\sigma_2^2\mu_1 + \sigma_1^2\mu_2 - \rho\sigma_1\sigma_2(\mu_1+\mu_2)}{\sigma_1^2+\sigma_2^2-2\rho\sigma_1\sigma_2} \tag{5.5}$$

$$\sigma_p^2 = \frac{\sigma_1^2\sigma_2^2(1-\rho^2)}{\sigma_1^2+\sigma_2^2-2\rho\sigma_1\sigma_2} \tag{5.6}$$

なお，必須問題集（問題8.8）で(5.3)式〜(5.6)式の証明を行う．

- 分散投資を行うことで，ポートフォリオのトータル・リスクを小さくすることが可能となる．どれくらい小さくなるかは資産間の相関係数に依存する．ただし，相関係数が1のとき，リスクの削減効果はない．

5.2.2　多資産の最適化問題

- **（2資産の最適化問題）** リスク資産（期待リターンをμ_0，リターンの標準偏差をσ_0とする）とリターンがr_fの安全資産への投資を考える．リターンがRのポートフォリオに対して，投資家の目的関数が以下の式で与えられているとする．

$$E(R) - \frac{\gamma}{2}Var(R) \quad (\text{ただし}\ \gamma > 0) \tag{5.7}$$

このとき，投資家の目的関数を最大にするリスク資産への投資比率w_0は以下の式で与えられる．

$$w_0 = \frac{1}{\gamma}\frac{\mu_0 - r_f}{\sigma_0^2} \tag{5.8}$$

なお，必須問題集（問題8.7）で(5.8)式の証明を行う．

- **（3資産の最適化問題）** リスク資産1（期待リターンをμ_1，リターンの標準偏差σ_1とする），リスク資産2（期待リターンをμ_2，リターンの標準偏差σ_2とする）およびリスクフリー・レートがr_fの安全資産への投資を考える．また，リスク資産1とリスク資産2の相関係数をρとし，投資家の目的関数が(5.7)式と同様とする．このとき，投資家の目的関数を最大にするリスク資産1への投資比率w_1およびリスク資産2への投資比率w_2は以下の式で与えられる．

$$w_1 = \frac{1}{\gamma}\frac{\sigma_2^2(\mu_1 - r_f) - \rho\sigma_1\sigma_2(\mu_2 - r_f)}{\sigma_1^2\sigma_2^2(1-\rho^2)} \tag{5.9}$$

$$w_2 = \frac{1}{\gamma}\frac{\sigma_1^2(\mu_2 - r_f) - \rho\sigma_1\sigma_2(\mu_1 - r_f)}{\sigma_1^2\sigma_2^2(1-\rho^2)} \tag{5.10}$$

なお，必須問題集（問題8.8）で(5.9)式および(5.10)式の証明を行う．

5.2.3 投資可能集合と効率的フロンティア

- **（投資可能集合）**複数の投資対象となる資産に対して，実現可能な期待リターンと標準偏差の組み合わせを**投資可能集合**という．
- **（効率的ポートフォリオ）**投資可能集合のうち，同じリスク（標準偏差）をもつポートフォリオの中で期待リターンが最大となるポートフォリオを**効率的ポートフォリオ**という．
- **（効率的フロンティア）**効率的ポートフォリオを集めたものを**効率的フロンティア**という．これは，縦軸が期待リターン，横軸がリスクの投資可能集合のグラフを描いたとき，左側の境界線の上縁部分に相当する．

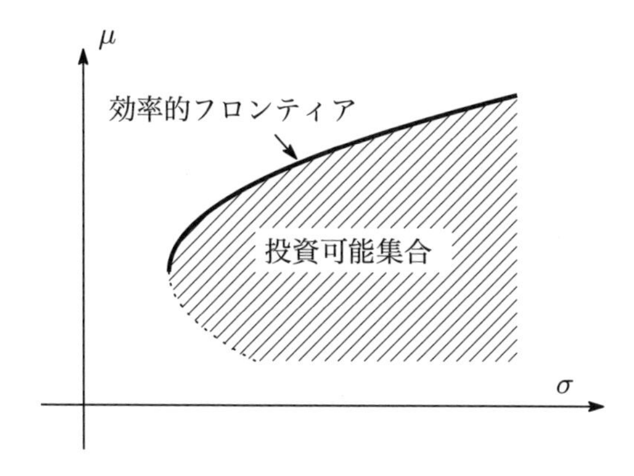

- 安全資産と1つのリスク資産から構成される投資可能集合は，両資産を表す点を結ぶ直線で与えられる．
- **（接点ポートフォリオ）**安全資産があるときの効率的フロンティアは，リスク資産のみで構成される効率的フロンティアに接する直線となる．この接点を**接点ポートフォリオ**と呼ぶ．

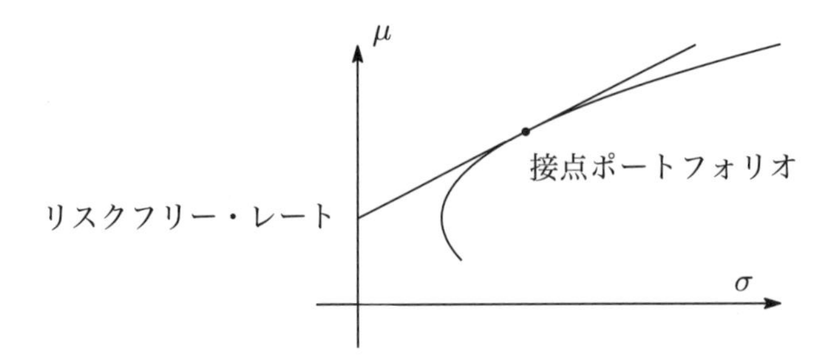

- リスク資産1（期待リターンを μ_1，リターンの標準偏差 σ_1 とする），リスク資産2（期待リターンを μ_2，リターンの標準偏差 σ_2 とする）およびリスクフリー・レートが r_f の安全資産への投資を考える．また，リスク資産1とリスク資産2の相関係数を ρ とする．このとき，接点ポートフォリオにおけるリスク資産1への投資比率 w_1，リスク資産2への投資比率 w_2，期待リターン μ_p，分散 σ_p^2 は以下の式で与えられる．

$$\mu_p - r_f = \frac{\sigma_2^2(\mu_1 - r_f)^2 + \sigma_1^2(\mu_2 - r_f)^2 - 2\rho\sigma_1\sigma_2(\mu_1 - r_f)(\mu_2 - r_f)}{(\sigma_2^2 - \rho\sigma_1\sigma_2)(\mu_1 - r_f) + (\sigma_1^2 - \rho\sigma_1\sigma_2)(\mu_2 - r_f)} \quad (5.11)$$

$$\sigma_p^2 = \sigma_1^2\sigma_2^2(1-\rho^2) \times \frac{\sigma_2^2(\mu_1 - r_f)^2 + \sigma_1^2(\mu_2 - r_f)^2 - 2\rho\sigma_1\sigma_2(\mu_1 - r_f)(\mu_2 - r_f)}{\{(\sigma_2^2 - \rho\sigma_1\sigma_2)(\mu_1 - r_f) + (\sigma_1^2 - \rho\sigma_1\sigma_2)(\mu_2 - r_f)\}^2} \quad (5.12)$$

$$w_1 = \frac{\sigma_2^2(\mu_1 - r_f) - \rho\sigma_1\sigma_2(\mu_2 - r_f)}{(\sigma_2^2 - \rho\sigma_1\sigma_2)(\mu_1 - r_f) + (\sigma_1^2 - \rho\sigma_1\sigma_2)(\mu_2 - r_f)} \quad (5.13)$$

$$w_2 = \frac{\sigma_1^2(\mu_2 - r_f) - \rho\sigma_1\sigma_2(\mu_1 - r_f)}{(\sigma_2^2 - \rho\sigma_1\sigma_2)(\mu_1 - r_f) + (\sigma_1^2 - \rho\sigma_1\sigma_2)(\mu_2 - r_f)} \quad (5.14)$$

なお，必須問題集（問題8.8）で(5.11)式～(5.14)式の証明を行う．

- リスクフリー・レートを示す点と接点ポートフォリオを結ぶ直線上のうち2点を結ぶ線分の延長上に存在するポートフォリオを考える．このときの安全資産への投資比率はマイナスとなっており，これは借入を行って，リスク資産1もしくはリスク資産2に投資することを意味する．実際はリスクフリー・レートより高い借入利子率にて借入を行うことになるため，効率的フロンティアは下図の太線のようになる．

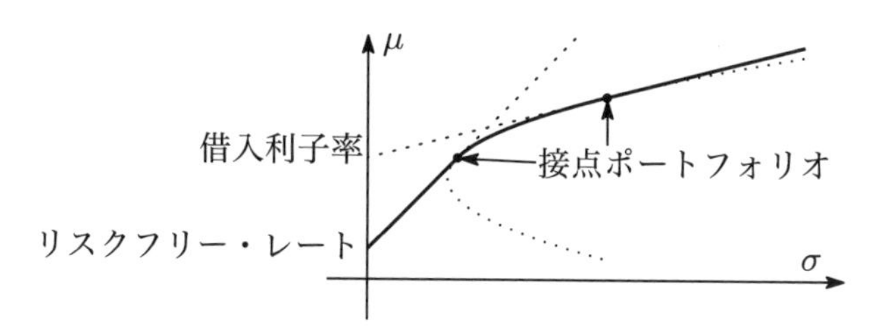

5.2.4 2基金分離定理

- **（トービンの分離定理）** 安全資産があるとき，安全資産と接点ポートフォリオを適切な投資比率で組み合わせることで，効率的フロンティア上の任意のポートフォリオ（効率的ポートフォリオ）が実現できる．
- **（2基金分離定理）** 2種類の効率的ポートフォリオに正の投資比率で投資するポートフォリオは，効率的ポートフォリオとなる．逆に，任意の効率的ポートフォリオは，任意の2種類の効率的ポートフォリオを適切な投資比率で組み合わせることにより実現できる．

5.3 CAPM

「CAPM」と呼ばれるモデルを使い，均衡市場における投資対象の評価を学ぶ．使いこなせるようになっておくべき関係式は多くないため，演習を積めば得点源にできる．

- **CAPM**：Capital Asset Pricing Model（資本資産評価モデル）の略で，「キャップエム」と読む．様々な表現があるものの，「マーケット・ポートフォリオは効率的ポートフォリオである」こと，「各株式のリスクプレミアムを決めるのはベータ（市場全体の動きに連動するリスク）のみである」ことが仮定される．

- **マーケット・ポートフォリオ**：市場にある全ての資産からなるポートフォリオ．
- **リスクフリー・レート** r_f：安全資産（無リスクの資産）から生じる利回り．
- **リスクプレミアム**：リスク資産の期待リターンとリスクフリー・レートとの差．リスクを負うことの対価．

例 リスクフリー・レート r_f が1% で株式 A の期待リターン μ_A が3% である場合，株式 A のリスクプレミアムは $\mu_A - r_f = 3\% - 1\% = 2\%$.

5.3.1　ベータ，シャープ比

- **ベータ**：株式のリスクの尺度．マーケット・ポートフォリオに対して株式がどのくらい連動して変動するかを表す．マーケット・ポートフォリオと全く同じ動きをする株式のベータは1となる．

  株式 A のベータ β_A を考えると，株式 A のリターン（R_A とおく）とマーケット・ポートフォリオのリターン（R_M とおく）の共分散 $Cov(R_A, R_M)$ （σ_{AM} とも表す）を，マーケット・ポートフォリオのリターンの分散 $Var(R_M)$ （σ_M^2 とも表す）で割って以下のように定義される．

$$\beta_A = \frac{Cov(R_A, R_M)}{Var(R_M)} = \frac{\sigma_{AM}}{\sigma_M^2}$$

  相関係数 ρ_{AM} も頻出で，共分散およびベータと以下の関係がある．

$$\rho_{AM} = \frac{Cov(R_A, R_M)}{\sigma_A \sigma_M} = \frac{\sigma_M^2 \beta_A}{\sigma_A \sigma_M} = \frac{\sigma_M}{\sigma_A}\beta_A \quad \Leftrightarrow \quad \beta_A = \frac{\sigma_A}{\sigma_M}\rho_{AM} \tag{5.15}$$

  また，「ポートフォリオのベータは，それに含まれる個別の株式のベータの加重平均である」ということをよく使うので覚えておくこと．

例 株式 A を 30%，株式 B を 70% 組み合わせたポートフォリオ C のベータは，$\beta_C = 0.3\beta_A + 0.7\beta_B$ で計算できる．

- **ヒストリカル・ベータ**：過去の一定期間のデータを基に，回帰分析を行って推定したベータ．
- **シャープ比**：リスク（標準偏差）1単位当たりの期待超過リターン．「超過」とは，リスクフリー・レート r_f からの超過分を表す．ここでは S_p と表すことにする．株式 A の期待リターンを μ_A，標準偏差を σ_A としたとき，以下のように定義される．

$$S_p = \frac{\mu_A - r_f}{\sigma_A}$$

5.3.2 リスクの分解

株式 A のリターン R_A を，マーケットに連動する部分とマーケットに独立な（株式 A 固有の）部分に分解することを考える．

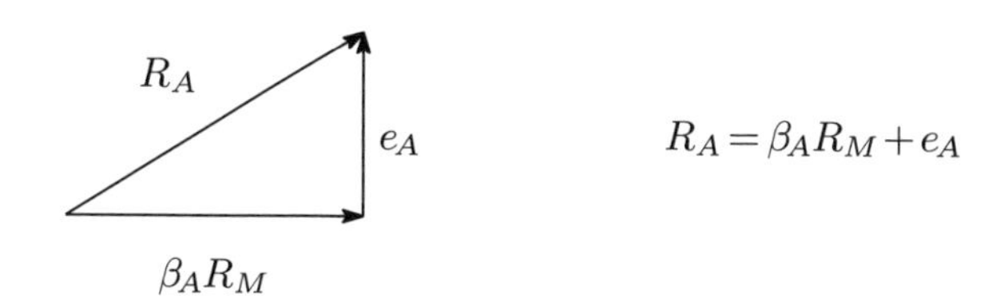

この分散を求めると，以下のようになる[*3]．

$$\sigma_A^2 = (\beta_A \sigma_M)^2 + \sigma_{e_A}^2 + 2\beta_A Cov(R_M, e_A) = (\beta_A \sigma_M)^2 + \sigma_{e_A}^2$$

それぞれの要素は以下のように呼ぶ．

σ_A：**トータル・リスク**．

$\beta_A \sigma_M$：**市場関連リスク**．市場全体の動きに関連するリスク．

σ_{e_A}：**非市場リスク**．市場全体の動きと関連しない（独立な），株式固有のリスク．

「リスク」とは特に指示がなければ標準偏差を指しており，分散（標準偏差を2乗したもの）ではないことに注意．

[*3] 独立な変数の共分散はゼロなので，$Cov(R_M, e_A) = 0$ であることを使っている．

5.3.3　ジェンセンのアルファ，CAPMの第2定理

- ジェンセンのアルファ：株式の，実現された超過リターンと期待リターンの差（単にアルファと呼ぶこともある）．すなわち，

$$\mu_A - r_f = \alpha_A + \beta_A(\mu_M - r_f) \tag{5.16}$$

を変形して，ジェンセンのアルファは $\alpha_A = \mu_A - r_f - \beta_A(\mu_M - r_f)$ と表せる．
α の式を覚える手もあるが，アルファの持つ「超過リターン」の意味や等式の対称性で覚えやすい，(5.16) 式で覚えておくことをお勧めする．
- CAPMが成立するときには，ジェンセンのアルファはゼロとなる．これを以下の等式で表したものを**CAPMの第2定理**と呼ぶ．

$$\mu_A - r_f = \beta_A(\mu_M - r_f)$$

CAPMが成立しているか否かについては，例えば問題文に「CAPMを前提として」との記載があればCAPMは成立していることがわかる．

5.4　リスクニュートラル・プライシング

ノー・フリーランチ（裁定機会（コストゼロで確実に儲かる手法）がない）の原理を用いて，リスクニュートラル・プライシング手法と呼ばれる証券プライシングの基本手法を紹介する．

- 以下の表のような $t=0,1$ の2時点からなるモデルを考える．$t=1$ 時点に実現する状態が，$j=1,2,\ldots,m$ の m 通りのシナリオがあるとし，状態 j が発生する確率（生起確率）を r_j とする．市場で取引される金融資産は $i=1,2,\ldots,n$ の n 種類あるとし，資産 i について，$t=0$ 時点での価格を p_i とし，$t=1$ 時点で状態 j となったときの価格を $D_{i,j}$ とする．

	価格	価格 $(t=1)$					
	$(t=0)$	状態 1	状態 2	$\cdots$	状態 j	$\cdots$	状態 m
資産 1	p_1	$D_{1,1}$	$D_{1,2}$	$\cdots$	$D_{1,j}$	$\cdots$	$D_{1,m}$
資産 2	p_2	$D_{2,1}$	$D_{2,2}$	$\cdots$	$D_{2,j}$	$\cdots$	$D_{2,m}$
$\vdots$	$\vdots$	$\vdots$	$\vdots$		$\vdots$		$\vdots$
資産 i	p_i	$D_{i,1}$	$D_{i,2}$	$\cdots$	$D_{i,j}$	$\cdots$	$D_{i,m}$
$\vdots$	$\vdots$	$\vdots$	$\vdots$		$\vdots$		$\vdots$
資産 n	p_n	$D_{n,1}$	$D_{n,2}$	$\cdots$	$D_{n,j}$	$\cdots$	$D_{n,m}$
生起確率		r_1	r_2	$\cdots$	r_j	$\cdots$	r_m
状態価格		q_1	q_2	$\cdots$	q_j	$\cdots$	q_m

- **状態価格**：各状態の単価を $q_1, q_2, \ldots, q_m$ とすると，各資産の価格と単価の間には以下の関係が成り立つ．このとき，q_j を状態 j の**状態価格**という．また，ベクトル $(q_1, q_2, \ldots, q_m)$ を状態価格ベクトルと呼ぶ．

$$\begin{aligned} p_1 &= q_1 D_{1,1} + q_2 D_{1,2} + \cdots + q_m D_{1,m} \\ p_2 &= q_1 D_{2,1} + q_2 D_{2,2} + \cdots + q_m D_{2,m} \\ &\vdots \\ p_n &= q_1 D_{n,1} + q_2 D_{n,2} + \cdots + q_m D_{n,m} \end{aligned} \tag{5.17}$$

- **リスクフリー・レート**：国債などの安全資産では，$t=1$ 時点の資産価格が状態によらず同額となる．額面が 1 の国債を想定すれば，$t=1$ における資産価格は状態によらず 1 となり，$t=0$ における価格は $q_1+q_2+\cdots+q_m$ となることから，リスクフリー・レート r_f を以下の算式から算出することができる．

$$\frac{1}{q_1+q_2+\cdots+q_m} = 1 + r_f \tag{5.18}$$

- **リスクプレミアム**：資産 i のリスクプレミアム λ_i は以下の算式から算出する．

$$\frac{r_1 D_{i,1}+r_2 D_{i,2}+\cdots+r_m D_{i,m}}{1+r_f+\lambda_i}=p_i \tag{5.19}$$

- **リスク中立確率**：状態 i のリスク中立確率 q_i^* を以下で定義する．

$$q_i^*=(1+r_f)q_i$$

- **状態価格の存在定理**：市場がノー・フリーランチとなるためには，(5.17) 式を満たす正の状態価格ベクトル $(q_1,q_2,\ldots,q_m)$ が存在することが必要かつ十分である．
- 市場のフリーランチとは，$t=1$ のあらゆる状態で正のキャッシュフローを生み出すような裁定ポートフォリオ（ゼロコスト・ポートフォリオ）が構築できることを指す．厳密にいうと，$t=0$ でのキャッシュフローがゼロまたは正で，$t=1$ のペイオフ[*4]が非負かつ少なくとも1つの状態で正のペイオフが得られること，もしくは，$t=0$ でのキャッシュフローが正で，$t=1$ のペイオフが非負となることをいう．
- リスク中立確率を用いて (5.17) 式を

$$\begin{aligned}
p_1&=\frac{1}{1+r_f}(q_1^*D_{1,1}+q_2^*D_{1,2}+\cdots+q_m^*D_{1,m})\\
p_2&=\frac{1}{1+r_f}(q_1^*D_{2,1}+q_2^*D_{2,2}+\cdots+q_m^*D_{2,m})\\
&\vdots\\
p_n&=\frac{1}{1+r_f}(q_1^*D_{n,1}+q_2^*D_{n,2}+\cdots+q_m^*D_{n,m})
\end{aligned} \tag{5.20}$$

  と書くことができる．リスク中立確率を用いて，状態価格の存在定理を次のようにいいかえることができる．
- **リスク中立確率の存在定理**：市場がノー・フリーランチであるためには，(5.20) 式を満たす正のリスク中立確率 $(q_1^*,q_2^*,\ldots,q_m^*)$ が存在することが必要かつ十分である．

---

*4 デリバティブ取引における最終決済時の損益のこと．

- **リスク調整割引公式**：将来のキャッシュフローの期待値をリスク調整した割引率で割り引いて現在の投資価値を求めるバリュエーション公式を**リスク調整割引公式**と呼ぶ.
- **リスク中立割引公式**：将来のキャッシュフローの期待値をリスクフリー・レートで割り引く公式を**リスク中立割引公式**と呼ぶ.
- 状態価格を用いることで，コール・オプション，プット・オプション，先物の価格の算出が可能となる．価格の算出方法は必須問題集の中(問題8.14 ～ 8.16)で紹介する.
- **先物のキャリー公式**：満期日まで1年の先物を考える．先物価格を F，現物価格を S，リスクフリー・レートを r_f とすると，キャリーコスト（後述）を考慮しない場合，以下の先物キャリーの公式が成り立つ.

$$F = S(1 + r_f) \tag{5.21}$$

　また，キャリーコスト c がかかる場合は，先物のキャリー公式は以下のように書きかえることができる.

$$F = S(1 + r_f + c) \tag{5.22}$$

- キャリーコスト：先物契約は，購入する側の立場になれば，キャッシュを借り入れて現物を満期まで保有することと同等である．現物を満期まで保有する場合には，保管費用などのコストがかかる．このようなコストをキャリーコストと呼ぶ.

5.5　デリバティブの評価理論

オプションや先物といった「デリバティブ」の評価を扱う．リスク中立確率を用いるため,「リスクニュートラル・プライシング」の単元の演習を行ってからこの単元の問題に取り組むことをお勧めする.

- **デリバティブ**：原資産（例えば，株式などの金融商品）について，将来売買することを約束する取引や，将来売買できる「権利」を売買する取引などを指す．**金融派生商品**とも呼ぶ.

- **二項モデル**：将来の株価等の動きを上昇と下落に場合分けして考えるオプション評価手法のこと．

例 現時点で株価 10,000 円の株式が 1 年後に株価上昇の場合 12,000 円，株価下落の場合は 9,000 円となることを二項モデルで表したのが次の図である．試験では，2 年間の動きを設定した問題が頻出．

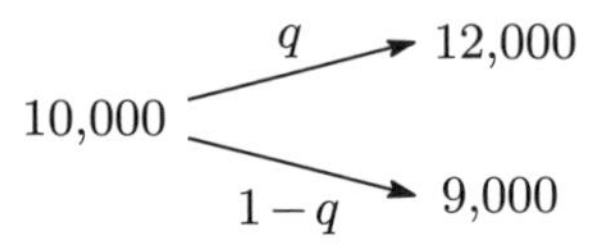

なお，この単元では簡単のためリスク中立確率を q^* の“$*$”を省略して単に q と表記している．

例 上図において株価上昇のリスク中立確率 q を計算すると，（リスクフリー・レート $r_f = 4.0\%$ と仮定する）

$$10{,}000 = \frac{12{,}000}{1+r_f}q + \frac{9{,}000}{1+r_f}(1-q) \text{ より，} \quad q = \frac{7}{15} = 0.4666\ldots \approx 47\%$$

5.5.1 オプション

- **オプション**：デリバティブの一つで，原資産を将来の一定の日または期間において，ある価格（**権利行使価格**）で <u>売買できる権利</u>．
  権利を売買しているので，オプションの買い手側（ロング・サイド）には権利を行使しない権利も付与される．原資産を買う権利のことを**コール**，売る権利のことを**プット**と呼ぶ．
  また，行使期間の最終日（問題文では満期日と表現されることが多い）のみに権利行使できるものを**ヨーロピアン**，行使期間中であればいつでも権利行使できるものを**アメリカン**と呼ぶ．まとめると，下表のようになる．

分類	行使期間の最終日のみ行使可能	行使期間中いつでも行使可能
買う権利	ヨーロピアン・コール・オプション	アメリカン・コール・オプション
売る権利	ヨーロピアン・プット・オプション	アメリカン・プット・オプション

5.5.2 オプションの複製

- 複製：あるオプションを，原資産（例えば Δ 単位）と安全資産（例えば B 円）のポートフォリオによって製造すること．
- 製造原価：複製ポートフォリオを製造するためのコスト．市場がノー・フリーランチであればオプションの市場価格と一致する．
- リバランス：一度構成した複製ポートフォリオについて，構成後の株価変動などの状態に応じて，複製ポートフォリオの内訳を調整（リバランス）すること．このとき，追加の自己資金の投入も回収も行われず，あくまで調整しか行われない．

5.5.3 プット・コール・パリティ

- 原資産，満期および行使価格が同一のヨーロピアン・プット・オプションとヨーロピアン・コール・オプションの価格の間に成立する関係．
  コール買い＋プット売りと，先物ロング（または，コール買いと，プット買い＋先物ロング）が等価（パリティ）であることを示している．

$$C - P + \frac{K}{(1 + r_f)^T} = S_0 \tag{5.23}$$

C：コール価格，P：プット価格，K：権利行使価格，r_f：リスクフリー・レート，T：満期までの残存年数，S_0：原資産価格

5.5.4 フォワード取引（先渡取引）

- デリバティブの一つで，特定の商品を将来ある価格（**受渡価格**）で売買する約定をする取引．オプションと違い売買を行う権利の売買ではないため，満期日に必ず取引が実行される．
- フォワードの買い手側（満期日に，受渡価格で買わないといけない）を「ロング・サイド」，フォワードの売り手側（満期日に，受渡価格で売らないといけない）を「ショート・サイド」という．

5.5.5 ブラック・ショールズ・モデル

- 配当がないヨーロピアン・オプションの評価に用いられる手法の一つ．コールとプットの価値をそれぞれ以下の式で評価する．

  $$C=S_0N(d_1)-\frac{K}{(1+r_f)^T}N(d_2)\ ,\ \ P=\frac{K}{(1+r_f)^T}N(-d_2)-S_0N(-d_1)$$

  なお，各々の文字の算式・意味は以下の通り．

  $$d_1=\frac{\log(S_0/K(1+r_f)^{-T})}{\sigma\sqrt{T}}+\frac{\sigma\sqrt{T}}{2},\ \ d_2=\frac{\log(S_0/K(1+r_f)^{-T})}{\sigma\sqrt{T}}-\frac{\sigma\sqrt{T}}{2}$$

  S_0：原資産価格，$N(x)$：標準正規分布の累積分布関数，K：権利行使価格，r_f：リスクフリー・レート，T：満期までの残存年数，σ：原資産のボラティリティ
- 試験でブラック・ショールズ・モデル関係の計算問題が出題されることはまれだが，余裕があれば教科書をひと通りチェックしておくことをお勧めする．

5.5.6 感応度分析

ある事象を予測する際に，あるパラメータが変化したときそれに連動して動く別のパラメータがどの程度変化するかを分析することを，感応度分析という．ブラック・ショールズ・モデルの式において，各々のパラメータの変化がオプション価格等に及ぼす影響は，以下のような切り口で分析されている．

- デルタ：原資産価格の変化に対するオプション価格の感応度

  $$\Delta^{Call}=\frac{\partial C}{\partial S_0}=N(d_1)\ ,$$
  $$\Delta^{Put}=\frac{\partial P}{\partial S_0}=-N(-d_1)=N(d_1)-1=\Delta^{Call}-1$$

- ガンマ：原資産価格の変化に対するデルタの感応度

  $$\Gamma^{Call}=\frac{\partial\Delta^{Call}}{\partial S_0}=\frac{\partial^2 C}{\partial S_0^2}\ ,\qquad \Gamma^{Put}=\frac{\partial\Delta^{Put}}{\partial S_0}=\frac{\partial^2 P}{\partial S_0^2}$$

プット・コール・パリティの式から，$\Gamma^{Call} = \Gamma^{Put}$ となる．

- セータ：満期までの残存年数の変化に対するオプション価格の感応度

$$\theta^{Call} = -\frac{\partial C}{\partial T}, \qquad \theta^{Put} = -\frac{\partial P}{\partial T}$$

- ベガ：原資産価格のボラティリティの変化に対するオプション価格の感応度

$$Vega^{Call} = \frac{\partial C}{\partial \sigma}, \qquad Vega^{Put} = \frac{\partial P}{\partial \sigma}$$

- ロー：リスクフリー・レートの変化に対するオプション価格の感応度

$$\rho^{Call} = \frac{\partial C}{\partial r_f}, \qquad \rho^{Put} = \frac{\partial P}{\partial r_f}$$

プット・コール・パリティの式から，$\rho^{Call} = \rho^{Put} + \dfrac{T \cdot K}{(1+r_f)^{T+1}}$ となる．

5.6 債券投資分析

5.6.1 債券の種類

- 債券とは満期時に元本を返済する必要があるもので満期までの期間定められた方法で利息を払うもの．元本を返済することを**償還**という．利息や元本の支払いが滞った場合には，デフォルト（債務不履行）したとみなされる．債券には以下のようなものがある．
- **固定利付債**：債券から生じる期中のキャッシュフローがあらかじめ確定している債券を**固定利付債**という．債券の元本を**額面**といい，定期的に支払われる利息を額面で割ったものを**クーポンレート**という．固定利付債では，このクーポンレートが固定される．
  また，定期的に支払われる利息がない，クーポンレートが0である固定利付債を**割引債**，もしくは**ゼロクーポン債**という．
- **変動利付債**：債券から生じる期中のキャッシュフローが，市場の金利水準に応じて変動するような債券を**変動利付債**という．

- **オプション内包型債券**：償還を満期前に行うような条件(オプション)がついた債券が存在し，このような債券を**オプション内包型債券**と呼ぶ．例えば，債券の最終満期以前に債券を償還させる権利を発行体が有する**コーラブル債**や，投資家が債券の最終満期以前に発行体に対して債券の償還を要求する権利を有する**プッタブル債**などがある．
- **インフレ連動債**：債券から生じるキャッシュフローがインフレに連動するような債券を**インフレ連動債**という．
- 不動産貸付を担保とする証券化商品(**モーゲージ・バック証券**)や，クーポンや為替や株価変動などリンクするような**仕組み債**なども債券の一種とされている．

5.6.2　債券の価格評価

- 債券の価格評価は，以下の3つのステップからなる．
  (1) 債券から生じる将来キャッシュフローの推定
  (2) 現在価値の算出のため，キャッシュフローを割り引く割引率の設定
  (3) 将来キャッシュフローを設定した割引率により，現在価値を算出

- 満期までの期間をT年，年1回払の固定利付債として，t年後のキャッシュフローをCF_t，割引率の算出に用いる利回りをr_tとするとき，この債券の価格Pは，以下のようにして求める．

$$P = \sum_{t=1}^{T} \frac{CF_t}{(1+r_t)^t}$$

- 債券のデフォルトを考慮する場合など，キャッシュフローに不確実性やオプション性がある場合には，キャッシュフローに発生確率などを反映する．
- **スポット・レート**：割引率の算出に用いる利回りについては，アクチュアリー試験では，**スポット・レート**を用いて解答するケースが多い．期間t年の**スポット・レート**r_tは，額面F，残存期間t年の割引債の価格

が P であったとすると，以下で定義される．

$$r_t = \left(\frac{F}{P}\right)^{\frac{1}{t}} - 1$$

- **フォワード・レート**：年限の異なるスポット・レートを用いると，将来の任意の期間についての金利を現時点で確定することができる．このような将来の金利のことを**フォワード・レート**と呼ぶ．s 年から t 年にかけてのフォワード・レート $f(s,t)$ は，それぞれの期間に対応したスポット・レート r_s, r_t を用いて，以下のように定義される．

$$f(s,t) = \left(\frac{(1+r_t)^t}{(1+r_s)^s}\right)^{\frac{1}{t-s}} - 1$$

5.6.3 利回り尺度

- **最終利回り**：市場で取引されている債券価格から，その債券を満期まで保有した場合の利回りを計算したものを**最終利回り**と呼ぶ．最終利回り r は以下を満たすような**内部収益率**として与えられる．満期を T 年とし，額面を F，年1回 C のクーポンが払われる固定利付債の価格が P だったとすると，

$$\begin{aligned} P &= \frac{C}{1+r} + \frac{C}{(1+r)^2} + \cdots + \frac{C}{(1+r)^T} + \frac{F}{(1+r)^T} \\ &= \sum_{t=1}^{T} \frac{C}{(1+r)^t} + \frac{F}{(1+r)^T} \end{aligned}$$

- **年 m 回払複利**：クーポンの支払が年 m 回の固定利付債では，満期を T 年，額面を F，年間のクーポンを C としたとき，価格 P と最終利回り r の関係は以下のように表すことができる．

$$\begin{aligned} P &= \frac{\frac{C}{m}}{1+\frac{r}{m}} + \frac{\frac{C}{m}}{\left(1+\frac{r}{m}\right)^2} + \cdots + \frac{\frac{C}{m}}{\left(1+\frac{r}{m}\right)^{mT}} + \frac{F}{\left(1+\frac{r}{m}\right)^{mT}} \\ &= \sum_{t=1}^{mT} \frac{\frac{C}{m}}{\left(1+\frac{r}{m}\right)^t} + \frac{F}{\left(1+\frac{r}{m}\right)^{mT}} \end{aligned}$$

- 最終利回りとクーポンレートを比較したとき，以下の3パターンに分けることができる．

  オーバー・パー債券： 最終利回り $<$ クーポンレート となっており，債券価格が額面を超えている．

  パー債券： 最終利回り $=$ クーポンレート となっており，債券価格と額面が等しい．

  アンダー・パー債券： 最終利回り $>$ クーポンレート となっており，債券価格が額面を下回っている．

- **パー・レート：**パー債券の利回りを**パー・レート**と呼ぶ．額面 F，残存期間 T 年のパー・レートを $r_{par,T}$，t 年スポット・レートを $r_{spot,t}$ とすると，パー債券の価格は F であることから，以下のように $r_{par,T}$ を求めることができる．

$$F = F \cdot r_{par,T}\left(\sum_{t=1}^{T}\frac{1}{(1+r_{spot,t})^t}\right) + \frac{F}{(1+r_{spot,T})^T}$$

$$\Leftrightarrow \quad r_{par,T} = \frac{1-\dfrac{1}{(1+r_{spot,T})^T}}{\displaystyle\sum_{t=1}^{T}\frac{1}{(1+r_{spot,t})^t}}$$

- **直接利回り：**インカムゲインのみに着目した利回り尺度である．1年間に得られるクーポン収入を C とし，債券価格を P とすれば，

$$直接利回り = \frac{C}{P}$$

- **単利最終利回り：**直接利回りにキャピタルゲインが含まれない点を簡便的に修正した利回り尺度である．年1回のクーポンを C，額面を F，満期までの期間を T 年，債券価格を P とすれば，

$$単利最終利回り = \frac{C + \dfrac{F-P}{T}}{P}$$

- **実効利回り：実効利回り**は，期中に得られるクーポンの再投資利回りに関し，投資家が予想した利回りを用いるのが特徴になっている．

年1回のクーポンをC，額面をF，満期までの期間をT，債券価格をPとし，予想される再投資の利回りをr_Eとすれば，実効利回りrは以下を満たす式として算出される．

$$
\begin{aligned}
&(1+r)^T P \\
&\quad = C(1+r_E)^{T-1} + C(1+r_E)^{T-2} + \cdots + C(1+r_E) + C + F \\
&\quad \therefore \text{実効利回り}\ r = \sqrt[T]{\frac{C\frac{(1+r_E)^T-1}{r_E}+F}{P}} - 1
\end{aligned}
$$

- **保有期間利回り**：債券の購入から売却の期間までの利回り．
債券保有期間をm年，債券の購入価格をP，売却価格をP_m，年1回のクーポンをCとすると，保有期間利回りrは以下を満たすものとして定義される．

$$
P = \frac{C}{1+r} + \frac{C}{(1+r)^2} + \cdots + \frac{C+P_m}{(1+r)^m}
$$

- **Tスプレッド**：一般企業などが発行する社債などでは発行体が約束した利息や元本の支払ができなくなる**デフォルト（債務不履行）**が起こる可能性がある．デフォルトにより損失を被るリスクを**信用リスク**というが，信用リスクがあるような債券は最終利回りが大きくなる．信用リスクのある債券と国債のような安全資産の最終利回りの差を**Tスプレッド**，または利回りスプレッド，JGBスプレッドという．

5.6.4　デュレーション（Duration），コンベキシティ（Convexity）

- 満期T年，クーポンC，額面F，利回りrの債券について，債券価格$P(r)$は

$$
P(r) = \sum_{t=1}^{T} \frac{C}{(1+r)^t} + \frac{F}{(1+r)^T}
$$

とかける．いま，$r=r_0$のまわりでのTaylor展開を考える．$r-r_0$の3次以上の項を無視すれば，

$$P(r) \approx P(r_0) + \frac{dP}{dr}(r_0)(r-r_0) + \frac{1}{2}\frac{d^2P}{dr^2}(r_0)(r-r_0)^2$$

となる．$\Delta P = P(r) - P(r_0)$，$\Delta r = r - r_0$ とおき，債券価格の変化率 $\frac{\Delta P}{P}$ の形にすると，

$$\frac{\Delta P}{P} \approx \frac{1}{P}\frac{dP}{dr}\Delta r + \frac{1}{2}\frac{1}{P}\frac{d^2P}{dr^2}(\Delta r)^2$$

となる．

- **修正デュレーション（Modified Duration）**：D を以下の式で定める．

$$\begin{aligned} D &= -\frac{1}{P}\frac{dP}{dr} \\ &= \frac{1}{1+r}\frac{1}{P}\left\{\sum_{t=1}^{T} t\frac{C}{(1+r)^t} + T\frac{F}{(1+r)^T}\right\} \end{aligned}$$

- **マコーレー・デュレーション（Macaulay Duration）**：D_{mac} を以下の式で定める．

$$\begin{aligned} D_{\mathrm{mac}} &= \frac{1}{P}\left\{\sum_{t=1}^{T} t\frac{C}{(1+r)^t} + T\frac{F}{(1+r)^T}\right\} \\ &= (1+r)D \end{aligned}$$

- **コンベキシティ（Convexity）**：Cv を以下の式で定める．

$$\begin{aligned} Cv &= \frac{1}{P}\frac{d^2P}{dr^2} \\ &= \frac{1}{(1+r)^2}\frac{1}{P}\left\{\sum_{t=1}^{T} t(t+1)\frac{C}{(1+r)^t} + T(T+1)\frac{F}{(1+r)^T}\right\} \end{aligned}$$

- 修正デュレーションとコンベキシティを用いれば，債券価格の変化率 $\frac{\Delta P}{P}$ は

$$\frac{\Delta P}{P} \approx -D\Delta r + \frac{Cv}{2}(\Delta r)^2$$

と近似することができる．

5.7　株式投資分析

5.7.1　基本事項

- **本源的価値**：この単元では，企業の株式が持つ本質的な価値を指す．
ある企業の株価が本源的価値よりも低い場合，当該株式は割安であるということができる．本源的価値を評価するためのモデルには様々なものがあり，後述する．
- ある企業の純利益が，株主への配当と内部留保（純利益のうち企業内に蓄積されるもの）に使用されるとすると，
「純利益＝配当総額＋内部留保額」という関係になる．
両辺を純利益で割ると，

$$1=\frac{\text{配当総額}}{\text{純利益}}+\frac{\text{内部留保額}}{\text{純利益}}=\text{配当性向}+\text{内部留保率}$$

以降，配当性向を $\textcircled{配}$，内部留保率を $\textcircled{内}$ と略している箇所がある．

- **クリーン・サープラス関係**：$B_1=B_0+E_1-D_1$
ある企業の期末の純資産 B_1 は，期首の純資産 B_0 に期中の内部留保額（$=$純利益 E_1-配当総額 D_1）を足したものに等しくなる関係のこと．
後述の ROE とサステイナブル成長率 g を使って，以下のような変形ができる．

$$\begin{aligned} B_1&=B_0+E_1-D_1=B_0+\textcircled{内}\cdot E_1=B_0+\textcircled{内}\cdot \mathrm{ROE}\cdot B_0\\ &=(1+\textcircled{内}\cdot \mathrm{ROE})B_0=(1+g)B_0\\ E_2&=\mathrm{ROE}\cdot B_1=\mathrm{ROE}\cdot(1+g)B_0=(1+g)E_1\\ D_2&=\textcircled{配}\cdot E_2=\textcircled{配}\cdot(1+g)E_1=(1+g)D_1 \end{aligned}$$

このことは，クリーン・サープラス関係のもとでは ROE や内部留保率が一定であれば，純資産や純利益，配当総額は毎年 $(1+g)$ 倍に成長していくということを示している．

- **ROE** (return on equity)：$\dfrac{\text{純利益 } E_1}{\text{期首純資産 } B_0}$
  純資産に対して，どれだけの利益を上げているかを示す指標で，これが高いほど経営効率が良い．
  分母は B_1 ではないことに注意．ROEの定義自体はいろいろあるが，教科書では，純利益を期首純資産で割ったものと定義している．
- **サステイナブル成長率** g (sustainable growth rate)：㊥·ROE
  クリーン・サープラス関係が成立する場合，純資産は内部留保率にROEを乗じた分だけ成長していくことになり，この割合のことをサステイナブル成長率という．これは，企業が増資や借入などをせずに内部留保だけを用いて実現できる成長率を表す．
- **株主資本コスト** k：投資家が企業に対して資金提供することに対して要求する見返りであり，企業にとっては資金を得る対価として支払うコスト．問題では，「年率10.0%」などといった形で指定されることが多い．
- **希薄化**：企業が新株発行など増資を行うことで発行済み株式数が増え，1株当たりの価値が薄まること．

5.7.2　配当割引モデル

- **配当割引モデル**：株式への投資によって得られるキャッシュフローは配当であるという考えのもと，株式の本源的価値は「将来受け取る配当の現在価値の合計」であるとする株式評価モデル．
- 本源的価値 (intrinsic value)：$V=\displaystyle\sum_{n=1}^{\infty}\frac{D_n}{(1+k)^n}$
  次の図のような状況を考え，各地点の配当 D_n を割引率 k[*5] で現在価値に割り戻したものの合計を▲時点の株式の本源的価値としている．

[*5] 通常，株式価値を評価するモデルでは割引率として前述の株主資本コストを使用する．

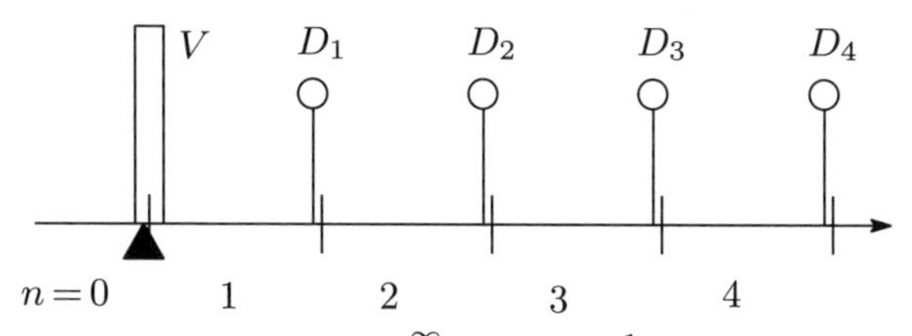

- **定率成長配当割引モデル**：$V=\displaystyle\sum_{n=1}^{\infty}\frac{(1+g)^{n-1}D_1}{(1+k)^n}=\frac{D_1}{k-g}$
  配当が毎年サステイナブル成長率 g の分だけ成長すると仮定したモデルで，本源的価値の式の D_n 部分を $(1+g)^{n-1}D_1$ と置き換えている．
- **ゼロ成長配当割引モデル**：$V=\displaystyle\sum_{n=1}^{\infty}\frac{D}{(1+k)^n}=\frac{D}{k}$
  配当が成長せず，一定値 D であると仮定したモデル．

5.7.3 フランチャイズ価値モデル

- **フランチャイズ価値モデル**：定率成長配当割引モデルの V を次のように分解して分析するモデル．それぞれのパーツを以下のように呼ぶ．

$$V=\frac{D}{k-g}=\frac{\mathrm{ROE}-g}{k-g}B=\frac{\mathrm{ROE}}{k}B+\frac{\mathrm{ROE}-k}{k}\frac{g}{k-g}B$$

■ $\dfrac{\mathrm{ROE}}{k}B$：**既存事業価値**または**実態価値**

ROE×B の部分は当期の純利益になる．仮に企業が利益を再投資せずに全額を配当した場合，毎年純利益の額は変わらないことになるが，その前提で将来の利益を k で現在価値に割り戻して合計したもの．

■ $\dfrac{\mathrm{ROE}-k}{k}\dfrac{g}{k-g}B$: **フランチャイズ価値**または**成長機会の現在価値**

企業が利益を再投資に回すことで増加する企業価値．

$\left(\dfrac{\mathrm{ROE}-k}{k}\right.$:**フランチャイズ・ファクター**，$\dfrac{g}{k-g}B$：$\left.\text{成長等価}\right)$

5.7.4 残余利益モデル

- 残余利益モデル：$V=B_0+\sum_{n=1}^{\infty}\frac{E_n-kB_{n-1}}{(1+k)^n}$
- 上式の E_n-kB_{n-1} の部分を**残余利益**と呼ぶ．純利益 E_n が資本コスト kB_{n-1} を上回った部分を表し，これが企業価値を向上させるとする株式評価モデル．
- クリーン・サープラス関係が成立していれば，配当割引モデルと等価なモデル．第一項の B_0 を足し忘れないように注意．

5.7.5 割引キャッシュフロー（DCF）法と関連する指標

- **割引キャッシュフロー法**：$V_f=\sum_{n=1}^{\infty}\frac{FCF_n}{(1+k_f)^n}$
  V_f：企業価値[*6]，FCF_n：n 期先のフリーキャッシュフローの期待値，k_f：総資本コスト
  配当割引モデルと式の形（基本となる考え方）は似ているため，対比しながら理解しよう．
- **フリーキャッシュフロー**（FCF）：
  FCF＝NOPAT＋減価償却費－設備投資額－運転資本増加額[*7]
- **NOPAT**（**n**et **o**perating **p**rofit **a**fter **t**axes, 税引後事業利益）：
  NOPAT＝(営業利益＋受取利息・配当金）×（1－税率）
- **ROIC**（投下資本利益率）：$\frac{\text{NOPAT}}{\text{投下資本}}$
- **WACC**（**w**eighted **a**verage **c**ost of **c**apital, 加重平均資本コスト）：
  $k_f=\frac{E}{E+D}k_e+\frac{D}{E+D}(1-\tau)k_d$
  E：株主資本（**e**quity），D：有利子負債 (**d**ebt)，k_e：株主資本コスト，τ：実効税率，k_d：負債の資本コスト

[*6] これは株式価値だけの評価手法ではなく，企業価値全体を評価するものであるため，「企業価値」という表現をしている．

[*7] 設備投資額とは，企業が事業に用いる設備に対して行う投資額を指す．運転資本とは，定義自体はいろいろあるが，例えば流動資産から流動負債を引いたものを指す．減価償却費と合わせて，いずれの項目もフリーキャッシュフローを求めるにあたり会計上のNOPATを調整するために使われている．

負債も含めた企業価値の評価においては，割引率としてこのWACCを使用する.

5.7.6 EVA® モデル

- EVA® モデル：$V_f = IC_0 + \sum_{n=1}^{\infty} \frac{NOPAT_n - k_f IC_{n-1}}{(1+k_f)^n}$
- 投下資本IC(**i**nvestment **c**apital)：

$$\text{IC} = \text{有利子負債} + \text{株主資本} + \text{繰延税金} + \text{非支配株主持分} + \text{のれん} + \text{有利子負債以外の固定負債}$$

- EVA® (**e**conomic **v**alue **a**dded, 経済的付加価値)：
  $\text{EVA}_{\text{®n}} = NOPAT_n - k_f IC_{n-1} = \underbrace{(ROIC_n - k_f)}_{\text{EVA®スプレッド}} IC_{n-1}$
  企業が総資本コストを上回って生み出している利益．配当割引モデルと残余利益モデルの関係と同様，適切な前提のもとでEVA® モデルとDCF 法は等価なモデルである.
- **MVA**(**m**arket **v**alue **a**dded, 市場付加価値)：
  $\text{MVA} = V_f - IC_0 = \sum_{n=1}^{\infty} \frac{NOPAT_n - k_f IC_{n-1}}{(1+k_f)^n}$
  EVA® を現在価値に割り戻したものの合計.

5.7.7 種々の指標

登場する指標が多いが，英語の頭文字から算式を連想できるものも少なくない.

- PER（**p**rice **e**arnings **r**atio, 株価収益率）：$\frac{\text{株価}}{\text{1株当たり純利益}}$
- PBR（**p**rice **b**ook-value **r**atio, 株価純資産倍率）：$\frac{\text{株価}}{\text{1株当たり純資産}}$

$$\text{PBR} = \frac{\text{株価}}{\text{1株当たり純資産}} = \frac{\text{株価}}{\text{1株当たり純利益}} \cdot \frac{\text{1株当たり純利益}}{\text{1株当たり純資産}}$$

$$= \frac{株価}{1株当たり純利益} \cdot \frac{純利益}{純資産} = \mathrm{PER} \cdot \mathrm{ROE}$$

と変形できる．

また，PBR の逆数を，B/P(純資産株価倍率) という．

- PSR（**p**rice **s**ales **r**atio, 株価売上高倍率）：$\dfrac{株価}{1株当たり売上高}$

  また，PSR の逆数を，S/P(売上高利回り) という．

- PCFR（**p**rice **c**ash **f**low **r**atio, 株価キャッシュフロー倍率）：
  $\dfrac{株価}{1株当たりキャッシュフロー}$
  キャッシュフローとして，簡便的に純利益に減価償却費を加えたものを用いることが多い．

  また，PCFR の逆数を，CF/P（キャッシュフロー利回り）という．

- 配当利回り：$\dfrac{1株当たり配当}{株価}$
- EV(**e**nterprise **v**alue, 企業価値)：株式時価総額＋有利子負債－現預金
- EBITDA(**e**arnings **b**efore **i**nterests **t**ax, **d**epreciation and **a**mortization, 利払い，税金支払い，減価償却前利益)：営業利益＋減価償却費
- EV/EBITDA（企業価値 EBITDA 比率）：$\dfrac{\mathrm{EV}}{\mathrm{EBITDA}}$

5.8　デリバティブ投資分析

5.8.1　先渡取引，先物取引，スワップ取引

- **先渡取引**：先渡取引とは，将来のある時点に，あらかじめ定めた価格で原資産を受け渡す店頭取引である．為替先渡取引などがある．
- **先物取引**：先物取引とは，将来のある時点に，あらかじめ定めた価格で原資産を受け渡す取引所取引である．株価指数先物取引，債券先物取引，金利先物取引などがある．
- **スワップ取引**：スワップ取引とは，将来の一定期間にわたり，キャッシュフローを当事者間で交換する取引である．金利スワップなどがある．

5.8.2 為替先渡取引

- 1年間（1年=360日換算）の円金利と米ドル金利を $r_{¥}, r_{\$}$ とし，ドル円の為替スポットレート（直物為替レート）が $S_{¥/\$}$ であったとする．このとき満期 n 日の先渡為替レート $F_{¥/\$}$ は，無裁定条件の下，以下で算出される．

$$F_{¥/\$} = S_{¥/\$} \times \frac{1 + r_{¥} \times \dfrac{n}{360}}{1 + r_{\$} \times \dfrac{n}{360}}$$

5.8.3 株価指数先物取引

- 株価指数先物取引は，株価指数を原資産とする先物取引である．
  先物の満期の属する月を**限月**という．買いから入ること（**買い建て**），売りから入ること（**売り建て**）の両方が可能で，保有している先物のポジションのことをそれぞれ**買い建玉**，**売り建玉**という．
- 保有する先物の建玉を取引最終日に反対売買して手仕舞いした場合，買い建てた（売り建てた）先物価格と，手仕舞いした先物と価格との差額を差金決済する．この場合の損益は，以下の通り．

  買いから入って手仕舞いした場合の損益
  $= (\text{売り戻し先物価格} - \text{買い建て先物価格}) \times \text{取引単位} \times \text{取引数量}$

  売りから入って手仕舞いした場合の損益
  $= -(\text{買い戻し先物価格} - \text{売り建て先物価格}) \times \text{取引単位} \times \text{取引数量}$

- 株価指数先物取引の場合，反対売買されずに取引最終日まで保有した先物の建玉は取引最終日の翌日の**最終清算指数（SQ; Special Quotation）**（指数採用銘柄の始値により算出される株価指数）に基づいて清算される．
- 株価指数先物の評価方法については，S_0 を現在の株価指数，r を期間 n 日の無リスク金利（年率），q を株価指数の配当利回り（年率）とし，いずれも1年=365日ベースでの表示とすると，n 日後に満期を迎える株価指数先物の理論価格 F_0 は，以下のように求められる．

$$F_0 = S_0 \times \left(1 + (r - q) \times \frac{n}{365}\right)$$

5.8.4 債券先物取引

- 債券先物取引とは，債券を原資産とする先物取引である．債券先物の売り手には，**デリバリー・オプション**（受渡決済日にどの銘柄を受け渡すかを選択する権利）が与えられていることになる．
- 売り手が合理的に行動するのであれば，受渡適格銘柄の中で最も割安な銘柄（現物価格÷交換比率が最小になる銘柄）を選択するはずである．このような銘柄を**最割安銘柄**と呼ぶ．
- 債券先物の理論価格は，最割安銘柄との裁定関係から算出される．最割安銘柄の時価を S_0，同銘柄の交換比率を Cf，現在からの先物満期（受渡日）までに最割安銘柄から得られるクーポン収入の現在価値を I_0，先物満期までの無リスク金利（年率）を r とすると，満期までの期間が T 年の先物の理論価格 F_0 は，次のように与えられる．

$$F_0 = \frac{(S_0 - I_0)(1 + r)^T}{Cf}$$

5.8.5 金利先物取引

- 金利先物取引とは，指標金利から計算される指数を原資産とする先物取引である．ユーロ円3か月金利先物の場合，原資産はTIBOR[*8] から計算される指数となる．
- ユーロ円3か月金利先物の当初買い建て（または売り建て）価格が F_0，最終的な売り戻し（または買い戻し）価格が F_T（1年=360日ベース）であったとすると，差金決済により1取引単位（元本1億円）当たりで授受され累計金額は，以下のように計算される．

$$\text{差金決済金額} = 1\text{億円} \times \frac{F_T - F_0}{100} \times \frac{90}{360}$$

*8 Tokyo Interbank Offered Rate の略で，東京銀行間取引金利のこと．

5.8.6 金利スワップ

- 金利スワップとは，固定金利と変動金利など，同一通貨で異なった金利の支払いを将来の一定期間にわたり交換する取引である．
- 基本的な金利スワップは，固定金利と変動金利を交換するもので，**プレイン・バニラ・スワップ**，または**円－円スワップ**（通貨が円の場合）などと呼ばれる．
- スワップのポジションは，固定金利を受け取り，変動金利を支払う**レシーバーズ・ポジション（スワップの買い）**と変動金利を受け取り，固定金利を支払う**ペイヤーズ・ポジション（スワップの売り）**がある．
- 円－円スワップのキャッシュフローは，同じ元本，同じ満期の固定利付債と変動利付債の交換を行っていることに相当する．ただし，元本にあたる部分は通常，交換されないので，スワップでは想定元本と呼ばれる．
- 金利スワップの評価方法については，τ 年 LIBOR[*9]（例えば，6ヶ月 LIBOR であれば，$\tau=0.5$）と固定金利を合計 N 回交換する円－円スワップを考える．このとき，固定金利 r_{fix}（年率換算）は次式で設定される．

$$r_{\mathrm{fix}} = \frac{1-d(0,N)}{\displaystyle\sum_{n=1}^{N} d(0,n)\cdot\tau}$$

ここで，$d(0,n)$ は，現時点（$t=0$ 時点）における，n 回目の利払い日に対応した LIBOR ベースのディスカウント・ファクターである．

5.8.7 転換社債

- 転換社債または転換社債型新株予約権付社債とは，あらかじめ定めた交換比率で発行企業の株式に転換する権利が付与された社債である．転換社債の特性を把握する簡便な指標として，パリティ，乖離率，利回りなどがあげられる．

[*9] London Interbank Offered Rate の略で，ロンドン銀行間取引金利のこと．なお，執筆時点（2021 年 4 月）では，LIBOR は公表停止となることが予定されている．

- **パリティ**：現在の株価が転換価格と比較してどの程度高いかを示す指標．パリティが高いほど株式としての性格が強くなり，逆にパリティが低いほど債券としての性格が強くなる．

$$\text{パリティ} = \frac{\text{株価}}{\text{転換価格}} \times 100$$

- **乖離率**：パリティと比較して転換社債の価格がどの程度高いかを示す指標．乖離率は株価と比較した転換社債価格の割高度合いを示す指標と解釈でき，パリティが高いときに着目される指標となる．

$$\text{乖離率}\,(\%) = \frac{\text{転換社債価格} - \text{パリティ}}{\text{パリティ}} \times 100$$

- **利回り**：転換社債が社債として償還された場合の利回り．転換社債が社債として償還された場合のリターン，すなわち，デフォルトがない限り転換社債から最低限維持できるリターンと解釈できる．

$$\text{利回り}\,(\%) = \frac{\text{クーポン} + \dfrac{100 - \text{転換社債価格}}{\text{残存年数}}}{\text{転換社債価格}} \times 100$$

5.8.8　オプション取引

- オプション取引とは，将来一定価格で原資産を買う権利または売る権利を取引対象とする**条件付請求権**である．
- オプション満期時の原資産価格を S_T，行使価格 K とするとき，コール・オプションの満期時の価値 C_T およびプット・オプションの満期時の価値 P_T は以下のようになる．

$$C_T = \max(S_T - K, 0), \qquad P_T = \max(K - S_T, 0)$$

- オプションの価値には以下の**本源的価値**と**時間価値**がある．
  本源的価値：現時点で権利行使を直ちに行った場合のオプションの価値
  時間価値：オプションの価格と本源的価値の差
- **プット・コール・パリティ（連続複利表現）**：プット・コール・パリティとは，原資産，満期および行使価格が等しいプット・オプションとコール・オプションの関係を表す式である．原資産に配当がなく，現在の原資産価格がS_0，無リスク金利が連続複利表現で年率rである場合，満期T年，行使価格Kのヨーロピアン・コール・オプションの価格C，およびヨーロピアン・プット・オプションの価格Pの関係式は以下で与えられる[*10]．

$$C-P+Ke^{-rT}=S_0$$

- なお，原資産に配当利回りq（年率，連続複利表現）で一定の配当がある場合のプット・コール・パリティは以下のようになる．

$$C-P+Ke^{-rT}=S_0e^{-qT}$$

5.8.9 オプションを用いたスペキュレーション

現物資産を購入または空売りをしてリターンの獲得を目指す代わりに，デリバティブを購入または売却してリターンの獲得を目指すことも考えられる．このようにリスクをとり，リターンの獲得をするデリバティブの活用方法を**スペキュレーション**または**リスク・テイキング**などという．オプションを用いたスペキュレーションの例をあげる．

(1) 相場上昇を予想した場合の戦略

(a) コール・オプションの買い

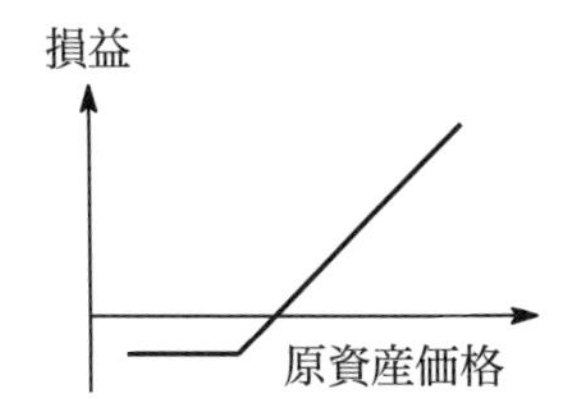

相場が大きく上昇すると予想し，原資産のポジションを大きく増やしたいものの，予想が外れて原資産が下落した場合のリスク許容度が高くない場合などに選択することが考えられる．

[*10] 93ページの(5.23)式と表現が異なるが，次のように考える．原資産価格が1のとき，年率rの1年複利の場合，T年後の元利合計は$(1+r)^T$で表せる．半年複利の場合は$(1+\frac{r}{2})^{2T}$，ひと月複利の場合は$(1+\frac{r}{12})^{12T}$で，どんどん細かくしていき連続複利表現にすると，$\lim_{n\to\infty}(1+\frac{r}{n})^{nT}=e^{rT}$となる．$e$はネイピア数という．

(b) プット・オプションの売り

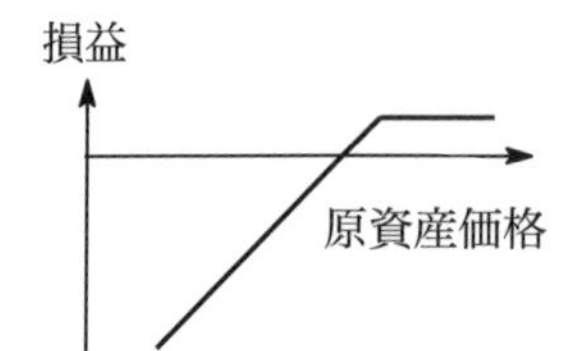

相場が大きく下落せず，むしろどちらかといえば上昇すると予想し，その中である程度リターンを獲得したいと考える場合などに選択することが考えられる．

(c) バーティカル・ブル・コール・スプレッド[11]

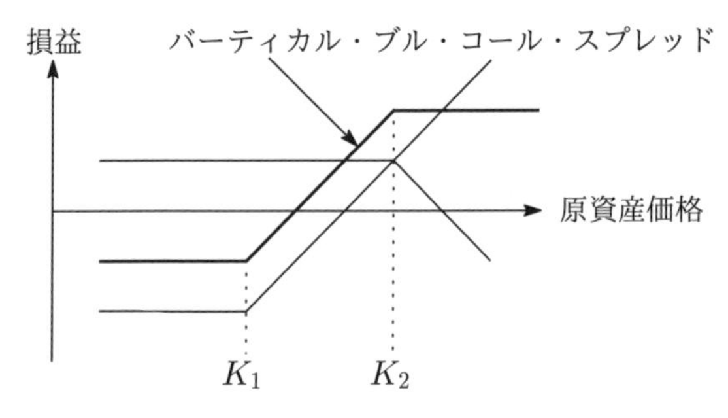

相場がどちらかといえば，上昇する（ブル相場）と予想するものの，予想が外れて原資産が大きく下落した場合のリスク許容度が高くない場合などに選択することが考えられる．なお，このポジションは行使価格 K_1 のコール・オプションの購入と行使価格 K_2 のコール・オプションの同単位の売却で構成される．

(d) バーティカル・ブル・プット・スプレッド

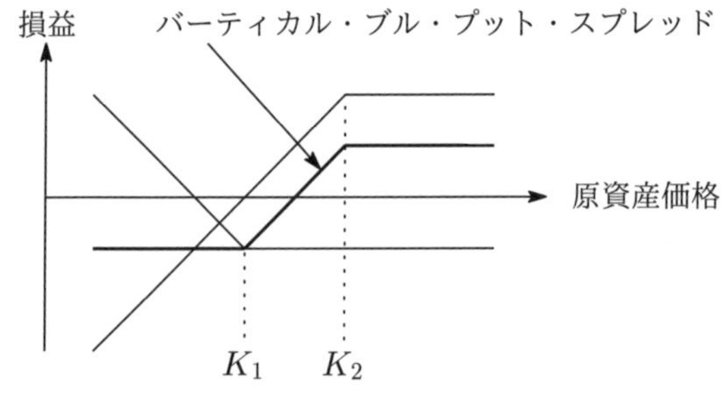

(c) バーティカル・ブル・コール・スプレッドと同一のペイオフ

[11] 満期日とオプションの種類（プット or コール）が同じで行使価格が異なる2つの売り・買いオプションで構成されるものをバーティカルスプレッドと呼ぶ．

であるが，行使価格 K_1 のプット・オプションの購入と，行使価格 K_2 のプットオプションの同単位の売却で構成されている点が異なる．また，ブル・コールの場合はプレミアムが支払いになるのに対し，ブル・プットの場合はプレミアムが受取りになるという違いもある．

(2) 原資産のボラティリティの上昇を予想した戦略

(a) ストラドルの買い

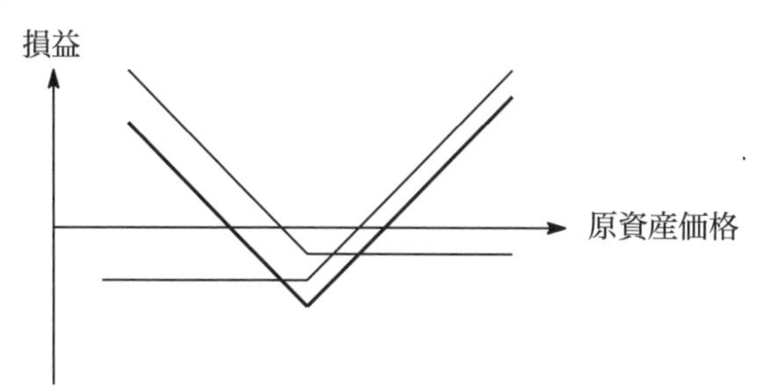

同一行使価格のコール・オプションとプット・オプションを同単位だけ購入する戦略である．予想通りボラティリティが上昇すれば価値が上がるが，満期時点で結果的に行使価格（アット・ザ・マネー）付近に原資産価格が戻ってきた場合には損失がでる．

(b) ストラングルの買い

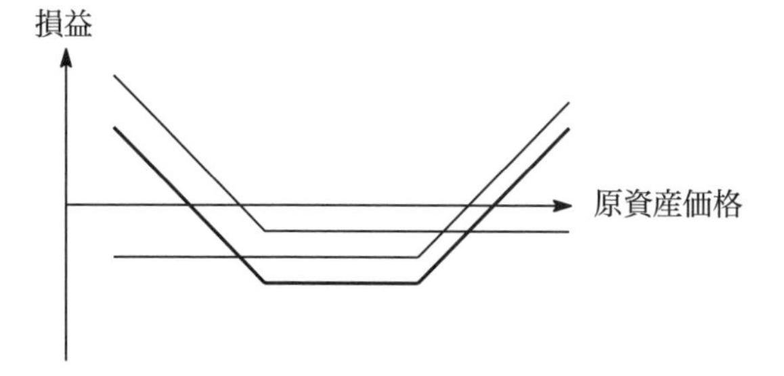

行使価格が異なるコール・オプションとプット・オプションを同単位だけ購入する戦略である．他の条件が同じであれば，ストラドルの買いよりもオプション料が安くなる戦略といえる．

(3) 原資産のボラティリティの低下を予想した戦略

上昇を予想した場合の逆となる.

(a) ストラドルの売り

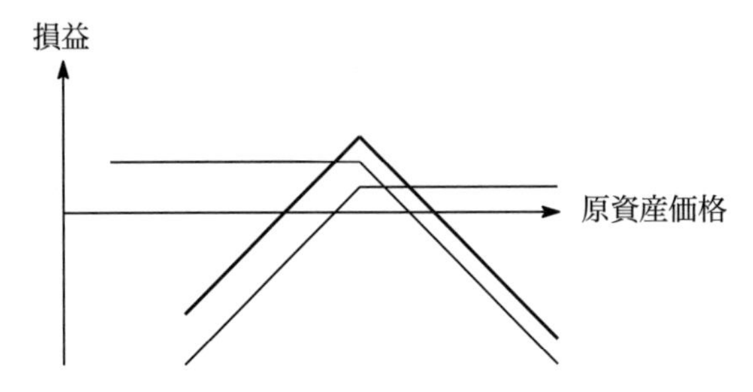

(b) ストラングルの売り

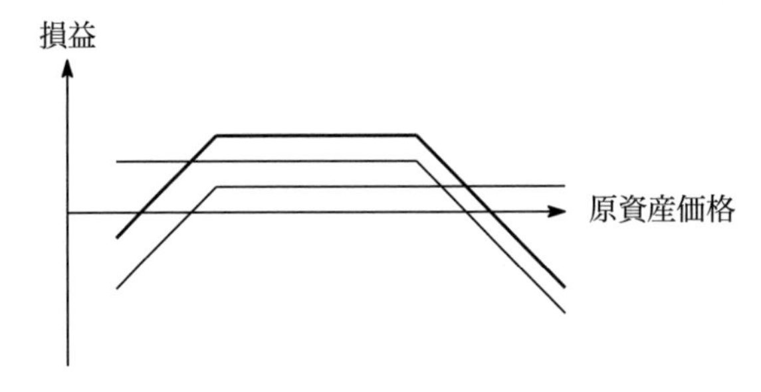

第Ⅲ部

アクチュアリー試験「会計・経済・投資理論」必須問題集

この必須問題集では，会計・経済・投資理論を受験する上では必ず押さえておきたい計算問題ばかりを集めました．

初めて勉強する方にとって，計算問題の解法の過程を可能な限りわかりやすく，記述しています．

本書の解答例は極力「試験場でそのまま使える解答」を心がけました．最初は愚直に解いてもよいですが，その解法よりも効率よく解ける解答が本書で見つかるかもしれません．試験までには自分に合った効率のよい解答ができるよう，理解を深めていきましょう．

この必須問題集においては，以下の点に留意してください．

- 特に説明していない記号は第II部の必須知識&公式集で定義したものとする．
- 分散を表す場合，$Var(X)$ の代わりに $V(X)$ を用いている．教科書や過去問の解答では基本的に $Var(X)$ が使われているが，実際に計算する場合には $V(X)$ の方が速く書けるため．
- 2つの％単位の数値を乗算している場合，$\%^2$ と表現している箇所がある（例えば，$2\% \cdot 8\% = 16\%^2$）．％単位の数値を小数に直して計算すると 0.0016 といった数値となり，0の書き落としなど計算ミスの原因となるうえ，計算に時間がかかる場合があるため．

なお，会計について勉強はこれから，という初心者のみなさんには，会計・仕訳の基礎を理解するための「付録A 初心者のための「会計」の基礎」を用意しました．ご一読の上，参考になさっていただければと思います．

■第６章

「会計」必須問題集

6.1 利益測定と資産評価の基礎概念

問題 6.1 (資産評価の諸基準)　商品1単位当たりの購買価格と売却価格が次のように推移するもとで，第1期に仕入れて第3期に販売した商品を，(1) 取得原価 (2) 取替原価 (3) 純実現可能価額 で評価する場合の会計処理を考える．

販売を行った第3期において，商品1単位当たりの 売上 − 売上原価 はそれぞれいくらになるかを求めよ．なお，仕入れた商品は商品勘定に計上し，販売時に売上原価勘定に振替える処理を採用することとする．

	第1期 (仕入)	第2期 (保有)	第3期 (販売)
購買価格	300円	325円	360円
売却価格	480円	500円	530円

■ **Point**

- 商品についてそれぞれの場合の評価額を考えて，販売時の売上原価の金額を考える．

【解答】

(1) 商品は取得原価で評価するため，評価額は仕入時（第1期）の購買価格となる．そのため，求める金額は，530 − 300 = 230円 （答） となる．

(2) 第3期における商品の評価額は，再調達に要する金額であることから，第3期の購買価格で評価される．そのため求める金額は，
530 − 360 = 170円 （答） となる．

(3) 商品の評価額は，常にその時の売価で評価されることとなる．したがって，評価額530円の商品を530円で販売していることから，求める金額は，530 − 530 = 0円（答）となる．

理論上は取替原価で評価する場合は保有利得を，純実現可能価額で評価する場合には購買利得と保有利得を認識することとなる．

6.2　現金預金と有価証券

問題 6.2（現金及び預金）　A社は決算にあたり，自社の当座預金出納帳の残高 430,000 円と，取引銀行からの残高証明書に記載された当座預金の残高が一致していないことが判明した．そのため，取引銀行から当座預金口座の出納記録を取寄せて調査したところ，次の事実が発見された．これらを反映して銀行勘定調整表を作成すると，A社の当座預金の修正残高はいくらになるか．

- 買掛金の支払のために振出した小切手 250,000 円が，まだ仕入先に手渡されないままになっている．
- 仕入代金として仕入先に渡した小切手 120,000 円が引出未済になっている．
- 夜間金庫に当座預金として預入れた現金 180,000 円が，銀行で翌日に預かりとして処理されている．
- 借入金の利息 40,000 円が当座預金から引落とされたが，A社で未記帳になっている．

■ Point

- あるべき残高に向けて，帳簿残高の修正が必要なものと，銀行残高の修正が必要なものとを読み取ることが重要である．

【解答】

帳簿残高の修正が必要な事象は，未渡小切手と未記帳の借入金利息であり，他は銀行残高の修正となる．よって，A社で必要な修正仕訳は次の通り．

（借）	当座預金	250,000	（貸）	買掛金	250,000
（借）	支払利息	40,000	（貸）	当座預金	40,000

したがって，当座預金の修正残高は

430,000＋250,000－40,000＝640,000 円 （答） となる．

問題 6.3（有価証券の取得価額（端数利息））　X1 年 12 月 10 日に額面 3,000,000 円の国債を買い入れ，付随費用 6,000 円と端数利息を含めて 2,980,000 円の小切手を振り出して支払った．この国債の利払日は毎年 3 月末と 9 月末で利率は 年 2.5% である．X2 年 2 月 6 日に上記の国債を売却し，端数利息を含めて代金 3,020,000 円を小切手で受け取って当座預金に預け入れた．このとき，有価証券売却益はいくらになるか．なお，計算にあたっては四捨五入により円単位で考えることとする．

■ **Point**

- 利払日からの日数をもとに端数利息の日割り計算を行い，有価証券の取得価額を求める．

【解答】

まず，12 月 10 日時点の端数利息は，直前の利払日（9 月末）から 71 日経過しているため，3,000,000 円 $\times$ 2.5% $\times \dfrac{71\text{日}}{365\text{日}} \approx$ 14,589 円と計算できる．支払額からこの端数利息を控除した金額が有価証券の取得価額となる．なお，付随費用は取得原価に含められる．

(借)	有価証券	2,965,411	(貸)	当座預金	2,980,000
	有価証券利息	14,589			

次に，売却時の端数利息は，直前の利払日（9 月末）から 129 日経過していることから，3,000,000 円 $\times$ 2.5% $\times \dfrac{129\text{日}}{365\text{日}} \approx$ 26,507 円と計算できる．よって，端数利息を控除した売却額は 3,020,000 − 26,507 = 2,993,493 円となる．以上より，有価証券売却益は，2,993,493 円 − 2,965,411 円 = 28,082 円（答）である．

(借)	当座預金	3,020,000	(貸)	有価証券	2,965,411
				有価証券売却益	28,082
				有価証券利息	26,507

問題 6.4（有価証券期末評価（償却原価法））　満期保有目的の債券の期末評価に関して，償還期限までの継続保有を目的として X1 年 4 月 1 日に額面 100 円当たり 97.3 円で買入れた額面 3,000,000 円の A 社の社債（残存期間 6 年，利子率年 5%，利払日は 4 月末と 10 月末）について，X2 年 3 月末における期末決算にあたり，(1) 未収利息を計上するとともに，(2) 償却原価法（定額法）を適用して社債を評価した．
このとき期末における (1)，(2) の会計処理で計上される有価証券利息の合計を求めよ．

■ Point

- 償却原価法（定額法）は毎期均等額の調整額になり，相手勘定科目は実質的な性質から考えて有価証券利息となる．

【解答】

(1)　11 月から 3 月までの 5 か月分の利息が未収であることから，未収利息は $3{,}000{,}000\text{円} \times 5\% \times \dfrac{5\text{か月}}{12\text{か月}} = 62{,}500\text{円}$ となる．

（借）	未収有価証券利息	62,500	（貸）	有価証券利息	62,500

(2)　額面金額と取得金額との差額については，定額法で処理することから，毎期均等額ずつ差額が配分される．増額分の金額は，

$$(3{,}000{,}000\text{円} - 2{,}919{,}000\text{円}\,(= 3{,}000{,}000 \times \frac{97.3}{100})) \div 6\text{年} = 13{,}500\text{円}$$

と計算される．

（借）	投資有価証券	13,500	（貸）	有価証券利息	13,500

以上より，求める金額は (1) + (2) = 76,000 円　（答）となる．

問題 6.5（有価証券の減損処理）　A社は子会社たるB社の発行済株式20,000株のうち，12,000株を1株当たり500円の帳簿価額で保有していたところ，次の貸借対照表が示すようにB社の財務状態が悪化したので，帳簿価額を実質価額まで切り下げることとした．

このとき，A社が計上する子会社株式評価損はいくらになるか．

B社貸借対照表

諸資産	21,750,000	諸負債	17,650,000
欠損金	900,000	資本金	5,000,000

■ Point

- 子会社株式の実質価額は純資産額で評価する．

【解答】

B社の純資産は，諸資産から諸負債を控除して，4,100,000円である．
（資本金5,000,000 − 欠損金900,000 = 4,100,000円としても求められる．）

よって，B社の1株当たり純資産額は4,100,000円 ÷ 20,000株 = 205円となる．したがって，A社において評価減を要する額は，
(500円 − 205円) × 12,000株 = 3,540,000円（答）となる．

（借）子会社株式評価損　3,540,000　　（貸）子会社株式　3,540,000

【補足】

本問では貸借対照表に欠損金として借方に表示している．利益剰余金がマイナスのときに俗に欠損金と表現することがあるが，通常は負の繰越利益剰余金として株主資本の項目となる．

6.3　売上高と売上債権

問題 6.6（収益認識基準）　下表の通り，5年を要する営業循環のうち，第1〜3期に生産が行われ，合計3,600万円の製造原価をもって完成した製品が第3期に8,000万円で顧客に販売され，その代金が第3〜5期にわたって回収される．

（単位：万円）

会計期間	製造原価	代金回収
第1期	820	0
第2期	1,340	0
第3期	1,440	3,000
第4期	0	4,000
第5期	0	1,000

この場合において，生産基準で利益計算した場合と回収基準で利益計算した場合を比較すると，第3期に計上されることになる利益の差額（生産基準の利益 − 回収基準の利益）はいくらになるか．

■ **Point**

- 生産基準や回収基準の場合にはどのタイミングで収益を認識するのか，理論的な背景を含めて理解しよう．
- 収益計上額がわかれば対応基準により計上すべき費用の金額も考えることができる．

【解答】

まず，生産基準の利益計上は，生産が完了しさえすればその段階で収益は確実になると考える．そのため，第3期で生産された1,440万円分について考えていく．

収益は$8{,}000\times\dfrac{1{,}440}{3{,}600}=3{,}200$万円であり，費用は1,440万円となる．よって，利益は$3{,}200-1{,}440=1{,}760$万円である．

一方，回収基準の場合は，代金回収段階で収益が確実になったと考える．そのため，第3期で代金回収した3,000万円分について考えていく．

収益は3,000万円であり，費用は$3{,}600\times\dfrac{3{,}000}{8{,}000}=1{,}350$万円となる．よって，利益は$3{,}000-1{,}350=1{,}650$万円である．

以上より，求める差は$1{,}760-1{,}650=110$万円（答）となる．

問題 6.7（履行義務の識別（ポイント制度））　当社は顧客が商品を購入するごとに，購入額の5%分のポイントを付与し，次回以降の購入時に1ポイントにつき1円の値引きを受けることができる制度を運営している．当社が引き渡した商品の独立販売価格が200,000円のとき，計上される売上はいくらになるか．ただし，顧客がポイントを利用する確率は50%と予想される．また，小数点以下については四捨五入せよ．

■ **Point**

- 付与したポイントは，商品を買う権利を顧客に与えたことになり，オプションを顧客に付与したこととなる．取引価格を商品とオプションに配分することを考えよう．

【解答】

200,000円の商品を引き渡した際，顧客に対して10,000ポイントを付与することとなる．このうち，50%に関しては使用が見込まれることから，5,000円分が利用されると考えられる．

すなわち，200,000円の商品と，5,000円のオプションを引き渡したことになるため，代金の200,000円をこの比で按分することとなる．

したがって，計上される売上は，

$$200{,}000 \times \frac{200{,}000}{200{,}000 + 5{,}000} = 195{,}121.95\ldots \approx 195{,}122\,\text{円}\quad\text{（答）}$$

となる．

（借）	現金	200,000	（貸）	売上	195,122
				契約負債	4,878

問題 6.8（取引価格の算定と配分（変動対価））　当社は製品を@25円で販売するが，年間200個を超えて購入した顧客には，@22円に減額することを約束している．

(1) A社に対し第1四半期に40個を掛けで販売したが，年間販売数量は200個を超えないものと予想している．このとき計上される売上はいくらになるか．

(2) (1)ののち，第2四半期にA社に70個を掛けで販売し，年間販売数量が200個を超えることが予想されるようになった．このとき計上される売上はいくらになるか．

■ **Point**

- 対価が変動する場合においては，その時点で最善の見積りをした場合を考えていく．その見積りに変動があった場合には遡らずにその時点の取引に織り込んでいく．

【解答】

(1) 第1四半期の段階では年間販売数量は200個を超えないものと予想しているため，製品の単価は@25円が適用される．したがって売上は，@25円 × 40個 = 1,000円（答）となる．

（借）　売掛金　1,000　　　（貸）　売上　1,000

(2) 第2四半期になって，年間販売数量が200個を超えることが予想されるようになったため，第1四半期に販売した製品の単価の修正分も第2四半期の売上に織り込むこととなる．したがって売上は，@22円 × 70個 − (@25円 − @22円) × 40個 = 1,420円（答）となる．

（借）　売掛金　1,420　　　（貸）　売上　1,420

なお，累計売上@22円 × (40個 + 70個) = 2,420円から，既計上額の1,000円を控除して2,420 − 1,000 = 1,420円と考えることもできる．

6.4 棚卸資産と売上原価

問題 6.9（払出単価の決定） ある商品の3月中の受払いが次の通りであるとき，以下に示す方法による商品の3月の売上原価と3月末（3月31日）の棚卸額はそれぞれいくらになるか．

3月1日	前期繰越	200個	取得原価	@750円
3月8日	仕入	120個	取得原価	@700円
3月12日	売上	180個	売価	@1,200円
3月15日	仕入	160個	取得原価	@810円
3月28日	売上	120個	売価	@1,300円

(1) 先入先出法　(2) 後入先出法　(3) 総平均法
(4) 移動平均法　(5) 最終仕入原価法

■ **Point**

- それぞれの方法の受入と払出の単価を，表を用いて丁寧に整理しよう．

【解答】

(1) 先入先出法の場合の商品の受払については図表1の通りとなる．したがって，売上原価が220,000円，棚卸額は143,600円（答）となる．

(2) 後入先出法による場合，期末棚卸は3月1日繰越分140個と3月15日仕入分40個から構成される．したがって，棚卸額は $@750 \times 140 + @810 \times 40 = 137,400$ 円．売上原価は，受入原価合計から棚卸額を控除して算定できるので，$363,600 - 137,400 = 226,200$ 円（答）となる．

(3) 総平均法の場合，通期の受入金額を受入数量で除して，総平均単価＝363,600円÷480個＝@757.5円となる．よって，売上原価@757.5円×300個＝227,250円，棚卸額@757.5円×180個＝136,350円（答）となる．

(4) 移動平均法の場合, 受入のたびに単価を計算する. 例えば, 3月8日残高は平均単価＝(150,000円＋84,000円)÷(200個＋120個)＝@731.25円である. 以下同様に単価を求めると図表2の通りであり, 売上原価224,415円, 棚卸額139,185円（答）となる.

(5) 最終仕入原価法の場合, 最後の仕入である3月15日の単価を用いて期末在庫を評価する. 期末棚卸額@810円×180個＝145,800円となり, 売上原価は受入原価合計から棚卸額を控除して363,600－145,800＝217,800円（答）となる.

図表1：先入先出法

摘要	受入			払出			残高		
	数量	単価	金額	数量	単価	金額	数量	単価	金額
3/1繰越	200	750	150,000				200	750	150,000
3/8仕入	120	700	84,000				200	750	150,000
							120	700	84,000
3/12売上				180	750	135,000	20	750	15,000
							120	700	84,000
3/15仕入	160	810	129,600				20	750	15,000
							120	700	84,000
							160	810	129,600
3/28売上				20	750	15,000	20	700	14,000
				100	700	70,000	160	810	129,600
	受入原価合計		363,600	売上原価		220,000	期末棚卸額		143,600

図表2：移動平均法

摘要	受入			払出			残高		
	数量	単価	金額	数量	単価	金額	数量	単価	金額
3/1繰越	200	750	150,000				200	750	150,000
3/8仕入	120	700	84,000				320	731.25	234,000
3/12売上				180	731.25	131,625	140	731.25	102,375
3/15仕入	160	810	129,600				300	773.25	231,975
3/28売上				120	773.25	92,790	180	773.25	139,185
	受入原価合計		363,600	売上原価		224,415	期末棚卸額		139,185

問題 6.10（棚卸資産の期末評価） 決算日に実施した商品の実地棚卸により次の事実が判明した．棚卸減耗費と棚卸評価損はともに売上原価の内訳科目として処理する．

帳簿棚卸高		150 個	原価	@810 円
実地棚卸高	正常品	140 個	時価	@770 円
	品質低下品	5 個	時価	@150 円

このとき，本商品は前期以前の決算において棚卸減耗費および棚卸評価損は計上していないとすると，当期の棚卸評価損はいくらになるか．

■ Point

- 帳簿在庫と実地棚卸の結果は差が出ることが考えられる．在庫数量に関する差異を棚卸減耗として捉え，評価に関する差異を棚卸評価損として捉えていく．

【解答】

まず，帳簿棚卸高と実地棚卸高に差異が出ているため，棚卸減耗を認識する．

棚卸減耗費は (帳簿棚卸 150 個 − 実地棚卸 145 個) × @810 円 = 4,050 円となる．

次に，資産評価を行い評価損を算定する．

- 正常品：140 個 × (@810 円 − @770 円) = 5,600 円
- 品質低下品：5 個 × (@810 円 − @150 円) = 3,300 円

これらはともに，棚卸評価損として売上原価に計上されるため，当期の棚卸評価損は 5,600 円 + 3,300 円 = 8,900 円（答）となる．

（借）	棚卸減耗費	4,050	（貸）	商品	12,950
	棚卸評価損	8,900			

6.5 有形固定資産と減価償却

問題 6.11（有形固定資産の取得原価（保険差益）） A社は取得原価7,500万円，減価償却累計額2,500万円の建物を保有していたが，火災により滅失したため，保険金として9,600万円を受け取り当座預金とした．保険金のうち7,200万円で建物を新築し，代金を小切手を振出して支払った．A社は法人税法の規定により，保険差益について圧縮記帳を行った．
このとき特別損失に計上される建物圧縮損の金額はいくらになるか．

■ **Point**

- 保険差益はそのままでは配当や法人税等の対象となり，せっかく受けた保険金が目的外で流出してしまうおそれがある．建物を新築した場合などには受けとった保険金以上に資金が出ることもあり圧縮記帳を行う．
- 圧縮記帳の対象となるのは保険差益全額ではなく，再取得に充当したと認められる部分となる．

【解答】

建物の滅失前の簿価は $7{,}500 - 2{,}500 = 5{,}000$ 万円であるため，保険差益は $9{,}600 - 5{,}000 = 4{,}600$ 万円 となる．

（借）	減価償却累計額	2,500	（貸）	建物	7,500
	当座預金	9,600		保険差益	4,600

保険差益のうち圧縮記帳の対象となるのは，受取保険金に対する再取得充当額の割合に比例する部分だけである．

よって，圧縮額は $4{,}600\text{万円} \times \dfrac{7{,}200\text{万円}}{9{,}600\text{万円}} = 3{,}450\text{万円}$（答）となる．

（借）	建物	7,200	（貸）	当座預金	7,200
（借）	建物圧縮損	3,450	（貸）	建物	3,450

問題 6.12（国庫補助金等で取得した資産）　技術研究のための設備資金として政府から 1,000 万円の補助金の交付を受け，これを利用して 1,800 万円の有形固定資産を購入した．この資産は耐用年数を 4 年，残存価額をゼロとし，定額法によって減価償却する．

このとき，「積立金方式による毎年の減価償却費」−「圧縮記帳方式による毎年の減価償却費」を求めよ．

■ **Point**

- 圧縮記帳方式と積立金方式の基本的な問題．とっつきにくいところではあるが，それぞれの方式の計算方法を確認しよう．

【解答】

(a)　圧縮記帳方式の場合は，受入れた補助金の額を取得価額から減額することから，当該設備の取得原価は $1{,}800 - 1{,}000 = 800$ 万円となる．これを耐用年数 4 年の定額法で償却することから，毎期の減価償却費は 200 万円となる．

(b)　積立金方式の場合は，補助金と同額の任意積立金を設定する方式であるため，当該設備の取得原価は購入価格の 1,800 万円となる．したがって，毎期の償却額は，450 万円となる．

以上より求める差額は，$450 - 200 = 250$ 万円（答）となる．

問題 6.13（減価償却に関する変更）　取得原価1,200万円の機械を，耐用年数8年，残存価額ゼロと見積って，定額法で3年償却してきたが，4年目の期首にいたり，急激な技術進歩に起因して，この機械があと3年しか利用できないことが判明した．このとき，キャッチ・アップ方式およびプロスペクティブ方式それぞれの4年目の仕訳について，次の空欄ア～ウに当てはまる金額を求めよ．なお，残存価額は引き続きゼロとする．

- キャッチ・アップ方式（単位：万円）

（借）	前期損益修正損	ア	（貸）	機械	ア
（借）	減価償却費	イ	（貸）	機械	イ

- プロスペクティブ方式（単位：万円）

（借）	減価償却費	ウ	（貸）	機械	ウ

■ **Point**

- 変更の影響について，過年度を修正するのか否かで2つの方式が考えられる．それぞれの方式の仕訳を本問で確認しよう．

【解答】

変更前は耐用年数は8年であることから，4年目の期首の減価償却累計額は1,200万円÷8年×3＝450万円である．

- キャッチ・アップ方式の場合は，過年度の減価償却を修正する．
  当初から6年の耐用年数で償却した場合，1年当たりの償却額は1,200万円÷6年＝200万円であり，4年目の期首の減価償却累計額は，200万円×3＝600万円となる必要がある．不足分の150万円を，前期損益修正損で計上する．よって，ア．150（答）イ．200（答）
- プロスペクティブ方式の場合は，4年目の期首の帳簿価格1,200－450万円＝750万円の資産を残り3年で償却する．
  よって，4年目以降の償却費は750÷3年＝250万円　ウ．250（答）

問題 6.14（固定資産の減損）　減損会計に関して次のア，イの数値を求めよ．解答にあたっては千円以下を四捨五入せよ．

(1) 保有中の機械（取得原価 2,000 万円，減価償却累計額 800 万円）について減損の兆候がみられるので，当期末に将来キャッシュ・フローを予測したところ，残存する 3 年の耐用年数の各年につき 100 万円ずつのキャッシュ・フローを生じ，使用後の処分収入はゼロであると見込まれた．このキュッシュ・フローのリスクを考慮して適切と思われる年 7.5% の割引率を適用して算定した場合の減損損失は ［ア］ 万円となる．なお，この機械の現時点での正味売却価額は 250 万円である．

(2) 数年前に他企業を合併して取得した事業に関連する資産グループについて，減損損失を計上する．この資産グループについて見積もられた回収可能価額は 1,800 万円であり，このグループに含まれる資産の帳簿価額（減価償却累計額控除後）は，建物が 4,000 万円，機械が 2,000 万円，のれんが 1,200 万円である．このとき，建物に係る減損損失は ［イ］ 万円である．

■ Point

- 固定資産の回収可能価額は，正味売却価額と使用価値（将来キャッシュ・フローの割引現在価値）のいずれか高い方を用いる．
- 減損を認識する資産グループにのれんがある場合には優先的に減損損失を配分する．

【解答】

(1) 将来キャッシュ・フロー（割引前）の合計が 300 万円であり，現在の機械の帳簿価格 1,200 万円を下回っているため，減損損失を認識する．
将来キャッシュ・フローの割引現在価値を求めると

$$\frac{100}{1+0.075}+\frac{100}{(1+0.075)^2}+\frac{100}{(1+0.075)^3}=260.05\ldots\approx 260\text{万円}$$

であり，正味売却価額の250万円より大きくなるため，回収可能価額はこの金額となる．

よって，アの減損損失は1,200万円−260万円＝940万円（答）となる．

(2) 減損損失を認識する資産グループにのれんが含まれている場合，減損損失はのれんに優先して配分する必要がある．

したがって，減損損失5,400万円のうち，1,200万円はのれんに配分し，残りの4,200万円について建物と機械の帳簿価格の比で配分する．

よって，イの建物に配分される減損損失は，

$$4{,}200\times\frac{4{,}000}{4{,}000+2{,}000}=2{,}800\text{万円}\quad(\text{答})$$

となる．仕訳は以下の通り．

(借)			(貸)		
	減損損失	5,400		建物	2,800
				機械	1,400
				のれん	1,200

問題 6.15（リース会計）　リース会計に関して次の各問に答えよ．解答にあたっては小数点以下を四捨五入せよ．

(1) A社（3月末決算）はX1年4月1日にリース会社から機械装置を借入れた．
 - リース期間は8年，1年当たりのリース料は75,000円で，リース開始の1年後からリース料を1年ごとに支払う契約である．（リース料の初回支払い日：X2年3月31日）
 - リース会社がこの物件の購入に要した費用は不明であるが，当社がこれと同じ物件を現金で購入する場合の見積価額は431,000円であり，見積残存価額はゼロである．
 - リース会社がリース料の決定等の計算に用いる利子率も不明であるが，当社がこの物件の購入に要する資金を銀行から追加的に借入れる場合の利子率は7%である．

 以上の前提に基づき，これを所有権移転外ファイナンス・リース取引として会計処理した場合，当該リース資産の資産計上額はいくらになるか．

(2) (1)のファイナンス・リース取引について，毎期契約どおりに小切手を振出して支払ったものとし，利息法（実効利子率8%とする）で計算することとすると，X3年3月31日におけるリース債務の期末残高はいくらになるか．

■ **Point**

- リース取引の経済的実質が長期の分割払いと同様であると考えられるときには売買取引として処理が求められる．リース料には利息部分が含まれていることもあり，リース資産の取得原価をどのようにするか場合分けして考えていくこととなる．

- リース債務の償却においても，リース料に含まれる利息部分を把握してリース債務の減少分を順を追って整理していくことが大切.

【解答】

(1)　リース会社の購入価額が不明であることから，A社の見積現金購入価額とリース料総額の割引現在価値のいずれか低い方が，リース資産の取得原価となる.
また，割引現在価値算定にあたってリース会社の計算利子率も不明であることから，A社の追加借入利子率7%を用いることとなる．割引現在価値は，

$$\frac{75{,}000}{1+0.07}+\frac{75{,}000}{(1+0.07)^2}+\cdots+\frac{75{,}000}{(1+0.07)^8}=447{,}847.38\cdots\approx 447{,}847\text{円}$$

となり，割引現在価値447,847円>見積現金購入価格431,000円であることから，取得原価は431,000円（答）となる.

(2)　初回のリース料に含まれる利息分は，実効利子率8%を用いて431,000×8%＝34,480円であり，元金返済分は75,000－34,480＝40,520円となることから，リース債務残高は431,000－40,520＝390,480円となる．以下同様に，各年のリース料75,000円を，利息法に基づいて，元金返済分と利息分に区分した計算表は次の通りとなる.

日付	支払リース料	利息部分	リース債務減少分	リース債務残高
X1.4.1				431,000
X2.3.31	75,000	34,480	40,520	390,480
X3.3.31	75,000	31,238	43,762	346,718
X4.3.31	75,000	27,737	47,263	299,455
X5.3.31	75,000	23,956	51,044	248,411
⋮				

よって，求めるリース債務残高は346,718円（答）となる.

6.6 負債

問題 6.16 (税効果会計) 税効果会計に関して次の各問に答えよ．

(1) 次の資料に基づいて，法定実効税率を計算せよ．なお，法定実効税率は％単位で小数点以下第3位を四捨五入すること．また，2018年4月以降に開始する事業年度に対して適用される計算式および【資料】の各税率のみを使用して計算することとし，地方特別法人税等の記載のない税率は計算に含めないものとする．さらに【資料】に記載の税率はいずれも税効果会計の対象外となる税金を含めない税率である．

【資料】

法人税率	23.20%
地方法人税率	4.40%
住民税率	13.20%
事業税率	4.00%

(2) X1年度末において，B社に対する売掛金500,000円を貸倒懸念債権と認定し，貸倒引当金に200,000円を繰り入れた．しかし税務上の損金算入限度額は5,000円であることから，この差異に対して(1)で算定した法定実効税率を用いて税効果会計を適用する．このとき，以下の仕訳の［ア］に入る金額はいくらか．

(借)	貸倒引当金繰入	***	(貸)	貸倒引当金	***
(借)	繰延税金資産	［ア］	(貸)	法人税等調整額	［ア］

(3) X2期になりB社が破産したので，上記の売掛金を貸倒れ処理する．このとき，以下の仕訳の［イ］に入る金額はいくらか．

(借)	貸倒引当金	***	(貸)	売掛金	***
	貸倒損失	イ			
(借)	法人税等調整額	***	(貸)	繰延税金資産	***

■ **Point**

- 法定実効税率の計算式は，試験中に導出するのは時間が足りないため覚えておこう．
- 問題文から将来減算一時差異の金額を把握し，法定実効税率を乗じて繰延税金資産の計上額を求めることができる．

【解答】

(1) 法定実効税率は次の計算式で算定される．

$$
\begin{aligned}
\text{法定実効税率} &= \frac{\text{納税義務額}}{\text{税引前利益}} \\
&= \frac{\text{法人税率} + \{\text{法人税率} \times (\text{地方法人税率} + \text{住民税率})\} + \text{事業税率}}{1 + \text{事業税率}} \\
&= \frac{0.232 + 0.232 \times (0.044 + 0.132) + 0.04}{1 + 0.04} = 30.08\% \quad \text{(答)}
\end{aligned}
$$

(2) 会計上の貸倒引当金のうち，税務上の許容額を超える195,000円については当期の損金に算入することはできず（当期は加算），将来の貸倒発生時に税務上でも課税所得から減算できることから，将来減算一時差異に該当する．したがって，一時差異に法定実効税率を乗じた額が繰延税金資産が計上される．よって，アは以下の通り．

$$195{,}000\text{円} \times 30.08\% = 58{,}656\text{円} \quad \text{(答)}$$

(3) 売掛金500,000円のうち貸倒引当金が設定できていない残額について，貸倒損失が計上される．よって，イは以下の通り．

$$500{,}000\text{円} - 200{,}000\text{円} = 300{,}000\text{円} \quad \text{(答)}$$

問題 6.17（社債（償却原価法）） 普通社債の発行から償還までの次のような一連の取引について，それぞれの日に行うべき仕訳は下記の通りである．下記のア～エにあてはまる数値を求めよ．

- X1 年 4 月 1 日，額面総額 15,000 千円の普通社債を，額面 100 円当たり 96.5 円，利息は年 5% で 3 月 31 日に小切手払い，期間 4 年の条件で発行し，払込金を当座預金とした．また社債発行費 146 千円を小切手を振出して支払い，繰延資産に計上した．社債の額面と発行価額との差額および社債発行費は利息法で償却することとした（実効利子率は 6.3% とする）．
- X3 年 4 月 1 日，上記の社債のうち 2 分の 1 を額面 100 円当たり 97.6 円で市場から買入れ，代金は小切手を振出して支払うとともに，この社債を直ちに消却した．
- X5 年 3 月 31 日，残りの社債を満期償還した．

<仕訳>［決算日は 3 月 31 日とする］（単位：千円）

日付	借方科目	金額	貸方科目	金額
X3 年 3 月 31 日	社債利息	ア	当座預金	ア
	社債利息	イ	社債	イ
	社債発行費償却	***	社債発行費	***
X3 年 4 月 1 日	社債	***	当座預金	***
			社債発行費	***
			社債償還益	ウ
X5 年 3 月 31 日	社債利息	***	当座預金	***
	社債利息	***	社債	***
	社債発行費償却	エ	社債発行費	エ
	社債	7,500	当座預金	7,500

■ **Point**

- 利息法の計算は，実効利子率に基づき償却原価額から額面金額へ至る調整額の推移表をまとめることで，自ずと必要な情報が読み取れる.

【解答】

社債発行時（X1年4月1日）の仕訳は次の通りである.

（借）	当座預金	14,329	（貸）	社債	14,475
	社債発行費	146			

社債発行費は金利ではないが，社債割引額と合算して償却原価法により償却する. 実効利子率を適用した償却原価法の計算は次の通りとなる.

日付	利息発生額	利息支払額	利息調整額	発行費償却	償却原価額
X1.4.1					14,329
X2.3.31	903	750	120	33	14,482
X3.3.31	912	750	127	35	14,644
X4.3.31	923	750	135	38	14,817
X5.3.31	933	750	143	40	15,000

ここで，利息発生額＝償却原価×実効利率，利息支払額＝額面×表面利率であり，費用調整額＝発生額－支払額が算定できる.

この費用調整額を，社債割引額525千円と社債発行費146千円の比率で按分して利息調整額と発行費償却額を算定している. 償却原価＝前期末償却原価＋調整額である.

(1) X3年3月31日は表より，ア．750千円（答），イ．127千円（答）

(2) X3年4月1日，社債の買入額は，$15{,}000 \div 2 \times \dfrac{97.6}{100} = 7{,}320$ 千円であり，社債の減額分および社債発行費取崩分は，その時点の簿価の2分の1なので，社債 $(14{,}475 + 120 + 127) \div 2 = 7{,}361$ 千円，社債発行費 $(146 - 33 - 35) \div 2 = 39$ 千円となる. 社債償還益は貸借差額で算定されるので，社債償還益はウ．2千円（答）となる.

(3) X5年3月31日においては，表より社債発行費償却エは，
$40 \div 2 = 20$ 千円　（答）となる.

問題 6.18（新株予約権付社債）　額面総額 1,000 万円の新株予約権付社債を，額面金額で発行し，払込金を当座預金とした．新株予約権は社債の額面全体に対して付与されており，その行使価格は 750 円である．なお，この社債が普通社債として発行されたと仮定した場合の発行価額の推定値は 920 万円である．

この新株予約権付社債のうち，額面金額 400 万円分について権利行使があり，払込金を当座預金とするとともに新株式を発行した．なお，資本金に組入れる払込額は，会社法に規定する最低限度額とした．

このときの株式払込剰余金はいくらになるか．ただし，新株予約権付社債を発行してから権利行使されるまでの間の，新株予約権付社債の貸借対照表価額の増減は考慮しないこととする．

■ Point

- 新株予約権付社債は，社債本体と新株予約権を別個に認識する区分法により会計処理しなければならない．

【解答】

額面金額の 1,000 万円で発行しているが，そのうち社債部分の推定値を 920 万円となることから，差額が新株予約権の価額となる．

（借）	当座預金	1,000	（貸）	新株予約権付社債	920
				新株予約権	80

このうち，400 万円について権利行使があり，新株予約権 80 万円 × $\frac{400\text{万円}}{1{,}000\text{万円}}$ = 32 万円と合わせた 432 万円の増資が行われたこととなる．資本金に組入れる払込額は，会社法に規定する最低限度は 2 分の 1 であることから，株式払込剰余金は 216 万円（答）となる．

問題 6.19（退職給付会計）　退職給付会計に関して次の各問に答えよ．

1. 確定給付型の退職年金制度を採用しているA社の当期首における諸数値は次の通りである．

- 退職給付債務12,000千円（現在価値の計算に適用された割引率は年5.0%）
- 年金資産8,000千円（長期期待運用収益率は年3.0%）
- 過去勤務費用600千円（給付水準の引上げにより前期末に発生し，当期から平均残存勤務期間10年で各期に均等償却する．）
- 数理計算上の差異450千円（年金資産の前期の運用実績が期待運用収益率を上回ったことにより発生したもので，前期から平均残存勤務期間10年で各期に均等償却している．）

2. 当期における諸数値は次の通りである．

- 勤務費用900千円
- 年金資産への掛金拠出額500千円（期末に拠出）
- 年金資産から退職者への給付の支給額700千円（期末に支給）
- 当期に新たに発生した過去勤務費用，数理計算上の差異は，ともに0千円（当期の運用収益率の実績は，長期期待運用収益率と同じく年3.0%）

なお，税効果会計の処理は省略し，上記以外の諸数値は考慮しない．

(1) 個別財務諸表での会計処理を行う場合（以下，(2)〜(4)において同様とする），数理計算上の差異の当期の償却額はいくらか．
(2) 当期の退職給付費用はいくらか．
(3) 退職給付引当金の当期の増加額はいくらか．
(4) 当期末の年金資産はいくらか．
(5) 連結財務諸表での会計処理において，当期末の連結貸借対照表に計上する「退職給付に係る調整累計額」はいくらか．

■ **Point**

- 退職給付会計はワークシートを用いることで問題を比較的容易に解くことができるようになる．「退職給付に関する会計基準の適用指針」においても設例で用いられており，広く一般に使われている．アクチュアリー試験で出題される問題を解くにはこのワークシートが使いこなせれば十分と考えられる．
- 遅延認識項目の取扱いが，個別財務諸表と連結財務諸表とで異なる．連結は試験の範囲外だが，連単分離となる退職給付会計の組替調整については試験範囲内とされている．

【解答】

退職給付会計ワークシートを作成すると次の通りとなる．

	期首 X2/4/1	退職給付 費用		年金/掛金 支払額		予測 X3/3/31
退職給付債務	−12,000	S	−900	P	700	−12,800
		I	−600			
年金資産	8,000	R	240	P	−700	8,040
				C	500	
退職給付に係る負債	−4,000		−1,260		500	−4,760
未認識過去勤務費用	600		−60			540
未認識数理計算上の差異	−450		50			−400
退職給付引当金	−3,850		−1,270		500	−4,620

ワークシートは次の手順で作成される.

- 期首の各数値を記入. このとき, 資産項目はプラス, 負債項目はマイナスとする.
  - 未認識過去勤務債務：負債の未認識なのでプラス
  - 未認識数理計算上の差異：資産の未認識なのでマイナス
- 費用項目の算定. 収益項目はプラス, 費用項目はマイナスとする.
  - 勤務費用S：多くの場合, 問題文で与えられる
  - 利息費用I：12,000千円×5.0%＝600千円
  - 期待運用収益R：8,000千円×3.0%＝240千円
  - 未認識過去勤務債務の償却：600千円÷10年＝60千円
  - 未認識数理計算上の差異の償却：450千円÷9年＝50千円
- 支払額を記入. 資産が増加（負債が減少）するならプラス, 資産が減少（負債が増加）するならマイナスとする.
  - 年金資産から退職者への支給は, 年金資産を減少させるとともに退職給付債務も減少するため, 両方に記載する.
- 横集計して, 期末の予測値を算定する. ここで, 期末の実績と比較して数理計算上の差異を算定するが, 本問では差異は0としている.

(1)　ワークシートより, 50千円（答）

(2)　ワークシートの退職給付費用の列の合計より, 1,270千円（答）

(3)　4,620千円－3,850千円＝770千円　（答）

(4)　ワークシートより, 8,040千円（答）

(5)　個別財務諸表では退職給付引当金4,620千円が計上されているが, 連結財務諸表では退職給付に係る負債4,760千円を計上する. そのため, 連結貸借対照表上の純資産の部に「退職給付に係る調整累計額」として計上されるのは, 差額の－140千円（答）

問題 6.20（資産除去債務） A社は，X1年4月1日に機械装置12,000千円を小切手を振出して購入し，耐用年数5年として使用を開始した．A社は，この機械装置を耐用年数経過時に除去すべき法的義務があり，除去時には800千円の支出を要すると見積もられている．

なお，割引現在価値の計算に適用する利率は年3%とする．また，計算にあたっては四捨五入により千円単位で考えることとする．

(1) この機械装置の残存価額をゼロとして定額法で減価償却した場合の毎期の減価償却費はいくらか．

(2) 毎決算期において時の経過に伴って資産除去債務を調整した場合，第3期（X3年4月1日〜X4年3月31日）の資産除去債務調整額はいくらか．

(3) X6年3月31日に，除去費用840千円を小切手で支払って，この機械装置を除去した場合の資産除去費用はいくらか．

■ Point

- 資産除去債務が存在する場合，取得原価に資産除去債務を加えなければならない．そのように算定された取得原価をもとに，減価償却費が計算される．
- 資産除去債務は，時の経過により利息相当額だけ増加していくことになるため，毎期その分を調整することになる．

【解答】

(1) 資産除去債務の割引現在価値は，

$$800 \div (1.03)^5 = 690.087\ldots \approx 690\text{ 千円}$$

となり，小切手の振出額12,000千円と合わせて，機械装置の取得価額は12,690千円となる．よって，毎期の減価償却費は

12,690千円 ÷ 5年 = 2,538千円（答）である．

(2) 第1期の資産除去債務調整額は，$690 \times 0.03 = 20.7 \approx 21$ 千円，第2期は，$(690+21) \times 0.03 = 21.33 \approx 21$ 千円であるので，第3期の資産除去債務調整額は，$(690+21+21) \times 0.03 = 21.96 \approx 22$ 千円（答）となる．

(3) 当初の資産除去債務の見積額800千円については，取得価額に含められ償却されている．そのため，実際の除去費用と見積額の差額が資産除去費用として計上される．よって，資産除去費用は
$840 - 800 = 40$ 千円（答）となる．

（借）	資産除去債務	800	（貸）	当座預金	840
	資産除去費用	40			

6.7　株主資本と純資産

問題 6.21（ストック・オプション）　X1 年 6 月の株主総会で，幹部従業員 20 人に対し 1 人当たり 10 株のストック・オプションを X1 年 7 月 1 日付けで付与することを決議した．ただし権利確定日は X2 年 6 月 30 日であり，それまでに 5 人が退職して権利が失効すると見込まれる．
権利行使期間は，X2 年 7 月 1 日から X3 年 6 月 30 日であり，権利行使時には 1 株当たり 20,000 円の払込を要する．権利付与日におけるストック・オプションの公正な評価額は，1 株当たり 2,000 円である．

- X2 年 6 月 30 日に権利確定日が到来したが，X2 年 4 月以降この日までに，6 人が退職している．
- X3 年 3 月 31 日に 12 人が権利行使を行ったので，会社法の規定による最低額を資本金に組み入れ，残りを株式払込剰余金とした．
- X3 年 6 月 30 日に残りの 2 人のストック・オプションが権利行使されないまま失効した．

このとき，次のア〜エに当てはまる金額を求めよ．

<仕訳>（決算日は 3 月 31 日とする）

日付	借方科目	借方金額	貸方科目	貸方金額
X2 年 3 月 31 日	株式報酬費用	***	新株予約権	ア
X2 年 6 月 30 日	株式報酬費用	***	新株予約権	イ
X3 年 3 月 31 日	現金預金	***	資本金	***
	新株予約権	***	株式払込剰余金	ウ
X3 年 6 月 30 日	新株予約権	***	新株予約権戻入益	エ

■ **Point**

- ストック・オプションの株式報酬費用の算定は，各時点における最善の見積りを考える．見積りの変更による影響は遡及せずその時点の仕訳に反映させる．

【解答】

X2年3月31日時点においては，5人の退職を見込んでいることから，15人に権利が付与されることが想定されている．そして，付与日から権利確定日までの期間のうち，当期分について株式報酬費用を月割り計上する．よってアは，$(20\text{人}-5\text{人})\times 10\text{株}\times 2{,}000\text{円}\times\dfrac{9\text{か月}}{12\text{か月}}=225{,}000\text{円}$（答）となる．

X2年6月30日の権利確定日において，14人に権利が付与されることが確定したため，3か月分の株式報酬費用を計上するとともに，見積りとの差額を合わせて調整する．よってイは，

$(20\text{人}-6\text{人})\times 10\text{株}\times 2{,}000\text{円}\times\dfrac{12\text{か月}}{12\text{か月}}-225{,}000\text{円}=55{,}000\text{円}$（答）

となる．

X3年3月31日では，14人中12人が権利行使したため，新株予約権

$(225{,}000+55{,}000)\times\dfrac{12\text{人}}{14\text{人}}=240{,}000\text{円}$が行使され，

$12\text{人}\times 10\text{株}\times 20{,}000\text{円}=2{,}400{,}000\text{円}$の払込を受けた．

会社法の規定による最低額を資本金に組み入れるため，ウの株式払込剰余金は，$(240{,}000+2{,}400{,}000)\div 2=1{,}320{,}000\text{円}$（答）となる．

X3年6月30日に残りのストック・オプションは行使されず失効したため，新株予約権40,000円が取崩され，新株予約権戻入益が計上される．よって，エは40,000円（答）となる．

問題 6.22（企業結合（合併））　A社とB社は，X1年4月1日を合併期日として合併を行い，A社が吸収合併存続会社となって，A社株式200千株（50千株は自己株式であり，1株当たりの帳簿価額は300円．残り150千株は新株発行によるものである）をB社株主に交付した．
合併期日におけるA社株式の時価は1株当たり380円であり，A社の発行済株式数は750千株であった．
また，X1年3月31日現在のB社の貸借対照表は下記に示す通りであるが，A社がB社から引継いだ識別可能な資産と負債の時価は，それぞれ75,000千円および13,000千円と評価された．A社は，増加すべき資本のうち，2分の1を資本金とし，残額を資本準備金とした．

（単位：千円）

B社貸借対照表

諸資産	60,000	諸負債	12,000
		資本金	40,000
		利益剰余金	8,000

このとき，下記のA社の合併時の仕訳のア～ウの金額はいくらになるか．

（借）	諸資産	***	（貸）	諸負債	***
	のれん	ア		自己株式	イ
				資本金	***
				資本準備金	ウ

■ **Point**

- B社から引継いだ資産と負債の評価，および対価として交付する株式の価格を考えよう．

【解答】

合併後のA社の旧B社株主の議決権比率は $\frac{200\text{株}}{750\text{株}}=26.66\ldots\%$ であるので，A社が取得企業でB社が被取得企業となる．

取得であるためパーチェス法で会計処理を行うことから，A社は資産負債を時価で受け入れる．つまり，純額で時価は資産75,000千円－負債13,000千円＝62,000千円である．

一方，対価として交付する株式の価格は200千株×@380円＝76,000千円であることから，差額がB社の超過収益力の源泉，すなわち「のれん」となる．

よって，アは，76,000千円－62,000千円＝14,000千円（答）である．

次に，1株当たりの帳簿価額が300円の自己株式が50千株減少することから，イは，50千株×300円＝15,000千円（答）である．

以上より，貸借差額から増加すべき資本が算定され，その2分の1が資本金となることから，ウは，

(75,000千円－13,000千円＋14,000千円－15,000千円)÷2＝30,500千円（答）となる．

問題 6.23（株式交換・株式移転） A社とB社（発行済株式数はそれぞれ100万株）について次の (1) 株式移転のケース及び (2) 株式交換のケースの2通りについて考える．なお，会計処理にあたってはパーチェス法を用いるものとし，また，次に示す貸借対照表は株式移転日または株式交換日直前のものとする．(単位：万円)

A社貸借対照表

諸資産	40,000	諸負債	15,000
		資本金	18,000
		利益剰余金	7,000

B社貸借対照表

諸資産	22,000	諸負債	8,000
		資本金	10,000
		利益剰余金	4,000

(1) A社とB社は株式移転により完全親会社P社を設立した．なお，両社間に資本関係はないものとし，また，株式移転日の株価については，A社は300円，B社は180円とし，株式の交換比率はA社1株に対しP社は1株，B社1株に対しP社は0.6株とする．このときのP社の仕訳について，次のア，イに当てはまる数値はいくらか．

(借)	A社株式	ア	(貸) 資本金	***
	B社株式	イ	その他資本剰余金	***

(2) A社とB社は，A社を完全親会社としB社を完全子会社とする株式交換を行うため，A社株式をB社の株主に対して，B社株式1株につきA社株式0.5株の比率で交付した．なお，株式交換日の株価については，A社は300円，B社は180円とする．A社は増加すべき資本の金額の3分の2に当たる金額を資本金とし，残額をその他資本剰余金にするものとする．このときのA社の仕訳について，

次のウに当てはまる数値はいくらか.

(借)	B社株式	***	(貸)	資本金	ウ
				その他資本剰余金	***

■ **Point**

- 議決権比率から，取得企業・被取得企業を考えてパーチェス法で処理を行う．帳簿価額で引継ぐものと時価で引継ぐものを考えていこう．

【解答】

(1) 新設されるP社の株主構成は，旧A社株主100万株，旧B社株主60万株となり，旧A社株主が $\frac{100}{100+60}=62.5\%$ を占めるため，取得企業A社被取得企業B社としてパーチェス法を適用する．
A社株式の取得原価は，A社の帳簿価額による株主資本の額を基礎とするから，アは資本金18,000＋利益剰余金7,000＝25,000万円（答）となる．
これに対して，B社株式は，旧B社株主がP社で有する議決権比率に対応する数のA社株式の時価によることから，イは
@300円×60万株＝18,000万円（答）となる．

(2) 株式交換により，旧B社株主の議決権比率がが $\frac{50}{100+50}=33.3\ldots\%$ であるため，A社が取得企業でB社が被取得企業となる．
そのため，B社株式の評価額はA社株式の時価によることから，@300円×50万株＝15,000万円となる．
A社は増加すべき資本の金額の3分の2にあたる金額を資本金とすることから，ウは10,000万円（答）となる．

問題 6.24（吸収分割）　X1 年 4 月 1 日に吸収分割により，分離元企業（吸収分割会社）A 社は，a 事業を分離先企業（吸収分割承継会社）B 社に移転し，新株発行された B 社株式 1,000 株を対価として受取った．A 社と B 社に資本関係はない．移転した a 事業に係る諸資産および諸負債の，X1 年 3 月 31 日現在の適正な帳簿価格と時価は次の通りである．

	適正な帳簿価額	時価
諸資産	300 万円	350 万円
諸負債	220 万円	230 万円

会社分割日の B 社株式の時価は 1 株当たり 1,250 円であり，この株価の方が a 事業に係る資産と負債の時価よりも，信頼性が高いと判断された．B 社は増加すべき資本をすべて資本金とした．
このとき，次の各ケースについて，事業分離日における A 社と B 社の仕訳のア〜ウに当てはまる数値を求めよ．

(1) 対価として交付された B 社株式が，交付後における B 社の発行済株式の 10% に相当する場合

	借方		貸方	
A 社	諸負債	***	諸資産	***
	投資有価証券	***	移転利益	ア
B 社	諸資産	***	諸負債	***
	のれん	***	資本金	***

(2) 対価として交付された B 社株式が，交付後における B 社の発行済株式の 30% に相当する場合

	借方		貸方	
A 社	諸負債	***	諸資産	***
	関係会社株式	***		
B 社	諸資産	***	諸負債	***
	のれん	イ	資本金	***

(3) 対価として交付されたB社株式が，交付後におけるB社の発行済株式の60% に相当する場合

	借方		貸方	
A社	諸負債	***	諸資産	***
	子会社株式	***		
B社	諸資産	***	諸負債	***
			資本金	ウ

■ **Point**

- 各ケースについて支配・被支配の関係を考えて解こう．理論的な背景とともに考えることが大切となる．

【解答】

(1) A社においては，分離したa事業に対する支配も影響力も喪失するため，投資が清算されたと考える．そのため，対価として受取ったB社株式は時価で評価する．
したがって，移転利益のアは
@1,250円 × 1,000株 − (300万円 − 220万円) = 45万円（答）である．

(2) B社が取得企業となるため，受入れたa事業の資産と負債は時価評価し，交付した対価はB社株式の時価を用いて評価する．したがって，のれんのイは @1,250円 × 1,000株 − (350万円 − 230万円) = 5万円（答）である．

(3) 発行済株式の60% に相当することから，B社が被取得企業となる（逆取得）．そのため，A社から受入れたa事業の資産と負債は帳簿価額で承継され，その資産負債差額が払込資本となる．したがって，資本金のウは300万円 − 220万円 = 80万円（答）となる．

問題 6.25（剰余金の配当）　A 社の前期末の財政状態に関する情報は【資料】の通りである．A 社は会社法に従い，最大限の現金配当を実施するものとする．

【資料】（単位：百万円）

資産合計 4,000，負債合計 2,500，純資産合計 1,500

純資産の内訳：資本金 700，資本準備金 120，その他資本剰余金 125，利益準備金 20，任意積立金 100，繰越利益剰余金 170，自己株式△65，土地再評価差額金 210，その他有価証券評価差額金 120

(1) 前期末の貸借対照表を基礎とする場合，配当の効力発生日の分配可能額はいくらか．ただし，資産にはのれん及び繰延資産が含まれていないものとする．

(2) (1) において，実際に配当が可能な額はいくらか．

(3) (1) に加えて，当期に入ってから配当の効力発生日までの間に，自己株式のうち 25 百万円を 40 百万円で売却した場合，配当の効力発生日の分配可能額はいくらか．

(4) 前期末の貸借対照表を基礎とし，資産にのれん 1,500 百万円と繰延資産 120 百万円が含まれている場合，配当の効力発生日の分配可能額はいくらか．

■ **Point**

- 債権者保護の観点から会社法では過大な配当にならないように制限をかけている．そのため，分配可能額の算定にはのれん等調整額などの制限の内容を知っておく必要がある．
- 純資産の各勘定の性質を考えることにより，配当として使える金額や逆に拘束されている金額が整理できるようになる．

【解答】

(1) 剰余金＝その他資本剰余金125＋任意積立金100＋繰越利益剰余金170＝395百万円となることから，
分配可能額＝剰余金395－自己株式65＝330百万円（答）となる．
なお，教科書では，剰余金＝(資本4,000＋自己株式65)－(負債2,500＋資本金700＋準備金140＋評価差額330)＝395百万円と差引きで求めているが，純資産項目のうち配当等の原資とできるものを直接に集計するほうがラクに計算できる．

(2) 資本準備金120＋利益準備金20＝140＜資本金$700 \times \frac{1}{4}$＝175であるため，配当に伴って10分の1の準備金の積立が会社法により要請される．したがって実際に配当が可能な額は，
330百万円$\times \frac{10}{11}$＝300百万円（答）となる．

(3) 配当の効力発生日までの間で自己株式の売却が行われているため，前期末以降に剰余金が動いた部分を調整する必要がある．したがって，
剰余金＝(1)の額395＋自己株式処分差益15＝410百万円となり，
分配可能額＝剰余金410－自己株式(65－25)－処分した自己株式の対価40＝330百万円（答）となる．

(4) [のれん÷2＋繰延資産]の額は1,500÷2＋120＝870百万円であり，[資本金＋準備金]の資本金700＋資本準備金120＋利益準備金20＝840百万円を超えることから，のれん等調整額の算定が必要となる．
[のれん÷2＋繰延資産]の額が，[資本金＋準備金]と「その他資本剰余金」を合わせた額は超えないことから，[資本金＋準備金]に対する超過額30百万円がのれん等調整額となり，分配可能額から減額される．よって，
分配可能額＝(1)の分配可能額330－のれん等調整額30＝300百万円（答）となる．

6.8　財務諸表の作成と公開

問題 6.26（包括利益）　以下に示す，ある企業の前期末と当期末の貸借対照表について考える．有価証券はその他有価証券に該当し，貸方の評価差額は取得原価と時価の差額である．単純化のために負債は存在せず，当期中の取引は次の 3 件のみと仮定し，期末の貸借対照表にはこれらの取引が反映されているものとする．また，税効果も考慮しないものとする．

- 有価証券の半分を期首に時価 1,000 千円で売却し，現金を得た．
- 当期に売上 3,000 千円を獲得し，費用 2,500 千円を負担して，現金で決済した．
- 期末に保有する有価証券の時価が 1,200 千円になった．

貸借対照表［前期末］（単位：千円）

借方		貸方	
現金	700	資本金	1,600
		利益剰余金	600
有価証券	1,700	評価差額	200

貸借対照表［当期末］

借方		貸方	
現金	2,200	資本金	1,600
		利益剰余金	1,350
有価証券	1,200	評価差額	450

(1) 当期の有価証券売却益はいくらになるか．

(2) 当期の包括利益はいくらかになるか．

(3) 包括利益計算書において，その他の包括利益はいくらかになるか．

■ **Point**

- 包括利益がどういったものか理解すれば計算自体は難しいものではない．その他包括利益は，包括利益のうち当期純利益以外のものとなる．

【解答】

(1)　期首の有価証券の帳簿価額は1,700千円であり，評価差額が200千円であったことから，取得価額は1,500千円であることがわかる．そのうち半分の750千円分を1,000千円で売却したことから，有価証券売却益は250千円（答）となる．

(2)　包括利益は当期末純資産3,400千円と前期末純資産2,400千円との差額で算定されるため，1,000千円（答）となる．

(3)　当期純利益は売上3,000－費用2,500＋売却益250＝750千円と算定される．したがって，その他包括利益は1,000－750＝250千円（答）となる．

【補足】

包括利益計算書は次の通りとなる．

包括利益計算書

当期純利益	750
その他の包括利益	
その他有価証券評価差額金	250
その他の包括利益合計	250
包括利益	1,000

この「その他有価証券評価差額金」は，当期発生額と組替調整額とに分解できる．未売却分（期首評価額850千円）が期末時価1,200千円で評価されるため，当期発生額は350千円．一方で，期首の評価差額のうち売却分は実現したことから，組替調整額は100千円となる．

なお，過去問ではリサイクリングするしないで場合分けをする問題が出題されている．教科書の図表からの出題かと考えられるが，現行の会計基準では包括利益の計算過程に当期純利益を表示するためにはリサイクリングが不可欠であり，「しない場合」を考えるには純資産直入法や当期純利益の枠組自体などの見直しが必要となる．

問題 6.27 (株主資本等変動計算書)　当社 (3 月末決算) が当期中に行った取引は次の通りである．

- X1 年 6 月の株主総会を経て，繰越利益剰余金から配当 200 千円を支払い，配当を支払ったことにより会社法に定める積み立てるべき準備金を積み立てた．
- X1 年 9 月に自己株式 150 千円を取得し，そのうち 100 千円を 130 千円で処分した．
- X1 年 11 月に，新株予約権の行使により 1,000 千円の払込を受け，権利行使された新株予約権 100 千円との合計額のうち，会社法に定める最低額を資本金に組み入れた．
- 決算にあたり，過去に設定した圧縮積立金 20 千円を取崩し，別の物件に関する圧縮積立金を 80 千円積み立てた．
- X1 年度にその他有価証券評価差額金が 30 千円増加した．
- X1 年度の当期純利益は 480 千円である．

このとき，前期末の貸借対照表を基にした当期末の貸借対照表の空欄 ア 〜 オ に当てはまる数値を答えよ．

【貸借対照表（純資産の部）】（単位：千円）

		前期末		当期末
Ⅰ株主資本				
1 資本金		4,000		ア
2 資本剰余金				
(1) 資本準備金	300		***	
(2) その他資本剰余金	100		イ	
資本剰余金合計		400		***
3 利益剰余金				
(1) 利益準備金	80		***	
(2) その他利益剰余金				
圧縮積立金	120		***	
繰越利益剰余金	400		ウ	
利益剰余金合計		600		***
4 自己株式		△70		***
株主資本合計		***		エ
Ⅱ評価・換算差額等				
その他有価証券評価差額金		90		***
Ⅲ新株予約権		300		***
純資産合計		***		オ

■ **Point**

- 純資産の部の仕訳の練習のような問題．仕訳を起こし株主資本等変動計算書を作ってみよう．

【解答】

それぞれの取引についての仕訳は次の通りとなる．

〔配当金の支払い〕

（借）	繰越利益剰余金	220	（貸）	現金預金	200
				利益準備金	20

〔自己株式の取得と処分〕

（借）	自己株式	150	（貸）	現金預金	150
（借）	現金預金	130	（貸）	自己株式	100
				その他資本剰余金	30

〔新株予約権の行使〕

（借）	現金預金	1,000	（貸）	資本金	550
	新株予約権	100		資本準備金	550

〔圧縮積立金の積み立てと取崩し〕

（借）	圧縮積立金	20	（貸）	繰越利益剰余金	20
	繰越利益剰余金	80		圧縮積立金	80

〔その他有価証券評価差額金の増加〕

（借）	投資有価証券	30	（貸）	その他有価証券評価差額金	30

〔当期純利益の計上〕

（借）	当期純利益	480	（貸）	繰越利益剰余金	480

以上から，各勘定残高について前期末から加減算して次の通りとなる．

ア．資本金：4,000＋550＝4,550 千円（答）

イ．その他資本剰余金：100＋30＝130 千円（答）

ウ．繰越利益剰余金：400－220＋20－80＋480＝600 千円（答）

エ．株主資本合計：資本金 4,550＋資本剰余金 980＋利益剰余金 880－自己株式 120＝6,290 千円（答）

オ．純資産合計：株主資本 6,290＋その他有価証券評価差額 120＋新株予約権 200＝6,610 千円（答）

問題 6.28（1 株当たり利益の注記） 3月末決算であるA社の期首の普通株式数は500株であったが，時価発行増資により1月18日以降は800株に増加した．A社の当期純利益は7,000千円であり，このほか，A社には期首時点で転換社債3,500千円（額面発行，年利率5.0%，転換価格175千円）が存在したが，期末まで権利行使は行われなかった．実効税率を40%とするとき，次の各問に答えよ．

(1) 1株当たり当期純利益を求めよ．

(2) 潜在株式調整後1株当たり当期純利益を求めよ．

■ **Point**

- 当期純利益は期を通じて得られることから，1株当たり利益の算定には期中平均株式数を用いる．
- 潜在株式調整後1株当たり当期純利益の算定は，希薄化効果をもつ潜在株式がすべて行使された場合どうなるかを考えていくことになる．

【解答】

(1) 日割り計算で期中平均株式数を求めると，

$$\text{期中平均株式数} = 500 \times \frac{292\,\text{日}}{365\,\text{日}} + 800 \times \frac{73\,\text{日}}{365\,\text{日}} = 560\,\text{株}$$

よって1株当たり純利益は，7,000千円÷560株＝12,500円（答）となる．

(2) 転換社債の権利行使を行った場合，普通株式は3,500千円÷175千円＝20株増加する．一方で，社債利息3,500千円×5.0%＝175千円が不要になる反面，利益増加により税金費用が175千円×40%＝70千円増加することから，当期純利益調整額は純額で105千円となる．105千円÷20株＝5,250円であり，(1)の結果より小さいことから，転換社債は希薄化効果をもつ．以上から潜在株式調整後1株当たり当期純利益は，

$$\frac{\text{当期純利益}\,7{,}000\,\text{千円} + 105\,\text{千円}}{\text{期中平均株式数}\,560 + \text{転換社債分}\,20} = 12{,}250\,\text{円}\quad(\text{答})$$

問題 6.29 (四半期特有の会計処理) 次のデータに基づいて，第1四半期の税金費用を，(1) 年度決算と同様の方法，および (2) 税引前四半期純利益に年間見積実効税率を乗じて計算する四半期特有の会計処理のそれぞれによって試算する．なお，(1)，(2) ともに簡便的な方法は使用しないものとする．計算の途中において，各項目の千円未満は，小数点以下第1位を四捨五入して整数値を用いることとし，年間見積実効税率は，% 単位で小数点以下第3位を四捨五入して小数点以下第2位までの数値を用いることとする．なお，一時差異は貸倒引当金繰入の限度超過額，永久差異は交際費の損金不算入額，税額控除項目は試験研究費に関するものであり，法定実効税率は 27.5% とする．

(単位：千円)

	第1四半期実績	年間予想
税引前利益	1,600	12,000
将来減算一時差異	200	880
永久差異（加算）	80	800
税額控除額	20	100

(1) 年度決算と同様の方法を用いた場合，第1四半期の「法人税等」の額はいくらになるか．

(2) 税引前四半期純利益に年間見積実効税率を乗じて計算する四半期特有の会計処理を用いた場合，第1四半期の「法人税等」の額はいくらになるか．

■ Point

- 四半期特有の会計処理は，原価差異の繰延処理と税金費用の計算の２つ．重要な論点ではないが，法人税等の単純化した計算問題となるので，本問で税金計算の流れをつかんでほしい．

【解答】

(1)　税引前利益から課税所得を求めると，1,600＋200＋80＝1,880千円となる．納付税額は法定実効税率を用いて1,880×27.5%－20＝497千円と算定される．

年度決算と同様の方法を用いるため，法人税等調整額の55千円（＝一時差異200千円×27.5%）は別に表示されることから，「法人税等」の額は497千円（答）となる．

(2)　年間予想から年間見積実効税率は次の通り算定される．

年間税額の見積り：(年間利益12,000＋一時差異880＋永久差異800)×27.5%－税額控除100＝3,662千円

予想税金費用：3,662－法人税等調整額(一時差異880×27.5%)＝3,420千円

年間見積実効税率：予想税金費用3,420÷予想年間利益12,000＝28.5%

よって，第１四半期の税金費用である法人税等の額は，

四半期の税引前利益1,600×年間見積実効税率28.5%＝456千円（答）となる．

■第７章

「経済」必須問題集

7.1 需要と供給

問題 7.1 (生産量が変化した場合の余剰分析)　ある農作物の需要関数が $D=-0.01p+14$ で表されるとする（D は需要，p は価格とする）．今年は豊作であったため，生産量が昨年の 200% となったが，生産者余剰は昨年の半分であった．この農作物の昨年の消費者余剰はいくらか．なお，供給量は毎年変化するが，価格によっては変化しないものとする．

■ **Point**

- 消費者余剰については 4.2.4 節, 生産者余剰については 4.3.2 節を参照.
- 供給量が価格によって変化しないということを供給関数で表現すると $S=X$（X は p に関係しない定数）という直線となる.
- 消費者余剰の計算のため，「$D=\cdots$」で与えられた需要関数の式を「$p=\cdots$」の形に変形して用いる．需要関数の意味と式変形については 4.1.1 節参照.

【解答】

需要関数を価格について変形すると $p=-100D+1{,}400$ となる．

昨年の生産量（=供給量）を X とおく（$X>0$）．

昨年の生産者余剰を求める．供給量が価格によって変化しないことから，供給関数は $S=X$ となる．

次に昨年の均衡価格を考える．均衡価格は，生産量(供給量)=需要量のときの価格であるから，$D=S=X$ とおくことにより，

$$p=-100X+1{,}400$$

となる．

よって，昨年の生産者余剰は価格×生産量として

$$(-100X+1{,}400)\times X$$

同様に，今年の生産者余剰を考える．問題文より，今年の生産量は昨年の生産量の200%であるから $2X$ となる．よって，昨年の場合と同様に考えて，今年の生産者余剰は

$$(-100\cdot 2X+1{,}400)\times 2X$$

となる．

問題文より，今年の生産者余剰は昨年の生産者余剰の半分であるから，次のような関係が成り立つ．

$$(-100\cdot 2X+1{,}400)\times 2X=0.5\times(-100X+1{,}400)\times X$$

$X>0$ より，

$$4\times(-2X+14)=-X+14$$

これを解いて $X=6$ となる．このとき，$p=800$ となる．

よって，消費者余剰は，

$$\frac{1}{2}\times 6\times(1{,}400-800)=1{,}800 \quad (答)$$

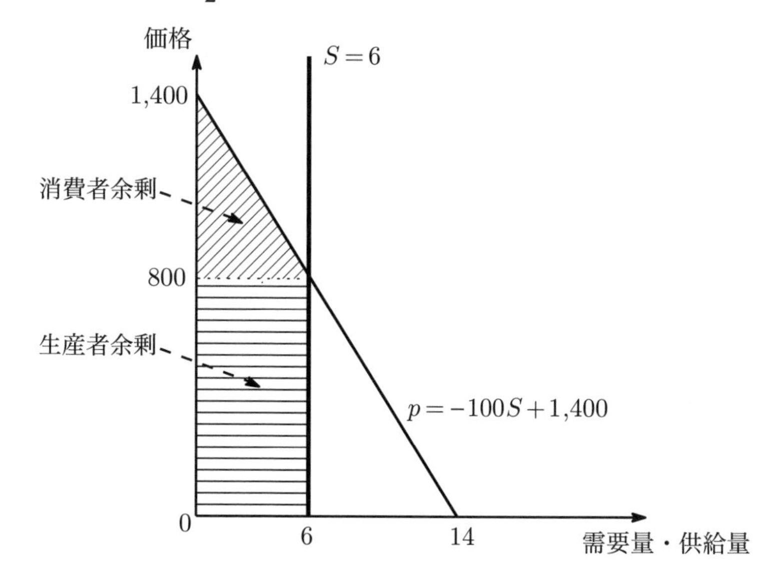

7.2 需要曲線と消費者行動

問題 7.2（消費者余剰の計算（離散型））　次の(1)から(4)のケースについて，Aさんにとって最大の消費者余剰となる，AさんがB店で購入する日本酒の本数とそのときの消費者余剰を求めよ．なお，解答は整数とし，小数第1位を四捨五入せよ．

(1)　AさんのN本目の日本酒の効用：$\frac{1,800}{N}$（円）
B店のN本目の日本酒の価格：$\max(800-30N^2, 310)$（円）
$(N=1,2,3,\ldots)$

(2)　(1)の状態から，B店が日本酒を1本当たり150円値上げした場合．

(3)　(1)の状態から，B店が会員登録制度を導入し，登録会員のみに日本酒を販売することとした場合．なお，会員登録するためには，登録時に登録料1,600円（定額）を支払う必要がある．

(4)　(1)の状態から，B店が日本酒を3本単位で販売することとした場合．

■ Point

- 効用と価格が関数で与えられた場合に消費者余剰を計算する問題である．本問では財（日本酒）の数量が1本，2本，$\cdots$と整数値のみをとるので，いわゆる離散型である．使用する公式は4.2.4節参照．
- この種の問題を見た時点で，解答のNはせいぜい10未満ではないかとの予想が成り立つ．そのため，関数のままで考える前に，$N=1,2,\ldots$と代入して，それぞれに対応するAさんの効用とB店の価格を表にまとめた方が解答の糸口をつかみやすい．

【解答】

(1)　AさんのN本目の日本酒の効用，B店の価格およびその差額を計算して表にまとめると次のようになる．

N	1	2	3	4	5	6
効用	1,800	900	600	450	360	300
価格	770	680	530	320	310	310
差額	1,030	220	70	130	50	−10

よって，上記の表により，消費者余剰は，日本酒を5本購入したときに最大となり，このとき $1{,}030+220+70+130+50=1{,}500$（答）

［(1) の補足］ $N \geq 7$ を検討する必要はない．$N \geq 6$ では効用が価格を下回るため，$N \geq 6$ で消費者余剰が最大となることはないからである．

(2) (1) の状態から，B店が日本酒を1本当たり150円値上げすると，(1) の表の「価格」欄が150円ずつ増加し「差額」欄が同額減少する（下表）．

N	1	2	3	4	5	6
効用	1,800	900	600	450	360	300
価格	920	830	680	470	460	460
差額	880	70	−80	−20	−100	−160

よって，消費者余剰は，日本酒を2本購入したときに最大となり，このとき $880+70=950$（答）

(3) (1) の状態から，さらに1,600円の支出を要するため，(1) の結果を用いて，5本購入するときの消費者余剰を計算すると $1{,}500-1{,}600=-100$ とマイナスとなることがわかる．そのため，1本も購入しない場合の消費者余剰 (0) が上回る．よって求める消費者余剰は0（答）

(4) (1) の状態から，B店が日本酒を3本単位で販売することとした場合，$N=0,3,6,\ldots$ と3の倍数に限られる．(1) の結果（$N=5$ で消費者余剰が最大）を用いて，$N=3,6$ のどちらかで最大となることがわかる．
$N=3$ のときの消費者余剰は (1) の表から $1{,}030+220+70=1{,}320$，
$N=6$ のときの消費者余剰は (1) の結果を用いて $1{,}500-10=1{,}490$．
よって，最大となる消費者余剰は $N=6$ のときの1,490（答）

7.3 費用構造と供給行動

問題 7.3（総費用・平均費用・限界費用（離散型）） ある企業の生産財の費用構造を示した下表について次の各問に答えよ.

生産個数	1	2	3	4
平均費用	180	100	a	
限界費用		40	50	-

(1) a に入る数値を求めよ.

(2) 生産個数が4個のときの総費用はいくらか.

■ **Point**

- 生産個数が整数個を前提としている離散型. 平均費用＝総費用÷生産個数であり, 限界費用は財を追加で1個生産するのに必要な費用であることを利用する. 使用する公式については4.3.1節参照.

【解答】

(1) 生産個数が2個のときの総費用は $100 \times 2 = 200$.
生産個数が3個のときは, 平均費用を a とおくと, 総費用は $a \times 3 = 3a$. 一方で, 生産個数が2個のときの限界費用は40と与えられている. これを用いると, 生産個数が3個のときの総費用は $200 + 40 = 240$ とも表せる. よって, $3a = 240$ が成り立つ. これを解いて $a = 80$（答）

(2) 生産個数が4個のときの総費用は, (1)と同様に考えられる. つまり, 生産個数が3個のときの総費用が(1)で計算したように240, 生産個数が3個のときの限界費用が50であるため, 生産個数が4個のときの総費用は $240 + 50 = 290$（答）

問題 7.4（総費用関数（連続型））　完全競争市場において，ある企業の財に関する総費用曲線の式が，

$C = X^3 - 18X^2 + 90X + F$　（C：総費用，X：生産量，F：固定費用）

と表せるとする．ただし $X > 0$ とする．

この財の1単位当たりの価格が570のとき，次の(1)〜(4)の各問に答えよ．

(1)　$F = 0$ のとき，この企業の限界費用と平均費用が一致する生産量はいくらか．

(2)　$F = 0$ のとき，平均費用が逓減する生産量の範囲を求めよ．

(3)　この企業の生産者余剰を最大にする生産量はいくらか．

(4)　この企業が生産者余剰を最大にする生産量を生産する場合，利潤がゼロとなる固定費用はいくらか．

■ **Point**

- 総費用が関数として与えられた場合（連続型）．限界費用，平均費用および利潤の定義（4.3.1節および4.3.2節参照）を使って計算する．

【解答】

(1)　$F = 0$ のとき，この企業の限界費用 MC および平均費用 AC は，

$MC = C' = (X^3 - 18X^2 + 90X)' = 3X^2 - 36X + 90$　（$'$ は微分）

$AC = C/X = (X^3 - 18X^2 + 90X)/X = X^2 - 18X + 90$

限界費用と平均費用が一致する場合，つまり $MC = AC$ より

$3X^2 - 36X + 90 = X^2 - 18X + 90$

整理して，$X(X - 9) = 0$．題意より $X > 0$ であるから，求める生産量は $X = 9$（答）

(2)　$F=0$ のとき，(1) の結果より $AC=X^2-18X+90$. グラフを描けばわかるように，これは $X=9$ を軸とする放物線であるから，平均費用が逓減する範囲は $0<X\leq 9$（答）

［(2) の補足］　最後まで整理すると $X^2-18X+90=(X-9)^2+9$.

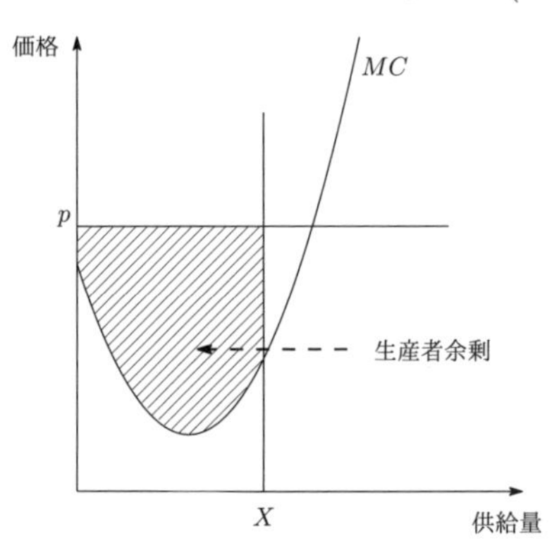

(3)　完全競争市場において生産者余剰が最大になるのは，限界費用 MC が財の価格 p と一致するまで生産する場合である. (1) の結果を用いて，

$$\begin{cases} MC=3X^2-36X+90 \\ p=570 \\ MC=p \end{cases}$$

これらの式から $3X^2-36X+90=570$. 整理して
$(X-20)(X+8)=0$. $X=20,-8$ だが $X>0$ なので，求める生産量は
$X=20$（答）

(4)　利潤は総売上－総費用で計算されるため，利潤を π と置くと
$\pi=p\times X-C$ と計算される. $p=570$ および $X=20$ を代入して，
$\pi=570\times 20-(20^3-18\times 20^2+90\times 20+F)=8{,}800-F$
利潤が 0 となる場合は $\pi=0$ とおいて，$8{,}800-F=0$. よって求める固定費用は $F=8{,}800$（答）

問題 7.5 (総費用関数（離散型))　生産個数が n のときの限界費用が $2n+1$ で表される財について考える．次の (1) および (2) の各問に答えよ．なお，固定費用はないものとする．

(1)　$n=6$ のときの平均費用を求めよ．

(2)　$n=98$ のときの総費用を求めよ．

■ Point

- 限界費用が関数として与えられた場合に総費用と平均費用を計算する問題（離散型）．離散型の場合の対処法は 4.3.1 節参照．総費用や平均費用の計算のためには和計算（シグマ）を使うことがある．

【解答】

(1)　限界費用は財を追加で 1 単位生産するのに必要な費用である．そのため，$n=0$ を限界費用の式に代入した $2\times0+1=1$ は最初の 1 単位の生産に要する費用であり，$n=1$ を代入した $2\times1+1=3$ は次の 1 単位（つまり，2 単位目）の生産に要する費用である．
限界費用は，順番に $1,3,5,7,9,11...$ となることがわかるため，$n=6$ のときの総費用は $1+3+5+7+9+11=36$ であることがわかる．よって，平均費用は，総費用を生産個数の 6 個で割って，$\frac{36}{6}=6$（答）

(2)　$n=98$ という数字をみた時点で，順番に数え上げることが難しいことが想像できる．(1) の結果を一般化すれば，n 個生産したときの総費用は，限界費用の式に $0,1,2,\cdots,n-1$ の n 個の数をそれぞれ代入して得られる限界費用の合計となる．

$$\sum_{k=0}^{n-1}(2k+1)=2\times\frac{(n-1)n}{2}+n=n^2$$

よって，$n=98$ を代入して，求める総費用は $98^2=9{,}604$（答）

7.4 市場取引と資源配分

問題 7.6（基本パターン） ある財へのXさんの需要曲線およびY社の供給曲線は，次のように表される．

Xさんの需要曲線：$p=-10D+120$

Y社の供給曲線：$p=5S+15$

なお，上式において，Dは需要量，Sは供給量，pは価格とする．

この財の市場にはXさんと同じ需要曲線を持つ個人が5人存在する．また，この財の市場にはY社と同じ供給曲線を持つ企業が10社存在し，それぞれ完全競争的に行動しているものとする．

このとき，ある財の市場における状況に関する次の(1)〜(7)の各問に答えよ．

(1) 均衡価格はいくらか．

(2) 均衡価格における総余剰はいくらか．

(3) (2)の状態から，趣向の変化により，限界的評価が3分の2になったとする．このときの変更後の均衡価格における需給量はいくらか．計算結果は小数点以下第3位を四捨五入し第2位まで求めよ．

(4) (2)の状態から，供給量を制限したところ，総余剰が245減少した．このときの供給量はいくらか．

(5) (2)の状態から，ある価格で無制限に輸入したところ，国内における生産者余剰が432減少した．このときの輸入価格はいくらか．

(6) (5)の状態から，関税収入が最大となるように，ある財1個につき一定額の関税をかけることとした．この場合の，この財1個当たりの関税の額および関税による収入の総額を求めよ．

(7) (2)の状態から，価格に対して10%の消費税を導入したとき，消費税収入はいくらか．計算結果は小数点以下第3位を四捨五入し第2位まで求めよ．

■ **Point**

- (1) では需要関数・供給関数の足し合わせが必要（4.2.1 節参照）.
- (3) 限界的評価の変化は需要曲線の傾きの変化ととらえる.
- (2) の総余剰は 4.4.1 節，(4) の供給制限は 4.4.3 節，(5) の輸入と (6) の関税は 4.4.4 節，(7) の消費税は 4.4.2 節の考え方・各種公式を参照.

【解答】

(1)　$p=-10D+120$ を D について解くと $D=12-0.1p$. これと同じ需要が 5 人分あることから，総需要は右辺を 5 倍したもので，$D=60-0.5p$ となる．同様に，$p=5S+15$ を S について解くと $S=0.2p-3$. これと同じ供給が 10 社分あることから，総供給は右辺を 10 倍したもので，$S=2p-30$.

均衡価格は $S=D$ を満たすときの価格 p である．よって，$60-0.5p=2p-30$. これを解いて，求める均衡価格は $p=36$（答）

このような問題は，グラフを描いてから解くとよい（右図参照）.

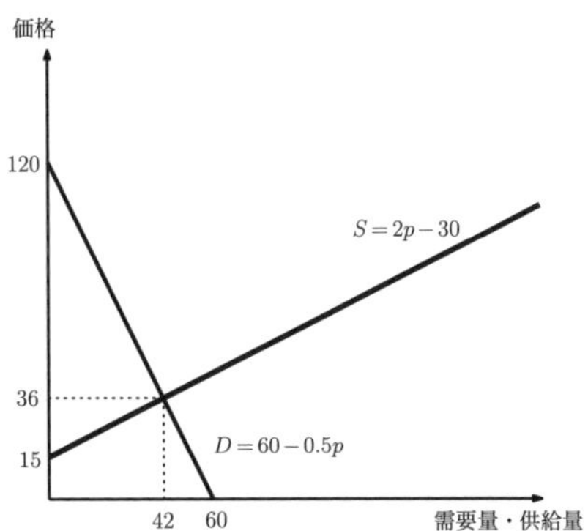

注意　解法に迷ったら 4.2.1 節で紹介したアプローチに沿って計算してもよい．5 人の消費者の需要を $D_1, D_2, \ldots, D_5$ と置いて，

$$\begin{cases} D_1=12-0.1p \\ D_2=12-0.1p \\ \cdots \\ D_5=12-0.1p \\ D=D_1+D_2+\cdots+D_5 \end{cases}$$

という式から D と p の関係式を求めるようにすれば，

$D=5(12-0.1p)=60-0.5p$ が得られる．供給曲線の足し合わせも同様に考えればよい．

(2) 均衡価格における需要量＝供給量は均衡価格 $p=36$ を $D=60-0.5p$ または $S=2p-30$ に代入し，$S=D=42$. 総余剰は，右図の (0,120)，(0,15)，(42,36) の3点で囲まれた三角形の面積（斜線部）に等しい．
この面積を計算して，求める総余剰は $(120-15)\times 42\times 1/2=$ 2,205（答）

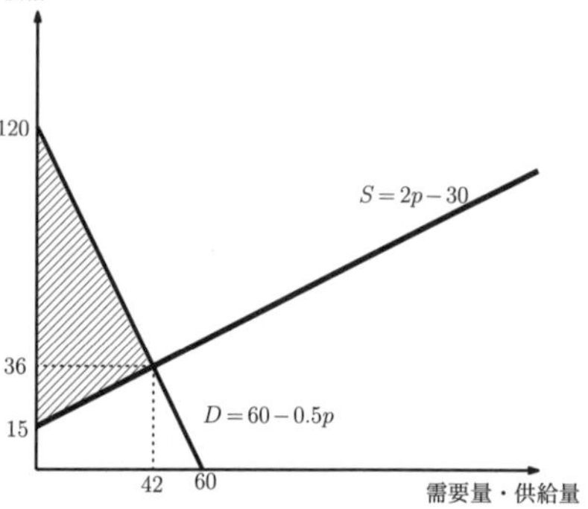

(3) 限界的評価はグラフ上は横軸の需要量を固定したときの価格（高さ）に対応している．よって限界的評価が3分の2になったということは，同じ需要量に対する価格が3分の2になったことを意味する．
この結果，需要曲線は，価格側の切片（需要が0のときの価格）が $120\times 2/3=80$（3分の2）になることから，(0,80)，(60,0) の2点を結ぶ $D=60-0.75p$ となる（需要量が60のときに限界的評価が0であることは変更前後で変わらない）．グラフ上の傾きも3分の2倍になっている．他方，供給曲線は (2) から変わっていない．
そのため，$D=60-0.75p$ と $S=2p-30$ で，$S=D$ となるときの p が求める均衡価格となる．これを解いて $p=\frac{360}{11}=32.7272\cdots$．これに対応する需給量は $S=D=\frac{390}{11}=35.4545\ldots\approx 35.45$（答）

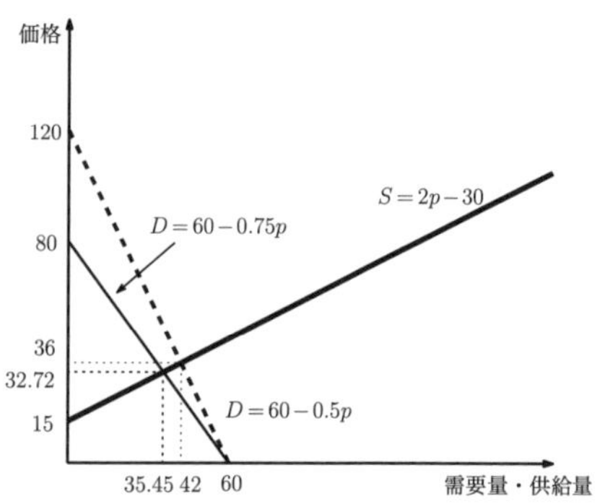

(4)　供給量を制限したとき総余剰は減少する．供給量を T とすると，総余剰の減少は，$(T, 120-2T)$, $(T, 15+0.5T)$, $(42, 36)$ の3点で囲まれる三角形（下図の斜線部）の面積の大きさに相当する（ただし $T \leq 42$）．この三角形の底辺は $(120-2T)-(15+0.5T) = 105-2.5T$，高さは $(42-T)$ なので，面積について $(105-2.5T) \times (42-T) \times 1/2 = 245$ が成り立つ．式を整理すると $(42-T)^2 = 196$，これを解くと $T = 28, 56$ だが $T \leq 42$ なので $T = 28$．よって求める供給量は28（答）

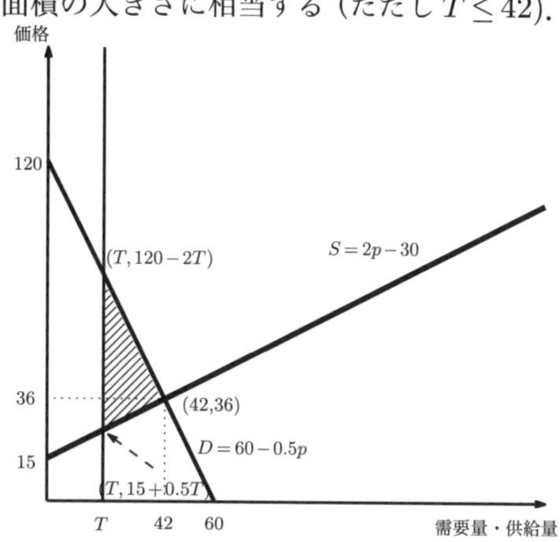

(5)　前問と同じような考え方で解くことができる．先に，(2) で用いたグラフを用いて輸入前の生産者余剰を求めておくと，$42 \times (36-15) \times 1/2 = 441$ となる．今度は，減少した生産者余剰ではなく，減少して残った生産者余剰に着目する．輸入価格を Q とおくと，減少して残った生産者余剰が，$(0,15)$, $(0,Q)$, $(2Q-30, Q)$ の3点で囲まれる三角形（下図の縦線を引いた小さな三角形）の面積の大きさに相当する（ただし $Q \geq 15$）．

この三角形の底辺は $2Q-30$, 高さは $Q-15$ なので, 面積について $(2Q-30) \times (Q-15) \times 1/2 = 441-432 = 9$ が成り立つ．整理すると $(Q-15)^2 = 9$，つまり $Q-15 = 3$ となるので，$Q = 18$ と求められる．よって，求める輸入価格は18（答）

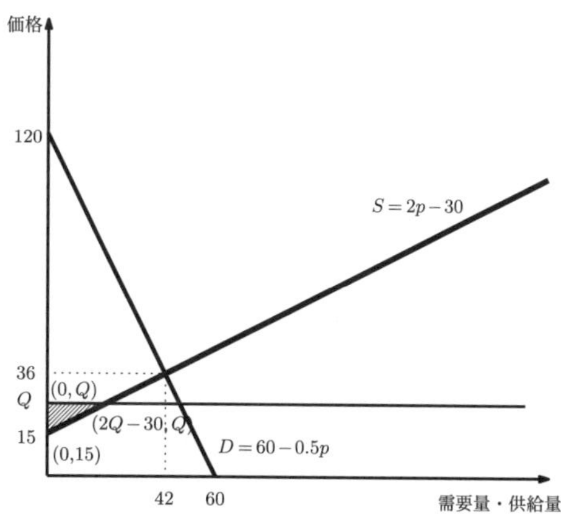

(6) (5) で求めたように輸入価格が18である．関税をCとおくと，需要者にとっての購入価格は$18+C$．この価格での需要量は，(1) の需要関数に$p=18+C$を代入して$D=60-0.5\times(18+C)=51-0.5C$となる．同様に，国内供給者にとっての販売価格も$18+C$であるため，この価格での供給量は，(1) の供給関数に$p=18+C$を代入して$S=2\times(18+C)-30=2C+6$となる（下左図参照）．需要量と供給量の差$(51-0.5C)-(2C+6)=45-2.5C$が輸入量となる．財1単位当たりの関税収入がCであるから，関税収入は$C\times(45-2.5C)$．これは(0,0) と (18,0)（$45-2.5C=0$を満たすC）の2点を通る上に凸の放物線.

関税収入の値は，この放物線の軸にあたる$C=(0+18)/2=9$で最大となる（右図参照）．このときの関税収入は$9\times(45-2.5\times9)=202.5$．よって関税収入を最大とする財1個当たりの関税の額は9（答）で，関税収入の総額は202.5（答）

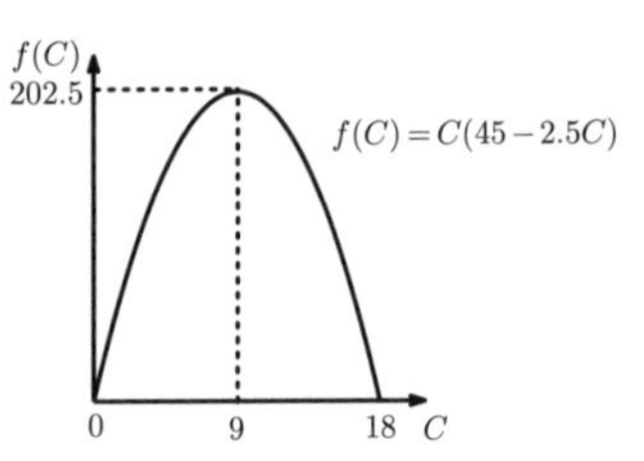

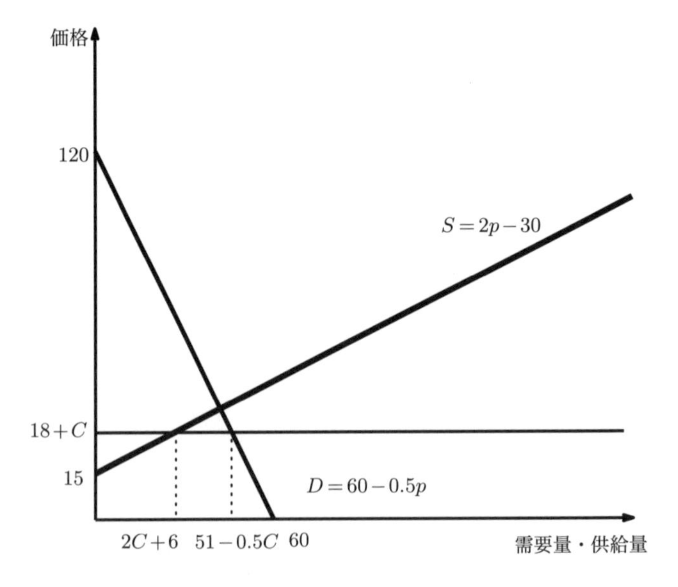

(7)　消費税を導入した場合の余剰分析は，4.4.2 節に紹介した方法を用いると，生産者価格（消費税を課税する対象の額）を p_s，消費者価格（消費税込みの価格）を p_d と書き直して，

$$\begin{cases} D = 60 - 0.5p_d \\ S = 2p_s - 30 \\ p_d = 1.1p_s \end{cases}$$

という関係式が成立する．p_d を消去して需要関数を p_s で表すと，

$$D = 60 - 0.5 \times 1.1p_s = 60 - 0.55p_s$$

となる．これが消費税課税を考慮した需要関数（下図の点線を参照）．これと，(2) のもとでの供給関数 $S = 2p_s - 30$ とを連立させて均衡価格を求めると（$S = D$ とおいて）$p_s = \frac{600}{17}(= 35.29\ldots)$．このときの需給量は $S = D = \frac{690}{17}(= 40.58\ldots)$．財 1 個当たりの消費税額は，$p_s$（消費税課税前の価格）の 0.1 倍である．つまり $\frac{600}{17} \times 0.1 = \frac{60}{17}(= 3.529\ldots)$．よって，消費税収入は，(財 1 個当たりの消費税額)×(取引量(需給量))であるから，$\frac{60}{17} \times \frac{690}{17} = \frac{41,400}{289} = 143.252\ldots \approx 143.25$（答）

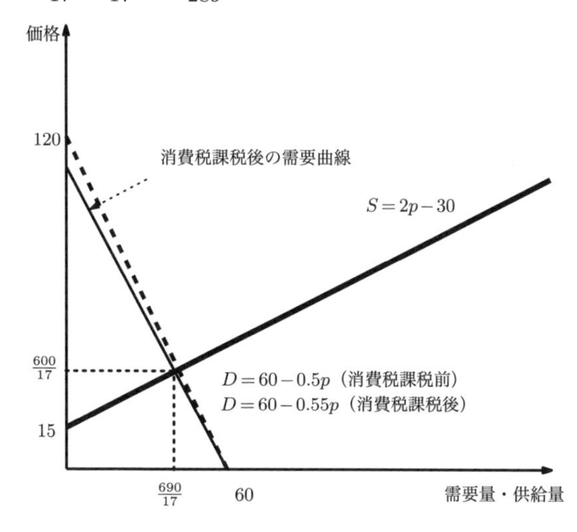

問題 7.7 (応用問題（連続型))　ある財のＪ国の市場における需要曲線と供給曲線はそれぞれ $D=60-0.5p$，$S=2p-30$ であり，完全競争市場を仮定する．

この財はＪ国では生産されているが隣国のＫ国では生産されていない．また，Ｋ国におけるこの財の需要曲線は $D=190-p$ で表される．

いま，Ｊ国ではこの財のＫ国への輸出が開始された．ただし貿易に伴うコストはないものとする．このとき次の (1)〜(4) の各問に答えよ．

(1)　輸出開始後の均衡価格におけるＪ国とＫ国の需要量の合計はいくらか．ただしＪ国の通貨１単位とＫ国の通貨１単位が等価とする．

(2)　(1) の状態のとき，Ｊ国とＫ国を合わせた消費者余剰はいくらか．

(3)　(1) の状態から，Ｊ国とＫ国の双方においてこの財１つにつき消費税として35が課せられることとなった．このとき，Ｊ国とＫ国を合わせた余剰の損失はいくらか．なお，余剰の損失は，消費税導入前の総余剰から消費税導入後の総余剰および税収を差し引いたものとする．

(4)　(1) の状態から，為替相場が変動して，Ｊ国の通貨１単位がＫ国の通貨1.5単位と等価交換されるようになった．このとき，Ｊ国における需要量はいくらか．

■ **Point**

- (1) の需要曲線の足し合わせの考え方は4.2.1節を参照．ただし価格ごとに場合分けが必要となる点に注意．この結果，需要曲線が折れ線になるため，グラフを丁寧に描くこと．
- (3) の消費税の考え方は4.4.2節を参照．
- (4) では２か国間で通貨の価値が異なるため，財の価格をどちらか一方の国の通貨に統一する必要がある．4.2.2節の考え方を活用する．

【解答】

(1)　J国の需要とK国の需要を足し合わせた総需要曲線を計算する．J国の需要関数は $D=60-0.5p$ であるが，$p \geq 120$ のときは需要量が0である点に注意して，J国の需要量を D_j と置き，以下のように表記する．

$$D_j = \begin{cases} 0 & (120 < p \leq 190) \\ 60-0.5p & (0 \leq p \leq 120) \end{cases}$$

また，K国の需要量を D_k，総需要を D で表すと

$$\begin{cases} D_k = 190-p & (0 \leq p \leq 190) \\ D = D_j + D_k & \end{cases}$$

ここから D_j と D_k を消去して総需要 D を求めると

$$D = \begin{cases} 190-p & (120 < p \leq 190) \\ 250-1.5p & (0 \leq p \leq 120) \end{cases}$$

となる．このことから需要曲線は折れ線となる．(下図参照)．グラフから，供給関数 $S=2p-30$ は需要曲線のうち左側 $D=190-p$ とは交わらない．よって $D=250-1.5p$ との交点のみ求めればよい．連立させて $D=S$ とおいて p について解くと $p=80$．これは $0 \leq p \leq 120$ を満たすので解として適切．よって求める需要量は $D=130$（答）

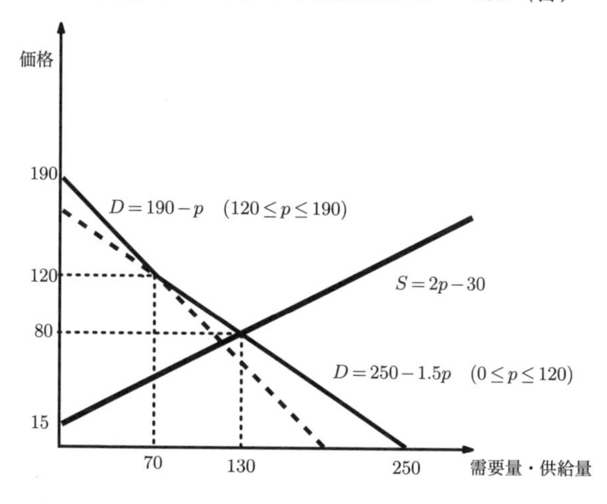

(2) 消費者余剰はグラフ（下図）の多角形ABDEの面積に相当する．なお，これを三角形ECDと三角形ABCに分けて計算すると，以下のようにJ国の消費者余剰とK国の消費者余剰を計算したことになる．
それぞれの国の均衡価格（$p=80$）における需要量をそれぞれの国の需要関数から別々に計算すると，

$$\text{J国の需要量：}\ D=60-0.5\times 80=20$$
$$\text{K国の需要量：}\ D=190-80=110$$

よって，それぞれの消費者余剰を計算すると（$p=80$ とそれぞれの需要関数で囲まれた部分として）

$$\text{J国の消費者余剰：}\ (120-80)\times 20/2=400$$
$$\text{K国の消費者余剰：}\ (190-80)\times 110/2=6{,}050$$

したがって，消費者余剰の合計は $400+6{,}050=6{,}450$（答）

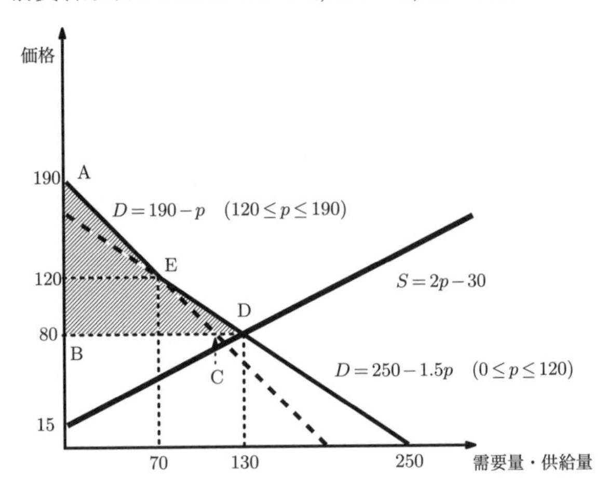

(3) （定額の）消費税の導入により供給曲線が上方に35シフトしたと考える．供給関数は $S=2p-30$ の p を $p-35$ に置き換えて $S=2(p-35)-30=2p-100$．これと需要関数 $D=250-1.5p$ との交点を求めると，$p=100$ と $D=S=100$ となる．

余剰の損失は下のグラフ中のグレーの三角形の面積となり，この三角形の底辺（垂直方向）は課税した財1単位当たりの消費税の額（供給曲線が上方シフトした大きさ，本問では35），高さ（水平方向）は均衡状態に比べて減少した需給量（本問では $130-100=30$）となる．よって，余剰の損失の大きさは $35\times 30\times \frac{1}{2}=525$（答）

［(3)の補足］ 4.4.2節に紹介した方法を適用する場合は次のように式を立てる．

$$\begin{cases} D=250-1.5p_d \\ S=2p_s-30 \\ p_d=p_s+35 \end{cases}$$

p_s を消去して供給関数を p_d で表すと $S=2(p_d-35)-30=2p_d-100$.

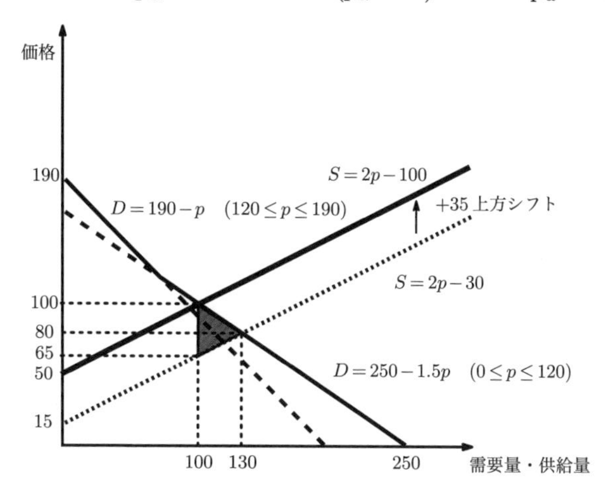

(4) J国における財の価格とK国における財の価格を区別して，

J国の需要関数： $D_j=60-0.5p_j$（p_jはJ国通貨建の財の価格）
K国の需要関数： $D_k=190-p_k$（p_kはK国通貨建の財の価格）

と表記しておく．ここで，J国の通貨1単位とK国の通貨1.5単位が等価だから $p_k=1.5\times p_j$. これをK国の需要関数に代入して $D_k=190-1.5p_j$ としてから，p_j を再度 p に戻して，

$$\text{J国の需要関数：} D_j = 60 - 0.5p \ (0 \leq p \leq 120)$$
$$\text{K国の需要関数：} D_k = 190 - 1.5p \ (0 \leq p \leq \tfrac{380}{3})$$

となる．(1) と同様に，これらの需要関数の右辺を足し合わせ，「J国＋K国」の総需要を計算すると，総需要関数は

$$D = \begin{cases} 190 - 1.5p & (120 < p \leq \frac{380}{3} = 126.66\ldots) \\ 250 - 2p & (0 \leq p \leq 120) \end{cases}$$

となる．一方で供給関数は $S = 2p - 30$ で変わらない．(1) と同様，$D = 250 - 2p$ の部分との交点を考えればよい．$S = D$ となる p を求めると $p = 70$ となる．これをJ国の需要関数に代入して，J国における需要量は $D = 60 - 0.5 \times 70 = 25$（答）

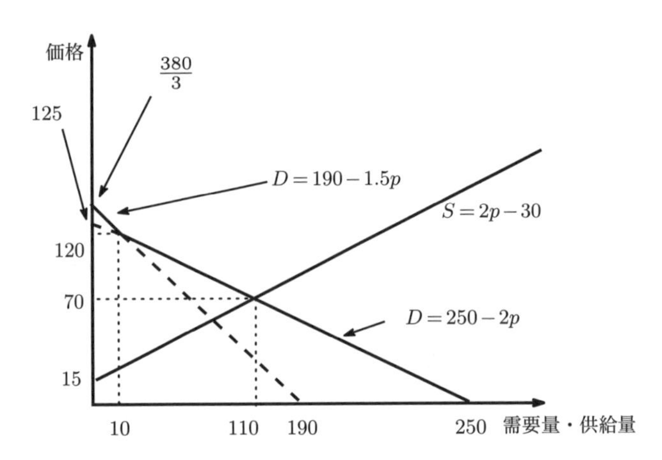

問題 7.8（応用問題（離散型））　シュークリームのある市場を考える．AとBの2人の消費者がいて，2人のシュークリームの支払意欲額は次の表1で与えられている．一方，C社とD社の2社の生産者がいて，2社のシュークリームの生産費用は次の表2で与えられている．このとき，次の(1)〜(7)の各問に答えよ．

表1

シュークリームの数量	Aの支払意欲額	Bの支払意欲額
1個目	9	8
2個目	7	6
3個目	3	4
4個目	2	3
5個目	1	2

表2

シュークリームの数量	C社の費用	D社の費用
1個目	1	3
2個目	3	4
3個目	4	5
4個目	6	7
5個目	8	9

(1)　このときの均衡価格はいくらか．

(2)　このときの均衡数量はいくらか．

(3)　この市場均衡での総余剰はいくらか．

(4)　Bのシュークリームの消費量を均衡から2個減らし，D社の生産量を2個減らした場合，総余剰はどう変化するか．

(5)　シュークリーム1個につき4の税が課された．このときの消費者余剰の減少額はいくらか．

(6) シュークリーム1個につき4の税が課された．このときの生産者余剰の減少額はいくらか．

(7) シュークリーム1個につき4の税が課された．このときのこの税からの政府の収入はいくらか．

■ **Point**

- 需要関数と供給関数が数式で与えられていない（離散型）．4.2.4節と4.3.1節を踏まえ，価格と需要量・供給量の関係を表に整理する．

【解答】

(1) 価格ごとの総需要・総供給の関係は下記の表の通り．

	需要			供給		
価格	Aの需要量	Bの需要量	総計	Cの供給量	Dの供給量	総計
10	0	0	0	5	5	10
9	1	0	1	5	5	10
8	1	1	2	5	4	9
7	2	1	3	4	4	8
6	2	2	4	4	3	7
5	2	2	4	3	3	6
4	2	3	5	3	2	5
3	3	4	7	2	1	3
2	4	5	9	1	0	1
1	5	5	10	1	0	1
0	5	5	10	0	0	0

均衡価格とは，総需要量＝総供給量となるときの価格である．表から，価格が4のとき総需要量＝総供給量＝5と均衡することがわかる（表の中で四角で囲った部分）．よって均衡価格は4（答）

(2) (1)の通り，均衡数量は5（答）

(3) 総余剰は消費者余剰と生産者余剰の合計である．まず消費者余剰は「支払意欲額－価格」の合計として次の表のように計算できる．

シュークリームの数量	Aの消費者余剰	Bの消費者余剰
1個目	$9-4=5$	$8-4=4$
2個目	$7-4=3$	$6-4=2$ (*)
3個目	-	$4-4=0$ (*)
合計	8	6

よって，消費者余剰は $8+6=14$ となる．
生産者余剰は利潤（「価格－生産費用」）の合計として次の表のように計算できる．

シュークリームの数量	C社の生産者余剰	D社の生産者余剰
1個目	$4-1=3$	$4-3=1$ (**)
2個目	$4-3=1$	$4-4=0$ (**)
3個目	$4-4=0$	-
合計	4	1

よって，生産者余剰は $4+1=5$．以上から，総余剰は $14+5=19$（答）

(4) Bのシュークリームの消費量が2個減ると，Bの2個目と3個目の消費者余剰 $(2+0=2)$ が失われる（これは(3)の表の「Bの消費者余剰」における「2個目」と「3個目」の消費者余剰（*印）に相当する）．
D社のシュークリームの生産量が2個減ると，D社の1個目と2個目の生産者余剰 $(1+0=1)$ が失われる（これは(3)の表の「D社の生産者余剰」における「1個目」と「2個目」の生産者余剰（**印）に相当する）．
よって，総余剰の減少額は $2+1=3$（答）

(5) シュークリームに税が課されると，税の分だけ価格（消費者価格）が上昇する．価格が4上昇した場合の需要・供給表を(1)と同様に作成すると次の通りとなる．なお，税が4であるから，価格は4以上を考えれば十分である．

	需要			供給		
価格	Aの需要量	Bの需要量	総計	Cの供給量	Dの供給量	総計
10	0	0	0	4	3	7
9	1	0	1	3	3	6
8	1	1	2	3	2	5
7	2	1	3	2	1	3
6	2	2	4	1	0	1
5	2	2	4	1	0	1
4	2	3	5	0	0	0

よって均衡価格は7，総需要量＝総供給量＝3（上表の四角囲み参照）．この結果を用いて，(3)と同様の方法により消費者余剰を計算する．

シュークリームの数量	Aの消費者余剰	Bの消費者余剰
1個目	9−7＝2	8−7＝1
2個目	7−7＝0	-
合計	2	1

よって，消費者余剰は2+1＝3となる．そのため，(3)の計算結果と比較して，消費者余剰の減少は14−3＝11（答）

(6)　(5)と同様，(3)で作成した生産者余剰の表から計算するが，生産者余剰の計算の場合は税金の額4も控除する必要がある点に注意．

シュークリームの数量	C社の生産者余剰	D社の生産者余剰
1個目	7−4−1＝2	7−4−3＝0
2個目	7−4−3＝0	-
合計	2	0

生産者余剰は2．(3)と比較して生産者余剰の減少は5−2＝3（答）

(7)　政府の税収入＝「財1個当たりの税の額」×「売買数量（＝均衡数量）」．均衡数量は(5)の計算結果から3．よって税収入は4×3＝12（答）

7.5　ゲーム理論入門

問題 7.9（ゲーム理論—基礎編）　次のようなゲームを考える．いま，X と Y の 2 人のプレイヤーがいて，X は X1,X2,X3 という戦略，Y は Y1,Y2,Y3 という戦略をとることができるものとし，そのときの利得は下の表の通りであるとする．ただし，(　) 内の左側の数値が X の利得であり，右側の数値が Y の利得であるものとする．また，X と Y の 2 人のプレイヤーは協調しないものとする．このとき，ナッシュ均衡が存在するために [あ] が満たすべき条件を求めよ．

	戦略 Y1	戦略 Y2	戦略 Y3
戦略 X1	(15, 35)	(40, 15)	(50, 25)
戦略 X2	(20, 45)	(25, 40)	(40, 30)
戦略 X3	(25, 50)	(35, [あ])	(45, 35)

■ **Point**

- ナッシュ均衡の定義（4.5.1 節）を踏まえ，4.5.2 節の手順で解く．

【解答】

4.4.1 節の手順をあてはめると，[あ] ≤ 50 であれば (X3,Y1) がナッシュ均衡となるが（下表参照），それ以外の場合はナッシュ均衡が存在しない．（[あ] >50 であれば X が X3 をとるとき Y は Y2 を選択するため．）

	戦略 Y1	戦略 Y2	戦略 Y3
戦略 X1	(15, ㉟)	(㊵, 15)	(㊿, 25)
戦略 X2	(20, ㊺)	(25, 40)	(40, 30)
戦略 X3	(㉕, ㊿)	(35, [あ])	(45, 35)

よって [あ] が満たすべき条件は [あ] ≤ 50（答）

問題 7.10（ゲーム理論―応用編（1）プレイヤーが3名）　Aさん，Bさん，Cさんが，自分の利得を最大化することを目指して，以下のルールでゲームを行っている．

【ルール】

- 3人が同時に「1」か「2」か「3」のカードを出す．
- Aさんの利得は以下の通り
  自分が出した数字が，他の2人のうち少なくとも1人と同じ場合
  →「自分が出した数字」×(−10)
  自分が出した数字が，他の2人のどちらとも異なる場合
  →「自分が出した数字」×10
- Bさんの利得は以下の通り
  自分が出した数字が，他の2人のどちらとも異なる場合
  →「自分が出した数字」×(−10)
  自分が出した数字が，他の2人のうち少なくとも1人と同じ場合
  →「自分が出した数字」×10
- Cさんの利得は以下の通り
  3人とも同じ数字を出した場合
  →「自分が出した数字」×(−10)
  それ以外の場合
  →「自分が出した数字」×10

このとき，3人が出すカードの組み合わせのうち，ナッシュ均衡となるものをすべて書き出せ．

■ Point

- プレイヤーが3人の場合の応用問題．計算手順を工夫して効率よく「ナッシュ均衡候補」を絞り込む．ナッシュ均衡になるためにAさん，Bさん，Cさんがそれぞれ選択すべき戦略を決めていくとよい．

【解答】

第1ステップ　ナッシュ均衡となるAさんの戦略は，以下の理由から「BさんもCさんも出していない数字の中で一番大きな数字」を出すことである．

① Aさんの利得は「自分が出した数字」×10 または ×(−10) のどちらか．利得を最大にしたいのであれば，×10 となる方の戦略（BさんもCさんも出していない数字を出す）を選ぶ[*1]．

② 「自分が出した数字」× 10 が利得となるのだから，利得を最大にするためには，出しうるカードの中で最も大きい数字を出せばよい．

各プレイヤーの戦略の組合せを，＜Aさんのカード，Bさんのカード，Cさんのカード＞と表す．BさんとCさんの出すカードの組合せ（9通り）に対して，上記のAさんの戦略に従ったAさんのカードがただ1つ存在する．よってナッシュ均衡となりうる3人の戦略の組合せは

＜ 3, 1, 1 ＞, ＜ 3, 1, 2 ＞, ＜ 2, 1, 3 ＞, ＜ 3, 2, 1 ＞, ＜ 3, 2, 2 ＞,
＜ 1, 2, 3 ＞, ＜ 2, 3, 1 ＞, ＜ 1, 3, 2 ＞, ＜ 2, 3, 3 ＞の9個に絞られる．

［補足］ 例えばBさんもCさんも1を出すとき，Aさんは2人が出していない数字のうち大きい方の数字（3）を出すので＜ 3, 1, 1 ＞の組合せとなる．

第2ステップ　Bさんの利得の特徴を踏まえて同様に考えると，ナッシュ均衡となるためのBさんの戦略は，「AさんとCさんが出した数字のうちいずれか大きい方と同じ数字」を出すことである．第1ステップで列挙した9個の戦略の組合せのうち，この条件も満たすものは＜ 2, 3, 3 ＞しかない．

第3ステップ　そこで，この戦略の組合せがナッシュ均衡となるかを確認する．ナッシュ均衡となりうるCさんの戦略は「AさんとBさんが同じ数字を出してない場合は，3を出すこと」である．＜ 2, 3, 3 ＞の戦略の組合せはこのCの戦略も満たしている．そのため，これはナッシュ均衡となる．

以上から，ナッシュ均衡は「Aさんが2，Bさんが3，Cさんが3のカードを出す」の1通りのみである．（答）

[*1] カードが3種類，自分以外のプレイヤーは2人であるから，「BさんもCさんも出していない数字」は必ず1つは存在する．

問題 7.11（ゲーム理論—応用編（2）混合戦略のナッシュ均衡） 太郎君と次郎君は次のルールのドッジボールゲームを行っている.

【ルール】

- 太郎君が次郎君に向かって1回だけボールを投げる. 次郎君がよけることができれば次郎君の勝ち, 次郎君にボールが当たれば太郎君の勝ちとする.（次郎君はボールをキャッチせず, よけるだけとする.）
- 太郎君は次郎君の頭を狙って投げるか足元を狙って投げるかのどちらかを選択する.
- 次郎君はしゃがむかジャンプするかどちらかの方法を選択する.
- それぞれの組合せによりボールが次郎君に当たる確率は下表の通り.

		次郎君	
		しゃがむ	ジャンプする
太郎君	頭を狙う	$\frac{1}{3}$	$\frac{3}{4}$
	足元を狙う	$\frac{2}{3}$	$\frac{1}{4}$

太郎君, 次郎君の利得はそれぞれの（純粋）戦略の組合せにおいてボールが次郎君に当たる確率, 当たらない確率に等しいとする.
太郎君は確率 P で次郎君の頭を狙い, 確率 $1-P$ で次郎君の足元を狙ってボールを投げる混合戦略をとり, 次郎君は確率 Q でしゃがんでよけ, 確率 $1-Q$ でジャンプしてよける混合戦略をとるとする. このときの太郎君, 次郎君のそれぞれの期待利得を考える.
太郎君が確率 P で次郎君の頭を狙ってボールを投げる戦略と次郎君が確率 Q でしゃがんでよける戦略によるナッシュ均衡において, 太郎君の期待利得はいくらか.
なおナッシュ均衡は存在することを前提として解答してよい.

■ **Point**

- 混合戦略におけるナッシュ均衡を求める問題．ナッシュ均衡では，一方のプレイヤー（今回は太郎君）がどんな戦略をとっても自分の期待利得を変えることができないように相手側（今回は次郎君）も戦略を選択しているはずである．そのような相手方（次郎君）の戦略を求める．

【解答】

問題文に基づき，太郎君と次郎君の利得を計算した利得表は下図の通りである．

		次郎君	
		しゃがむ	ジャンプする
太郎君	頭を狙う	$\left(\frac{1}{3}, \frac{2}{3}\right)$	$\left(\frac{3}{4}, \frac{1}{4}\right)$
	足元を狙う	$\left(\frac{2}{3}, \frac{1}{3}\right)$	$\left(\frac{1}{4}, \frac{3}{4}\right)$

太郎君が次郎君の頭を狙って投げたときの期待利得は

$$\frac{1}{3}Q+\frac{3}{4}(1-Q)=\frac{3}{4}-\frac{5}{12}Q$$

これは次の表のように整理して考えればよい．一番右側の「確率×利得」を縦に合計したものが期待利得となる．

次郎君の行動	その行動をとる確率	太郎君の利得	確率×利得
しゃがむ	Q	$\frac{1}{3}$	$\frac{1}{3}Q$
ジャンプする	$1-Q$	$\frac{3}{4}$	$\frac{3}{4}(1-Q)$

同様にして，太郎君が次郎君の足元を狙って投げたときの期待利得は

$$\frac{2}{3}Q+\frac{1}{4}(1-Q)=\frac{1}{4}+\frac{5}{12}Q$$

太郎君がそれぞれの戦略を確率 $P:(1-P)$ で組み合わせるのであれば，その期待利得の期待値は次のように計算される．

$$P\left(\frac{3}{4}-\frac{5}{12}Q\right)+(1-P)\left(\frac{1}{4}+\frac{5}{12}Q\right)\cdots\cdots\cdots\cdots\circledast$$

ナッシュ均衡が存在するとした場合，ナッシュ均衡においては，太郎君がどのように確率 P を変えてもこの値を変えることができないように次郎君が Q の値を決めていることを意味する．このような場合とはつまり P と $1-P$ が乗じられている2つの ( ) の中身が等しい場合，言い換えると

$$\frac{3}{4}-\frac{5}{12}Q=\frac{1}{4}+\frac{5}{12}Q$$

が成り立つ場合である．これを解いて $Q=\dfrac{3}{5}$．このときの期待利得は，$\dfrac{1}{4}+\dfrac{5}{12}\times\dfrac{3}{5}=\dfrac{1}{2}$．このとき，上式$\circledast$の値が P の値によらず $\dfrac{1}{2}$ となることがわかる．よってナッシュ均衡における太郎君の期待利得は $\dfrac{1}{2}$ (答)

【補足】

ナッシュ均衡が存在するという前提がない場合には，次郎君の期待利得も同様に求めておく必要がある．これを計算すると，$P=\dfrac{1}{2}$ のときに次郎君の期待利得が $\dfrac{1}{2}$ であることがわかる．つまり，$(P,\ Q)=\left(\dfrac{1}{2},\ \dfrac{3}{5}\right)$ というナッシュ均衡が存在することが確認できる．

問題 7.12（ゲーム理論―応用編（3）動学ゲーム） 次のようなゲームを考える．

いま，XとYの2人のプレイヤーがいて，時刻0でXはX1およびX2という戦略をとることができ，時刻1でYはXが時刻0でとった戦略に応じてY1〜Y4という戦略をとることができ，時刻2でXはYが時刻1でとった戦略に応じてX3〜X6という戦略をとることができるものとする．そのときの利得は下の表に示したようになる．ただし，( )内の左側の数値がXの利得であり，右側の数値がYの利得である．

例えば時刻0でXが戦略X2をとると時刻1でYは戦略Y3およびY4をとることができる．Y3をとると時刻2でXは戦略X5，X6をとることができるが，Y4をとると利得 $(c, 1)$ が実現される．また，XとYの2人のプレイヤーは協調せず，次の時刻に相手が相手自身の利得を最大化する戦略を取ると想定した上で，自分の利得を最大化する戦略を選ぶものとする．

このとき，次のアおよびイの記述の正誤を判定せよ．

時刻0	戦略X1			戦略X2		
時刻1	戦略Y1		戦略Y2	戦略Y3		戦略Y4
時刻2	戦略X3	戦略X4		戦略X5	戦略X6	
利得	$(-6, -6)$	(a, a)	$(8, 1)$	$(-6, -1)$	$(2, b)$	$(c, 1)$

ア． $a = -3$，$b = -3$，$c = 4$ のとき，Xは戦略X2をとる．

イ． $a = 5$，$b = 2$，$c = 8$ のとき，Yの利得は0となる．

■ **Point**

- 動学ゲームでは，各プレイヤーの行動に順番が指定されており，前のプレイヤーの行動を踏まえて自分が行動を決める．このようなゲームにおけるプレイヤーの行動はバックワードインダクションとよばれる解法によって解く．解答のような「ゲームの木」を書くとわかりやすい．

【解答】

ア. $a=-3$, $b=-3$, $c=4$を代入したときのゲームの木は次の通り.

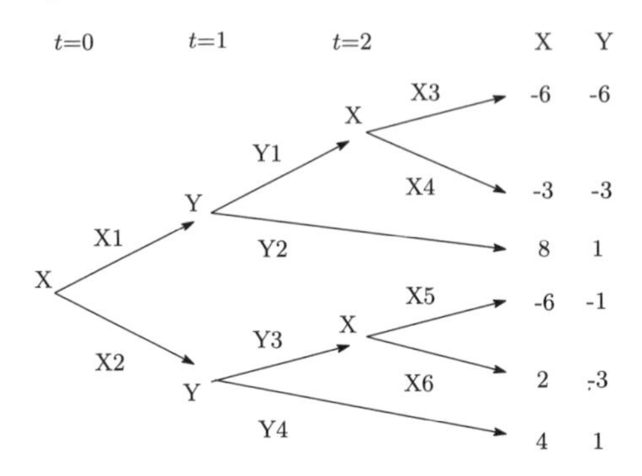

まず$t=2$におけるXの行動を考える. 戦略X3とX4であればX4, 戦略X5とX6であればX6が有利であるから, 有利な戦略のみを残す(次の図で丸をつけておく).

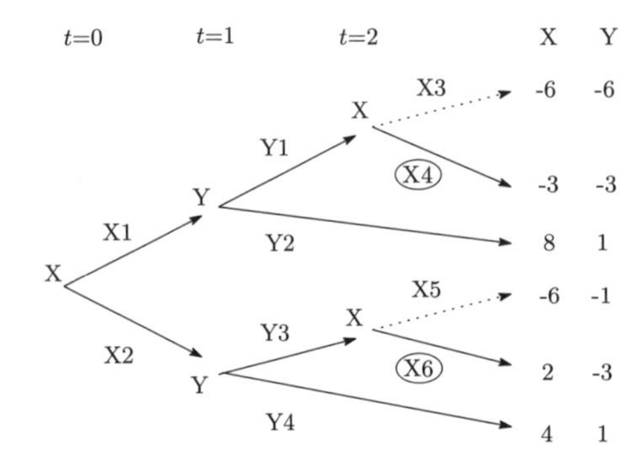

次に$t=1$におけるYの行動を考える. 戦略Y1とY2でであればY2, 戦略Y3とY4であればY4が有利であるから, 有利な戦略のみを残す(丸をつけておく).

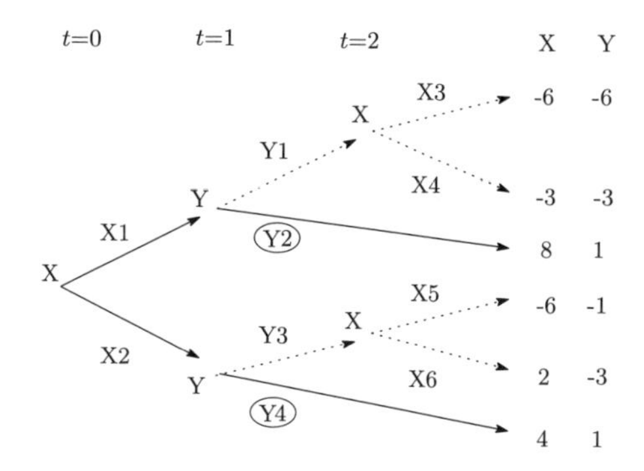

最後に $t=0$ におけるXの行動を考える．X1とX2ではX1の方が有利である．よって，XがX1，YがY2を選択し，Xの利得は8，Yの利得は1となる．XはX2は選択しないため，アの記述は誤っている．
(答)

イ．$a=5$, $b=2$, $c=8$ を代入したとき，アと同様に解くとゲームの木は次のようになる．

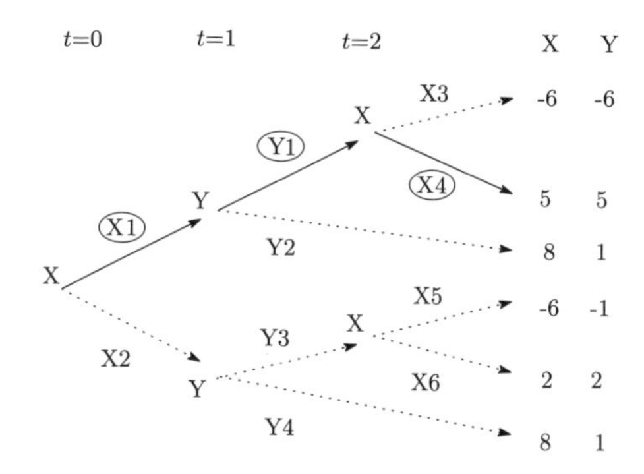

よって，戦略X1，Y1，X4が選択され，Xの利得は5，Yの利得は5となる．したがってYの利得が0であるというイの記述は誤っている．
(答)

問題 7.13（ゲーム理論—応用編（4）期待利得の計算） プレイヤーXは戦略X1とX2，プレイヤーYは戦略Y1〜Y3をとり得るものとし，その場合のXの利得表は以下の表のように与えられているものとする．また，プレイヤーXとYはともにこの利得表を知っているものとする．

	Y1	Y2	Y3
X1	3	4	8
X2	7	3	2

プレイヤーXが確率pで戦略X1を，確率$(1-p)$で戦略X2をとるときのXの期待利得を考える．プレイヤーYはXの確率pを事前に知ることができ，Xの期待利得が最小になるように戦略Y1〜Y3をとるものとする．このことをXが知っているとき，Xは確率$p=$ ［ア］ とすれば期待利得を最大値 ［イ］ とすることができる．このとき ［ア］ および ［イ］ を求めよ．

■ **Point**

- Xの利得はYがとる戦略によって異なる．まずYのとる戦略(Y1〜Y3)ごとのXの期待利得を計算し，これを用いてYの行動を決定する．そしてYの行動を踏まえ，期待利得を最大にする確率pを計算する．

【解答】

まずプレイヤーXの期待利得$E(p)$を計算する．Xの期待利得はプレイヤーYがどの戦略をとるかによって異なるため，Yのとる各戦略ごとにXの期待利得を計算する．

- プレイヤーYが戦略Y1をとるとき，$E_1(p)=3\times p+7\times(1-p)=7-4p$
- プレイヤーYが戦略Y2をとるとき，$E_2(p)=4\times p+3\times(1-p)=3+p$
- プレイヤーYが戦略Y3をとるとき，$E_3(p)=8\times p+2\times(1-p)=2+6p$

これらは p の関数となっており，p が与えられると $E_1(p)$，$E_2(p)$ および $E_3(p)$ の値が具体的に確定する．

Y は X の利得表を知っており，しかも X の確率 p を事前に知ることができるのであるから，Y は上記の $E_1(p)$，$E_2(p)$ および $E_3(p)$ の値をすべて計算することができる．本問では，Y は X の期待利得が最小になるように戦略 Y1〜Y3 をとるとされているから．Y は事前に知った確率 p の値を用いて計算した $E_1(p)$，$E_2(p)$ および $E_3(p)$ の値のうち，一番小さい値を与えるような戦略を選択する．この Y の行動を踏まえた X の期待利得は，

$$E(p)=\min\{E_1(p), E_2(p), E_3(p)\}$$

と表すことができる．

これをグラフ化すると下記の実線部分となる．この中で X の期待利得が最大となるのは図中の A 点である．これは E_1 と E_2 の交点で与えられる．

$E_1(p)=E_2(p)$ つまり $7-4p=3+p$ を解いて $p=0.8$．

このときの期待利得は

$$E(0.8)=E_1(0.8)=E_2(0.8)=3.8$$

となる．よって，［ア］は 0.8，［イ］は 3.8（答）

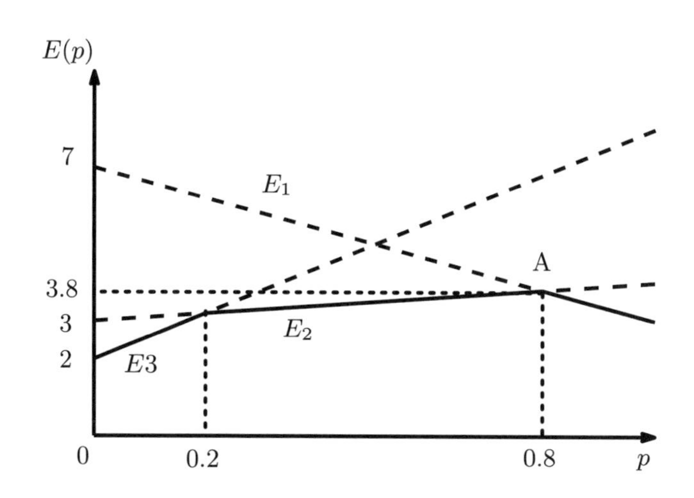

7.6 経済をマクロからとらえる（GDP）

問題 7.14（GDP デフレーター）　衣料品，食料品，住宅サービスのみで構成される単純な経済を考える．2015 年と 2019 年の価格および生産量が下表のようであった場合，次の (1)，(2) の各問に答えよ．

	2015		2019	
	価格	生産量	価格	生産量
衣料品	50	40	40	50
食料品	50	50	60	70
住宅サービス	50	30	70	60

(1)　2015 年を基準年としたときの，2019 年の GDP デフレーターはいくらか（小数点以下第 2 位を四捨五入して第 1 位まで求めよ）．

(2)　2015 年から 2019 年にかけての実質 GDP の幾何平均による平均成長率は年率いくらか（% 単位で小数点以下第 2 位を四捨五入して第 1 位まで求めよ）．

■ **Point**

- GDP デフレーターを 4.6 節の計算式を用いて計算する．

【解答】

(1) 問題文で与えられた価格と生産量から生産額を求めると下表のようになる．

	2015			2019			調整後の生産額
	価格	生産量	生産額	価格	生産量	生産額	
衣料品	50	40	2,000	40	50	2,000	2,500
食料品	50	50	2,500	60	70	4,200	3,500
住宅サービス	50	30	1,500	70	60	4,200	3,000
合計	-	-	6,000	-	-	10,400	9,000

なお，ここで「調整後の生産額」とは「基準年（2015年）の価格×比較年（2019年）の生産量」を意味する．
また，GDPデフレーター＝名目GDP÷実質GDP×100 と定義される．
2019年の名目GDPは生産額の合計に等しいので，10,400となる．
実質GDPは基準年（2015年）の価格と比較年（2019年）の生産量から求めたGDPであり，上表の「調整後の生産額」の合計の9,000となる．
以上より2019年のGDPデフレーターは

$$10{,}400/9{,}000 \times 100 = 115.55\ldots \approx 115.6 \quad (\text{答})$$

注意 GDPデフレーターの計算式において分母と分子を取り違えないように注意．

(2) 上記(1)で求めた通り，2019年の実質GDPは9,000である．2015年の実質GDPは，2015年が基準年であるから名目GDPと等しく，(1)の表から6,000である．よって成長率は $9{,}000/6{,}000 = 1.5$．これは4年間の成長率なので，幾何平均した1年当たり成長率は，この4乗根を計算して，

$$\sqrt[4]{1.5} - 1 = 0.1066\ldots \approx 10.7\% \quad (\text{答})$$

7.7 有効需要と乗数メカニズム

問題 7.15 (有効需要と乗数メカニズム)　消費，投資，政府支出からなる（輸出と輸入がない）マクロモデルを考える．前々期において消費は700，投資は200，政府支出は100であった．前期において，政府支出は前々期の通りであったが，投資が50% 増加し，GDP が25% 増加したという．次の (1)〜(4) の各問に答えよ．

(1) 前々期および前期の消費関数が $C = aY + b$（a，b は定数，C は消費，Y は GDP とする.）で表されるとき，限界消費性向はいくらか.

(2) 上記 (1) の状態のとき，政府は当期の GDP を前期から 250 増加させたいと考え，政府支出を増加させることとした．消費関数，投資は前期から変わらないものとしたとき，政府は政府支出を前期からいくら増加させればよいか.

(3) 当期，政府は上記 (2) で算定された通りに政府支出を行った．しかし，当期の消費関数が $C = 0.75Y + b$（定数 b は前期から不変）に変わったため，当期の GDP は上記 (2) での政府の予想から乖離したという．投資は前期から変わらないものとしたとき，当期の GDP はいくらか.

(4) 来期の消費関数は当期の消費関数と同様 $C = 0.75Y + b$（定数 b は前期から不変）とする．政府支出を行った結果，消費が 300 増加することが見込まれるとき，来期の予想 GDP はいくらか．ただし，投資は当期から変わらないものとする.

■ **Point**

- 財市場のマクロ経済分析に関する問題. 4.7 節に紹介したマクロ経済の GDP に関する恒等式 ($Y = C + I + G$) と消費関数の式 ($C = aY + b$) を組み合わせる. 限界消費性向や乗数の知識も活用することができる.

【解答】

(1) 投資を I，政府支出を G とおくと，マクロモデルの GDP について $Y = C + I + G$ が成立する．消費関数が $C = aY + b$ で与えられるとき，限界消費性向は Y の係数 a に等しい．
前々期および前期の GDP からこの消費関数の a および b を求める．
前々期の GDP（Y_{t-2} と表記する．他も同様.）を計算すると，

$$Y_{t-2} = C_{t-2} + I_{t-2} + G_{t-2} = 700 + 200 + 100 = 1{,}000$$

となる．同様に，前期の GDP（Y_{t-1} と表記する）は，

$$\begin{aligned} &Y_{t-1} = C_{t-1} + I_{t-1} + G_{t-1} \\ \therefore\ &\underline{1.25 \times Y_{t-2}} = C_{t-1} + \underline{1.5 \times I_{t-2}} + \underline{G_{t-2}} \ \text{（問題文より）} \\ \therefore\ &1{,}250 = C_{t-1} + 300 + 100 \end{aligned}$$

これを解いて $C_{t-1} = 850$．前々期と前期が同じ消費関数であり，

$$\begin{cases} C_{t-2} = aY_{t-2} + b \\ C_{t-1} = aY_{t-1} + b \end{cases}$$

である．これまでに計算した GDP と消費の値を代入して，

$$\begin{cases} 700 = 1{,}000a + b \\ 850 = 1{,}250a + b \end{cases}$$

これを解いて，$a = 0.6$，$b = 100$．よって，限界消費性向は 0.6（答）

(2) 上記 (1) と同様の考え方により，当期について，

$$Y_t = C_t + I_t + G_t$$

を考える（Y_t は当期の GDP）．問題文および (1) の解答から，

$$\begin{cases} Y_t = Y_{t-1} + 250 = 1{,}250 + 250 = 1{,}500 \\ C_t = 1{,}500 \times 0.6 + 100 = 1{,}000 \\ I_t = I_{t-1} = 300 \end{cases}$$

であるから，残った G_t を求めると，

$$G_t = Y_t - (C_t + I_t) = 1{,}500 - (1{,}000 + 300) = 200$$

よって，増加させる政府支出は $G_t - G_{t-1} = 200 - 100 = 100$（答）

［(2) の別解］ 次のように考えることもできる．限界消費性向は $a = 0.6$ であるため，乗数は $\dfrac{1}{1-0.6} = \dfrac{1}{0.4} = 2.5$ である．つまり，消費関数と投資が一定であれば，乗数効果により，政府支出の増加分の 2.5 倍だけ GDP が増加することとなる．よって，GDP を 250 増加させたいのであれば，政府支出を $250/2.5 = 100$ 増加させればよい．

(3)　(2) と同様，再度当期について，

$$Y_t = C_t + I_t + G_t$$

を考える．ただし (2) とは異なり，今回は消費関数が $C = 0.75Y + 100$ となる（$b = 100$ は (1) の解答より）．よって

$$\begin{cases} Y_t = C_t + I_t + G_t \\ C_t = 0.75Y_t + 100 \\ I_t = 300 & \text{（前問 (2) の解答より）} \\ G_t = 200 & \text{（前問 (2) の解答より）} \end{cases}$$

第2式以下を第1式に代入して

$$Y_t = (0.75Y_t + 100) + 300 + 200$$
$$\therefore\ 0.25Y_t = 600$$
$$\therefore\ Y_t = 2{,}400 \quad \text{（答）}$$

(4)　限界消費性向に着目する．前問 (3) と同様，限界消費性向が 0.75 であるが，これは所得（$=Y$）の増加に対する消費 C の増加の割合 $\left(\dfrac{\Delta C}{\Delta Y}\right)$ が 0.75 であることを意味する．本問では，消費の増加 ΔC が 300 であることから，逆算して GDP の増加分 $\Delta Y = \dfrac{\Delta C}{0.75} = \dfrac{300}{0.75} = 400$．よって来期の予想 GDP は $2{,}400 + 400 = 2{,}800$　（答）

7.8 貨幣の機能

問題 7.16 (貨幣理論の基本) ある経済で，預金と現金という 2 種類の貨幣があり，その経済の人は預金と現金を 4 対 1 の割合で持つものとする．また，銀行は預金のうち法定預金準備率に 1.25% を加算したものを中央銀行に預金準備として預けるものとするとき，次の (1)〜(4) の各問に答えよ．ただし，実質 GDP を算定する際の基準年は変わらず，またマーシャルの k は 0.8 で一定であるものとする．

(1) この経済の実質 GDP は 15,000，GDP デフレーターは 115 であるとき，マネーストックはいくらか．

(2) 上記 (1) の状態から 1 年後，中央銀行が新たに 690 の国債の買いオペレーションを行うと，マネーストックは 16,560 となった．この 1 年間で他の条件は変わらないとき，法定預金準備率はいくらか．

(3) 上記 (2) の状態のとき，この経済の GDP デフレーターは 120 であるという．上記 (1) の状態から (2) の状態の間の，ケンブリッジ方程式から導かれるこの経済の物価上昇率はいくらか．

(4) 上記 (2) の状態のとき，さらに中央銀行が預金準備率を 20% 引き上げて 1.2 倍にしたとする．(2) の状態からの信用乗数の変化率は何 % か (% 単位で小数点第 1 位を四捨五入して解答せよ)．

■ Point

- 貨幣理論，特に「マーシャルの k」と「ハイパワード・マネーとマネーストックの関係」に関する出題である．前者はケンブリッジ方程式，後者は信用乗数の公式 (計算式) (いずれも 4.8 節参照) を用いて解く．

【解答】

(1) ケンブリッジ方程式 $M=kPy$（M はマネーストック，k はマーシャルの k，P は物価＝GDP デフレーター，y は実質 GDP）を用いて，

$$M=0.8\times\frac{115}{100}\times 15{,}000=13{,}800 \quad （答）$$

(2) ハイパワード・マネーとマネーストックの増加分を計算すると，

- ハイパワード・マネーの増加分 $\Delta H=690$
- マネーストックの増加分 $\Delta M=16{,}560-13{,}800=2{,}760$

信用乗数の関係から，両者には次の関係が成り立つ．

$$\frac{\Delta M}{\Delta H}=\frac{1+\alpha}{\alpha+\lambda}$$

（α は現金預金比率，λ は預金準備率）．$\Delta H=690$，$\Delta M=2{,}760$，および $\alpha=0.25$（問題文より）を上式に代入して，$\lambda=0.0625$．これは問題文の「法定預金準備率に 1.25% を加算したもの」に相当するため，求めるべき「法定預金準備率」は $6.25\%-1.25\%=5\%$（答）

(3) (1) で用いたケンブリッジ方程式 $M=kPy$ に，マネーストック $M=16{,}560$（(2) より），マーシャルの $k=0.8$ および $P=120/100$ を代入して，

$$y=\frac{M}{kP}=\frac{16{,}560}{0.8\times 1.2}=17{,}250$$

物価および実質 GDP の変動分をそれぞれ ΔP，Δy とすると，次の関係式が成り立つ．

$$\frac{\Delta P}{P}=\frac{\Delta M}{M}-\frac{\Delta y}{y}$$

ここに $M=13{,}800$，$\Delta M=2{,}760$，$y=15{,}000$，
$\Delta y=17{,}250-15{,}000=2{,}250$ を代入して

$$\frac{\Delta P}{P}=\frac{2{,}760}{13{,}800}-\frac{2{,}250}{15{,}000}=0.2-0.15=5\% \quad （答）$$

この式において，M および y はそれぞれ基準時点（本問でいえば(1)の状態）における値を用いることに注意.

(4) (2)において述べた通り，信用乗数は $\dfrac{1+\alpha}{\alpha+\lambda}$ で与えられる．引き上げ後の預金準備率は 1.2λ であるから，そのときの信用乗数は，$\dfrac{1+\alpha}{\alpha+1.2\lambda}$ となる．両者の比率を求めると，

$$\frac{\dfrac{1+\alpha}{\alpha+1.2\lambda}}{\dfrac{1+\alpha}{\alpha+\lambda}}=\frac{\alpha+\lambda}{\alpha+1.2\lambda}=\frac{0.25+0.0625}{0.25+1.2\times 0.0625}=\frac{0.3125}{0.325}\ (=0.9615\ldots)$$

よって信用乗数の変化率は $\dfrac{0.3125}{0.325}-1=-0.0385\ldots\approx-4\%$ （答）

7.9 マクロ経済政策

問題 7.17（財市場と資産市場の分析を組み合わせた総合問題）　消費と投資と政府支出のみで表され，消費関数が $C = 0.6Y + 200$，投資が $I = 120$，政府支出が $G = 80$ で表されるマクロモデルを考える（C は消費，I は投資，G は政府支出，Y は名目 GDP とする）．また，この経済には現金と預金という 2 種類の貨幣が流通しており，国民は，常に預金と現金を 5 対 2 の割合で持つものとする．一方，銀行は預かった預金のうち 10% を預金準備として中央銀行に預けるよう決められており，この水準の預金準備を保有しているとする．このとき，次の (1)〜(3) の各問に答えよ．

(1)　貨幣量が 2,000 であるとする．
  (a)　マクロ経済を均衡させるような名目 GDP はいくらか．
  (b)　マーシャルの k はいくらか．

(2)　(1) の状態から，中央銀行が 150 の債券の買いオペレーションによる金融緩和を行ったところ，投資が 160 に拡大した．
  (a)　貨幣量はいくらになるか．
  (b)　マーシャルの k はいくらになるか．

(3)　(1) の状態から，新たに政府が 150 の国債を発行して政府支出を 230 に拡大させ，さらに中央銀行がその 150 の国債を買い入れた．ただし，投資は 120 のままであった．
  (a)　名目 GDP はいくらになるか．
  (b)　貨幣の流通速度は (1) の状態に対して何倍になるか（小数点以下第 3 位を四捨五入して第 2 位まで答えよ）．ただし取引量は実質 GDP に比例しているものとする．

■ **Point**

- 財市場分析と資産市場分析（貨幣理論）を組み合わせた総合問題．財市場および資産市場に関して成り立つ種々の公式や考え方（4.7 節から 4.9 節までを参照）を活用して解答する．

【解答】

(1)　(a) 財市場に関して以下の各式が成立する．

$$\begin{cases} Y = C + I + G \\ C = 0.6Y + 200 \text{（消費関数→問題文より）} \end{cases}$$

$I = 120$ および $G = 80$ を代入して整理すると $Y = 0.6Y + 400$．よって求める名目 GDP は $Y = 1{,}000$　（答）

(b) ケンブリッジ方程式 $M = kY$（M は貨幣量，Y は名目 GDP）に $M = 2{,}000,\ Y = 1{,}000$（(a) より）を代入して $k = \dfrac{M}{Y} = \dfrac{2{,}000}{1{,}000} = 2$　（答）

(2)　(a) ハイパワード・マネーの増加分は $\Delta H = 150$．信用乗数の関係から，

$$\frac{\Delta M}{\Delta H} = \frac{1+\alpha}{\alpha+\lambda}$$

が成り立つ（α は現金預金比率，λ は預金準備率）．
問題文から $\alpha = 2/5 = 0.4$，$\lambda = 0.1$ であるから，

$$\Delta M = \Delta H \times \frac{1+\alpha}{\alpha+\lambda} = 150 \times \frac{1+0.4}{0.4+0.1} = 150 \times 2.8 = 420$$

よって，求める貨幣量は $M = 2{,}000 + 420 = 2{,}420$　（答）

(b) 投資の増加分 $\Delta I = 160 - 120 = 40$，消費関数から限界消費性向 $c = 0.6$ なので，名目 GDP の増加分 $\Delta Y = \dfrac{1}{1-c} \times \Delta I = \dfrac{1}{1-0.6} \times 40 = 100$．
よって，求める名目 GDP は $Y = 1{,}000 + 100 = 1{,}100$ となる．
マーシャルの k はケンブリッジ方程式から $k = \dfrac{M}{Y} = \dfrac{2{,}420}{1{,}100} = 2.2$　（答）

(3) (a) 政府支出の増加分は $\Delta G = 230 - 80 = 150$ である．(2)(b) と同様に，名目 GDP の増加分 $\Delta Y = \frac{1}{1-c} \times \Delta G = \frac{1}{1-0.6} \times 150 = 375$.
よって，求める名目 GDP は $Y = 1{,}000 + 375 = 1{,}375$ （答）

(b) 中央銀行による 150 の国債の買い入れによってハイパワード・マネーは 150 増加する．そのため，貨幣量は (2)(a) と同じ結果となり，$M = 2{,}420$. マーシャルの k を計算すると，ケンブリッジ方程式より $k = \frac{M}{Y} = \frac{2{,}420}{1{,}375} = 1.76$.

ここで，貨幣数量式 $MV = PT$（V は貨幣の流通速度，P は GDP デフレーター，T は取引量）．また，問題文で，取引量は実質 GDP に比例していると仮定されていることから，定数 a を用いて $T = ay$ と置ける．ここで実質 GDP である y と名目 GDP である Y との間には $Y = Py$ の関係が成り立つ．
これらの関係とケンブリッジ方程式を用いると，

$$
\begin{aligned}
V &= \frac{PT}{M} && \text{（貨幣数量式より）} \\
&= \frac{P(ay)}{M} && (T = ay \text{ を代入}) \\
&= \frac{aY}{M} && (Y = Py \text{ を代入}) \\
&= \frac{aY}{kY} && \text{（ケンブリッジ方程式より } M = kY\text{）} \\
&= \frac{a}{k}
\end{aligned}
$$

となる．つまり，貨幣の流通速度はマーシャルの k に反比例する．
よって，(1) の状態と (3) の状態の貨幣の流通速度の比は，マーシャルの k の逆数の比率となり，$\frac{2}{1.76} = 1.136\ldots \approx 1.14$ 倍 （答）

■第 8 章

「投資理論」必須問題集

8.1 投資家の選好

問題 8.1（各指標の基礎的な算出） 賞金額が確率 0.8 で 100 円，確率 0.2 で 50 円になる確率くじ X がある．また，この賞金額に対する，ある投資家 Y の効用関数は $u_1(x)=600x-x^2$，ある投資家 Z の効用関数は $u_2(x)=wx-x^2$ で与えられるとする．なお，$0<x<\frac{1}{2}\times\min(w,600)$，$w>200$ とする．

このとき，次の各問に答えよ．特に指定がない場合，解答は小数点以下第 1 位を四捨五入して表せ．

(1) 投資家 Y にとっての，確率くじ X の期待効用はいくらか．

(2) 投資家 Y にとっての，確率くじ X の確実等価額はいくらか．

(3) 投資家 Y にとっての，確率くじ X のリスク・ディスカウント額はいくらか．

(4) 賞金額 80 円における，投資家 Y の絶対的リスク回避度はいくらか．本問の解答は小数点以下第 5 位を四捨五入して表せ．

(5) 投資家 Z が投資家 Y よりもリスク回避的であるとき，w が取り得る範囲を求めよ．

■ Point

- 一つひとつ，手を動かしながら計算方法を覚えていこう．特に，以下の点は間違いやすい．
  - 「期待効用」は期待値の効用ではなく，効用の期待値であることに注意．
  - 絶対的リスク回避度を求めるとき，分子・分母を逆にしたりマイナスをつけ忘れたりしないように注意．

【解答】

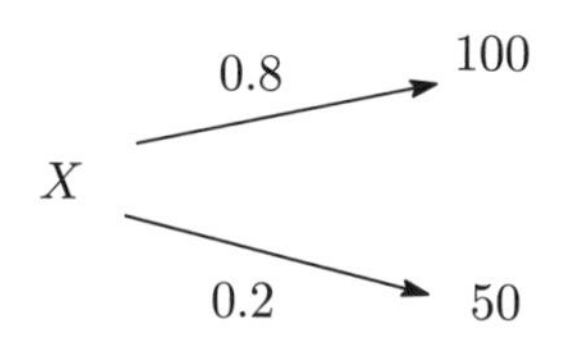

(1) 期待効用は,

$E[u_1(X)] = 0.8u_1(100) + 0.2u_1(50) = 40{,}000 + 5{,}500 = 45{,}500$ (答)

(2) 確実等価額 $\hat{X}$ は $u_1(\hat{X}) = E[u_1(X)]$ を満たす値なので,

$u_1(\hat{X}) = 600\hat{X} - \hat{X}^2 = 45{,}500$ を解くと $\hat{X} = 89.049\ldots,\ 510.950\ldots$

題意より，$0 < x < \frac{1}{2} \times \min(w, 600)$，$w > 200$ なので，$\hat{X} \approx 89$ (答)

(3) リスク・ディスカウント額は $\mathrm{RD} = E(X) - \hat{X}$ で求められるので,

$E(X) = 0.8 \cdot 100 + 0.2 \cdot 50 = 90$ より,

$$\mathrm{RD} = E(X) - \hat{X} = 90 - 89.049\ldots = 0.950\ldots \approx 1 \quad \text{(答)}$$

(4) 絶対的リスク回避度は $A_{u_1}(x) = -\frac{u_1''(x)}{u_1'(x)} = -\frac{-2}{600 - 2x} = \frac{1}{300 - x}$ なので，$x = 80$ を代入して

$$A_{u_1}(80) = \frac{1}{220} = 0.00454\ldots \approx 0.0045 \quad \text{(答)}$$

(5) 投資家Zの絶対的リスク回避度 $A_{u_2}(x)$ は

$$A_{u_2}(x) = -\frac{u_2''(x)}{u_2'(x)} = -\frac{-2}{w - 2x} = \frac{1}{w/2 - x}$$

より[*1]，投資家Zが投資家Yよりもリスク回避的であるための条件は,

$$A_{u_2}(x) > A_{u_1}(x) \quad \Leftrightarrow \quad \frac{1}{w/2 - x} > \frac{1}{300 - x} \quad \Leftrightarrow \quad w < 600$$

題意の条件と合わせると，$200 < w < 600$ (答)

[*1] $A_{u_1}(x)$ との比較のしやすさや, x の係数を1にしておいた方が計算に便利であることを考え，分子と分母を2で除している.

問題 8.2 (確率くじと投資家が複数の場合)　確率くじ A の1口の賞金額は確率0.6で1，確率0.3で4，確率0.1で9になるとする．また，確率くじ B の1口の賞金額は確率0.6で1，確率0.4で9になるとする．
賞金額 X に対する，ある投資家Yの効用関数が $u(x) = 4x^{0.5}$ で与えられると仮定する．なお，確率くじ A と確率くじ B の結果はそれぞれ独立とする．このとき，次の各問に答えよ．

(1)　投資家Yにとっての，確率くじ A の1口のリスク・ディスカウント額はいくらか．

(2)　賞金額1における，投資家Yの絶対的リスク回避度と相対的リスク回避度はそれぞれいくらか．

(3)　確率くじ C は確率くじ A と B を0.5口ずつ組み合わせたものとする．このとき，投資家Yにとっての確率くじ C の1口の確実等価額はいくらか．本問の解答は小数点以下第2位を四捨五入して表せ．

(4)　(3)の場合において，確率くじ A，B および C の1口ずつについて，投資家Yの期待効用の大小関係を求めよ．

■ **Point**

- リスク「回避度」とリスク「許容度」のどちらを聞かれているのかよく確認すること．試験問題の選択肢には，両方の候補が載っていることが多いため勘違いしても気づきにくい．
- (3)のように，くじを組み合わせた問題は若干計算が煩雑になる．表を作成した後，すべての確率（この場合，6つ）を合計すると1になっているかを検算してミスを防ぐとよい．

【解答】

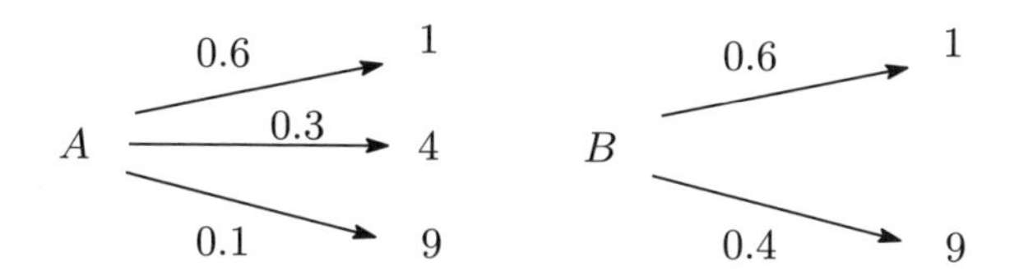

確率くじ A, B, C の賞金額をそれぞれ X_A, X_B, X_C とおくことにする.

(1) 確率くじ A のリスク・ディスカウント額RDは，確実等価額を $\hat{X}_A$ とおくと，$\mathrm{RD}=E(X_A)-\hat{X}_A$ で求められる.
ここで,

$$E(X_A)=0.6\cdot 1+0.3\cdot 4+0.1\cdot 9=2.7$$
$$E[u(X_A)]=0.6\cdot u(1)+0.3\cdot u(4)+0.1\cdot u(9)$$
$$=0.6\cdot 4\cdot 1^{0.5}+0.3\cdot 4\cdot 4^{0.5}+0.1\cdot 4\cdot 9^{0.5}=6$$

また，$\hat{X}_A$ は $u(\hat{X}_A)=E[u(X_A)]$ を満たすので,

$$u(\hat{X}_A)=4\hat{X}_A^{0.5}=6$$
$$\therefore \hat{X}_A=1.5^2=2.25$$

以上を代入して,

$$\mathrm{RD}=E(X_A)-\hat{X}_A=2.7-2.25=0.45 \quad (答)$$

(2) Yの絶対的リスク回避度 $A_u(x)$ は

$$A_u(x)=-\frac{u''(x)}{u'(x)}=-\frac{4\cdot 0.5\cdot(-0.5)x^{-1.5}}{4\cdot 0.5x^{-0.5}}=\frac{1}{2x}$$

よって，$x=1$ を代入すると，0.5 (答)
次に，Yの相対的リスク回避度 $R_u(x)$ は

$$R_u(x)=xA_u(x)=x\cdot\frac{1}{2x}=0.5 \quad (答)$$

(本問の効用関数の場合，$R_u(x)$ は賞金額 x に依存しないということになる.)

(3) 確率くじ A と B の結果はそれぞれ独立なので，それらを0.5口ずつ組み合わせた確率くじ C の賞金額とそれぞれの確率は以下の通りとなる.（表の上段が確率，下段が賞金額を表している．例えば，$X_A=1$ かつ $X_B=1$ となる確率は $0.6\cdot 0.6=0.36$ で，そのときの確率くじ C の賞金は，$1\cdot 0.5+1\cdot 0.5=1$ と計算している.）

確率くじ C	$X_A=1$	$X_A=4$	$X_A=9$
$X_B=1$	0.36	0.18	0.06
	1	2.5	5
$X_B=9$	0.24	0.12	0.04
	5	6.5	9

上表より，確率くじ C の期待効用は，

$$\begin{aligned}E[u(X_C)] &= 0.36\cdot u(1)+0.18\cdot u(2.5)+0.06\cdot u(5)\\ &\quad +0.24\cdot u(5)+0.12\cdot u(6.5)+0.04\cdot u(9)\\ &= 0.36\cdot 4\cdot 1^{0.5}+0.18\cdot 4\cdot 2.5^{0.5}+0.06\cdot 4\cdot 5^{0.5}\\ &\quad +0.24\cdot 4\cdot 5^{0.5}+0.12\cdot 4\cdot 6.5^{0.5}+0.04\cdot 4\cdot 9^{0.5}=6.965\ldots\end{aligned}$$

確実等価額は $u(\hat{X}_C)=E[u(X_C)]$ を満たすので

$$u(\hat{X}_C)=4\hat{X}_C^{0.5}=6.965\ldots$$
$$\therefore \hat{X}_C=3.032\ldots\approx 3.0 \quad \text{(答)}$$

(4) それぞれの確率くじの期待効用 $E[u(X)]$ を比較する.
$E[u(X_A)]=6 \quad \because (1)$ より
$E[u(X_B)]=0.6\cdot u(1)+0.4\cdot u(9)=0.6\cdot 4\cdot 1^{0.5}+0.4\cdot 4\cdot 9^{0.5}=7.2$
$E[u(X_C)]=6.965\ldots \quad \because (3)$ より
以上より，$E[u(X_A)]<E[u(X_C)]<E[u(X_B)]$　(答)

問題 8.3（混合型の効用関数）　1 年後の株価 x が 136，L となる確率がそれぞれ 0.5 であると予想される．株価 x に対する投資家 Y の効用関数 $u(x)$ が以下の式で与えられるものと仮定するとき，次の各問に答えよ．

$$u(x)=\begin{cases}\sqrt{x-100}+30 & (x\geq 100)\\ -3\sqrt{100-x}+30 & (0\leq x<100)\end{cases}$$

(1)　$L=64$ のとき，投資家 Y の確実等価額を求めよ．

(2)　$L=64$ のとき，投資家 Y のリスク・ディスカウント額を求めよ．

(3)　投資家 Y のリスク・ディスカウント額が 0 となるとき，L を求めよ．解答は小数点以下第 2 位を四捨五入して表せ．

■ Point

- 効用関数の定義域が複数ある場合，途中で式を取り違えてケアレスミスしやすいため，常に定義域を意識しよう．
- 混合型の効用関数の場合グラフを描くのが難しい場合もあるが，問題を解くうえでのヒントになるので，なるべくグラフを描くことをお勧めする．その際，定義域ごとに凹関数か凸関数かを意識しよう．

【解答】

X →(0.5) 136
X →(0.5) L

（紙面の関係でグラフは次頁に掲載している．）

(1)　確実等価額 $\hat{X}$ は $u(\hat{X})=E[u(X)]$ を満たすので，

$$\begin{aligned}E[u(X)]&=0.5u(136)+0.5u(64)\\&=0.5(\sqrt{136-100}+30)+0.5(-3\sqrt{100-64}+30)\\&=18+6=24\end{aligned}$$

よって，$u(\hat{X})=24$ となる X が確実等価額 $\hat{X}$ である．

$u(x)$ が 24 となるのは，明らかに x が 100 より小さいときなので[*2]，

$$u(\hat{X})=-3\sqrt{100-\hat{X}}+30=24$$

$$\sqrt{100-\hat{X}}=2$$

$$\hat{X}=96 \quad \text{(答)}$$

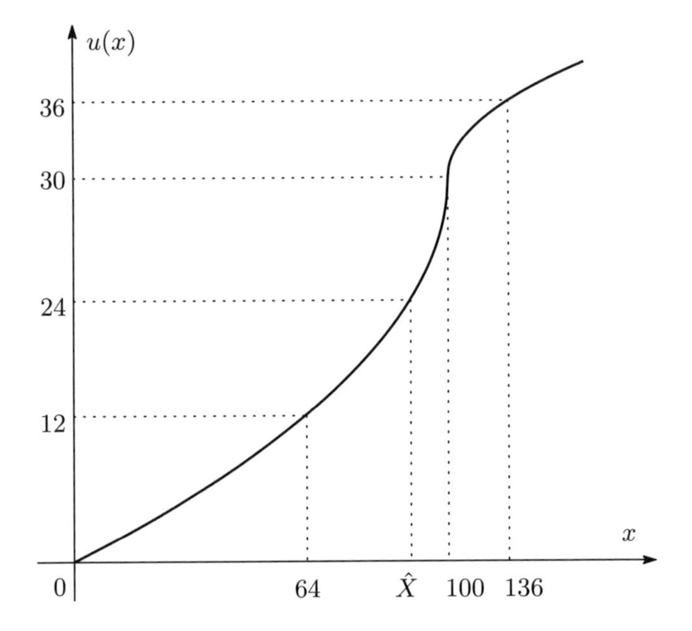

(2)　リスク・ディスカウント額は，$\mathrm{RD}=E(X)-\hat{X}$ で求められるので，$E(X)=0.5\cdot136+0.5\cdot64=100$ より，

$$\mathrm{RD}=E(X)-\hat{X}=100-96=4 \quad \text{(答)}$$

---

*2 グラフを描かずとも，$x\geq100$ のケースだと $24=\sqrt{\hat{X}-100}+30 \Leftrightarrow -6=\sqrt{\hat{X}-100}$ を満たす $\hat{X}$ は存在しないので，$0\leq x<100$ のケースのみ考えればよいことがわかる．

(3) リスク・ディスカウント額が0，すなわち $\mathrm{RD}=\hat{X}-E(X)=0$ より，

$$\hat{X}=E(X)=\frac{136+L}{2}=68+\frac{L}{2}$$

一方で，確実等価額 $\hat{X}$ が満たす式は，

$$u(\hat{X})=E[u(X)]=0.5u(136)+0.5u(L)=18+\frac{u(L)}{2}$$

したがって，L が満たすべき条件は以下のように表せる．

$$u\left(68+\frac{L}{2}\right)=18+\frac{u(L)}{2} \qquad \cdots ①$$

ここで，本問の効用関数は x の範囲により式が異なるため，解を求めるために場合分けをして計算することが必要になる．時間を短縮するために，以下のことを考える．

いま，投資家Yの効用関数は $x \geq 100$ でリスク回避型，$0 \leq x < 100$ でリスク追求型の形をしている．また，一般的にリスク回避型の効用関数を持つ投資家のリスク・ディスカウント額は正となり，リスク追求型ではリスク・ディスカウント額は負となる．

(2) より，$L=64$ の場合にリスク・ディスカウント額が正となっているので，リスク・ディスカウント額を減少させて0とするためには，$L<64$ となることが必要となる．

したがって，①において，$68+\dfrac{L}{2}<68+\dfrac{64}{2}=100$ となるので，

$$-3\sqrt{100-\left(68+\frac{L}{2}\right)}+30=18+\frac{1}{2}(-3\sqrt{100-L}+30)$$

$$9\left(32-\frac{L}{2}\right)=\frac{9}{4}(100-L)-9\sqrt{100-L}+9$$

$$6-\frac{1}{4}L=-\sqrt{100-L}$$

$$\frac{1}{16}L^2-2L-64=0$$

$$L=16\pm16\sqrt{5}$$

$0 \leq L < 64$ より，$L=51.777\ldots\approx 51.8$　（答）

8.2 ポートフォリオ理論

問題 8.4 (分散の最小)　株式と債券があり，それぞれのリターンのシナリオおよびその発生確率が下表のように想定されている．このとき，以下の各問に答えよ．解答は (1) は小数点以下第3位を四捨五入して，第2位までの数値で，(2),(3) は % 単位で小数点以下第3位を四捨五入し，第2位までの数値で解答せよ．

シナリオ	発生確率	予想収益率	
		株式	債券
A	0.2	20%	1%
B	0.4	−10%	2%
C	0.4	10%	0%

(1)　株式と債券の相関係数 ρ を求めよ．

(2)　株式と債券をそれぞれ投資比率 55%,45% で組み合わせたポートフォリオについて，期待リターンの標準偏差 σ_1 を求めよ．

(3)　株式と債券から構成されるポートフォリオのうち，期待リターンの分散が最小となるときのポートフォリオの期待リターンの平均 μ を求めよ．

■ **Point**

- (3) は必須知識＆公式集の公式 ((5.3) 式～(5.6) 式) を使う解法と使わない解法の両方を紹介している．実際の試験で同様の問題が出題されても，公式を暗記していなくとも，時間内での解答は可能であろう．

【解答】

(1)　株式のリターン R_s，債券のリターンを R_b として，R_s, R_b の平均と標準偏差をそれぞれ，$\mu_s, \mu_b, \sigma_s, \sigma_b$ とし，R_s と R_b の共分散を σ_{sb} とすると，

$$\mu_s = 0.2\times 20\% + 0.4\times(-10\%) + 0.4\times 10\% = 4\%$$

$$\mu_b = 0.2\times 1\% + 0.4\times 2\% + 0.4\times 0\% = 1\%$$

$$\sigma_s = \sqrt{0.2\times(20\%-4\%)^2 + 0.4\times(-10\%-4\%)^2 + 0.4\times(10\%-4\%)^2}$$
$$= 12\%$$

$$\sigma_b = \sqrt{0.2\times(1\%-1\%)^2 + 0.4\times(2\%-1\%)^2 + 0.4\times(0\%-1\%)^2}$$
$$= 0.89442\ldots\% \approx 0.8944\%$$

$$\sigma_{sb} = 0.2\times(20\%-4\%)\times(1\%-1\%) + 0.4\times(-10\%-4\%)\times(2\%-1\%)$$
$$+ 0.4\times(10\%-4\%)\times(0\%-1\%) = -8.0\%^2$$

となり，相関係数 ρ は以下の通りとなる．

$$\rho = \frac{\sigma_{sb}}{\sigma_s\sigma_b} = \frac{-8.0\%^2}{12\%\cdot 0.8944\%} = -0.7453\ldots \approx -0.75 \qquad \text{(答)}$$

(2) 必須知識&公式集の (5.2) 式より，

$$\sigma_1 = \sqrt{0.55^2\times\sigma_s^2 + 0.45^2\times\sigma_b^2 + 2\times 0.55\times 0.45\times\rho\sigma_s\sigma_b}$$
$$= 6.3057\ldots\% \approx 6.31\% \qquad \text{(答)}$$

(3) 株式の投資比率を w としたとき，債券への投資比率が $1-w$ になることに注意して，期待リターンの分散 σ^2 は必須知識&公式集の (5.2) より，

$$\sigma^2 = w^2\sigma_s^2 + (1-w)^2\sigma_b^2 + 2w(1-w)\rho\sigma_s\sigma_b$$
$$= 160.8w^2 - 17.6w + 0.8 = 160.8\left(w - \frac{8.8}{160.8}\right)^2 + 0.3184$$

となるので，$w = \dfrac{8.8}{160.8}$ のとき，分散は最小となる．
したがって，このときの期待リターンの平均 μ は以下の通りとなる．

$$\mu = \frac{8.8}{160.8}\times 4\% + \left(1 - \frac{8.8}{160.8}\right)\times 1\% = 1.1641\ldots \approx 1.16\% \qquad \text{(答)}$$

[(3) の別解]

必須知識&公式集 (5.5) より，以下を得る．

$$\mu = \frac{\sigma_b^2\mu_s + \sigma_s^2\mu_b - \rho\sigma_s\sigma_b(\mu_s+\mu_b)}{\sigma_s^2 + \sigma_b^2 - 2\rho\sigma_s\sigma_b} = 1.1641\ldots \approx 1.16\% \qquad \text{(答)}$$

問題 8.5 (投資家の目的関数)　2つのリスク資産 (株式1, 債券2) があり，それぞれの期待リターン，リターンの標準偏差および相関係数は下表の通りとする．また，安全資産が存在し，リスクフリー・レート r_f は1% とする．株式1，債券2および安全資産からなるポートフォリオを考える．このとき，以下の各問に答えよ．解答は％単位で小数点以下第3位を四捨五入し，第2位までの数値で解答せよ．

	期待リターン	リターンの標準偏差	リターンの相関係数
株式1	$\mu_1 = 10\%$	$\sigma_1 = 25\%$	$\rho = 0.2$
債券2	$\mu_2 = 2\%$	$\sigma_2 = 4\%$	

(1)　株式1, 債券2の投資比率がそれぞれ20%, 50%とする．このポートフォリオのリターンを R_p とするとき，ポートフォリオの期待リターン $E(R_p)$ およびリターンの標準偏差 $\sqrt{V(R_p)}$ を求めよ．

(2)　ある投資家の目的関数 U が，ポートフォリオのリターンを R とするとき，以下の式で与えられているとする．このとき，目的関数 U を最大とする3つの資産への最適な投資比率について，株式1の投資比率 w_1 および債券2の投資比率 w_2 を求めよ．

$$U = E(R) - 4V(R)$$

■ **Point**

- 前問同様，(2) は必須知識＆公式集の公式 ((5.9)，(5.10)) を使用する解法と使用しない解法を紹介している．実際の試験で同様の問題が出題されても，公式を暗記していなくとも，時間内での解答は可能であろう．

【解答】

(1)　株式1のリターンをR_1，投資比率を$w_1=0.2$とし，債券2のリターンをR_2，投資比率を$w_2=0.5$とするとき，安全資産の投資比率は$1-w_1-w_2$となることに注意すると，ポートフォリオのリターンR_pは

$$\begin{aligned} R_p &= w_1R_1+w_2R_2+(1-w_1-w_2)r_f \\ &= w_1(R_1-r_f)+w_2(R_2-r_f)+r_f \end{aligned}$$

となる．よって，期待リターンは以下の通りとなる．

$$\begin{aligned} E(R_p) &= w_1\mu_1+w_1\mu_2+(1-w_1-w_2)r_f \\ &= 0.2\times 10\%+0.5\times 2\%+0.3\times 1\% \\ &= 3.30\% \quad \text{(答)} \end{aligned}$$

また，標準偏差については，安全資産は標準偏差および他の資産との相関係数も0であることに注意して，以下の通りとなる．

$$\begin{aligned} V(R_p) &= w_1^2\sigma_1^2+w_2^2\sigma_2^2+2w_1w_2\rho\sigma_1\sigma_2 \\ &= 0.2^2\times(25\%)^2+0.5^2\times(4\%)^2 \\ &\qquad +2\times 0.2\times 0.5\times 0.2\times(25\%)\times(4\%) \\ &= 33\%^2 \\ \therefore \sqrt{V(R_p)} &= 5.7445\ldots\% \approx 5.74\% \quad \text{(答)} \end{aligned}$$

(2)　ポートフォリオのリターンRは

$$R = w_1(R_1-r_f)+w_2(R_2-r_f)+r_f$$

と書けるので，

$$
\begin{aligned}
E(R) &= w_1(\mu_1 - r_f) + w_2(\mu_2 - r_f) + r_f \\
V(R) &= w_1^2\sigma_1^2 + w_2^2\sigma_2^2 + 2w_1w_2\rho\sigma_1\sigma_2 \\
\therefore U &= E(R) - 4V(R) \\
&= w_1(\mu_1 - r_f) + w_2(\mu_2 - r_f) + r_f \\
&\qquad - 4(w_1^2\sigma_1^2 + w_2^2\sigma_2^2 + 2w_1w_2\rho\sigma_1\sigma_2) \\
&= -25w_1^2 - 0.64w_2^2 - 1.6w_1w_2 + 9w_1 + w_2 + 1 \quad (\%\text{表示})
\end{aligned}
$$

よって，$\dfrac{\partial U}{\partial w_1} = \dfrac{\partial U}{\partial w_2} = 0$ より，

$$
\begin{aligned}
\frac{\partial U}{\partial w_1} &= -50w_1 - 1.6w_2 + 9 = 0 \\
\frac{\partial U}{\partial w_2} &= -1.28w_2 - 1.6w_1 + 1 = 0
\end{aligned}
$$

を解いて，

$$
\begin{aligned}
w_1 &= 16.1458\ldots\% \approx 16.15\% \quad (\text{答}) \\
w_2 &= 57.9427\ldots\% \approx 57.94\% \quad (\text{答})
\end{aligned}
$$

となる．

［(2) の別解］

必須知識&公式集 (5.9) および (5.10) において，$\gamma = 8$ として，以下を得る．

$$
\begin{aligned}
w_1 &= \frac{1}{\gamma}\frac{\sigma_2^2(\mu_1 - r_f) - \rho\sigma_1\sigma_2(\mu_2 - r_f)}{\sigma_1^2\sigma_2^2(1-\rho^2)} \\
&= 16.1458\ldots\% \approx 16.15\% \quad (\text{答})
\end{aligned}
$$

$$
\begin{aligned}
w_2 &= \frac{1}{\gamma}\frac{\sigma_1^2(\mu_2 - r_f) - \rho\sigma_1\sigma_2(\mu_1 - r_f)}{\sigma_1^2\sigma_2^2(1-\rho^2)} \\
&= 57.9427\ldots\% \approx 57.94\% \quad (\text{答})
\end{aligned}
$$

問題 8.6（接点ポートフォリオ）　2つのリスク資産（証券1，証券2）があり，それぞれの期待リターン，リターンの標準偏差および相関係数は下表の通りとする．また，安全資産が存在し，リスクフリー・レート r_f は1%とする．このとき，以下の各問に答えよ．解答は%単位で小数点以下第3位を四捨五入し，第2位までの数値で解答せよ．

	期待リターン	リターンの標準偏差	リターンの相関係数
証券1	$\mu_1 = 5\%$	$\sigma_1 = 10\%$	$\rho = 0.25$
証券2	$\mu_2 = 8\%$	$\sigma_2 = 15\%$	

(1)　期待リターンとリターンの標準偏差の関係を図示したグラフ上において，安全資産のリターンであるリスクフリー・レートを示す点から，証券1と証券2によって構成される投資可能集合（曲線）に接線を引くとき，その接点のポートフォリオ（接点ポートフォリオ T）のリターンの標準偏差はいくらか．また，証券1への投資比率を求めよ．

(2)　投資家aの目的関数は期待リターンを μ，リターンの標準偏差を σ とするとき，$U_a = \mu - 5\sigma^2$ で与えられているとする．このとき，目的関数 U_a を最大とするようなポートフォリオについて，期待リターンと証券1への投資比率を求めよ．

(3)　投資家bの目的関数は $U_b = \mu - \frac{3}{2}\sigma^2$ で与えられているとし，投資家bが目的関数 U_b を最大とするようなポートフォリオを考える．この最適ポートフォリオを実現するためには，借入利子率 r_b で資金を借り入れることが必要となる．このとき，借入利子率 r_b を示す点から証券1と証券2によって構成される投資可能集合（曲線）に接線を引くと，その接点のポートフォリオ（接点ポートフォリオ T'）の期待リターンが $\mu_{T'} = 6.56\%$ であった．この投資家bにとっての最適ポートフォリオの期待リターンはいくらか．

■ **Point**

- 本問においても必須知識&公式集の公式 ((5.9) 式〜(5.14) 式) を使用する解法と使用しない解法を紹介しているが，本問はかなりの計算量であることから，実際の試験で出題された場合，公式を使用しないと時間内での解答が難しくなる．
- (2) では，目的関数を $\mu = 5\sigma^2 + U_a$ と μ を σ の二次関数とみたとき，リスクフリー・レートを示す点と接点ポートフォリオを結ぶ直線に接すとき U_a が最大となる．したがって，二次関数の微分がリスクフリー・レートと接点ポートフォリオを結ぶ直線の傾きと等しいという条件を満たす点を導出する．
- (3) では，(2) と同様に考えると，目的関数とリスクフリー・レートを示す点と接点ポートフォリオを結ぶ直線に接する点は2点を結ぶ線分の延長上に存在する．これは借入を行って，証券1もしくは証券2に投資することを意味し，実際はリスクフリー・レートより高い借入利子率にて借入を行うことになる点に注意が必要である．

【解答】

(1)　証券1と証券2で構成されるポートフォリオを考える．証券1への投資比率を w とするとき，証券2の投資比率は $1-w$ となることから，ポートフォリオの期待リターン μ は，

$$\mu = w\mu_1 + (1-w)\mu_2 = 5\% \cdot w + 8\% \cdot (1-w) = -3\% \cdot w + 8\%$$

となり，$w = -\dfrac{\mu - 8\%}{3\%}$，$1-w = \dfrac{\mu - 5\%}{3\%}$ を得る．これを，ポートフォリオの分散 σ^2 の式 (必須知識&公式集の (5.2) より) に代入して，

$$\begin{aligned}\sigma^2 &= w^2\sigma_1^2 + (1-w)^2\sigma_2^2 + 2w(1-w)\rho\sigma_1\sigma_2 \\ &= \frac{25}{9}(10\mu^2 - 115\% \cdot \mu + 361\%^2) \qquad (8.1)\end{aligned}$$

を得る．一方で，接点ポートフォリオではリスクフリー・レートを示す点と接点ポートフォリオを結ぶ直線が接していることから，

$$\frac{d\mu}{d\sigma}=\frac{\mu-r_f}{\sigma}=\frac{\mu-1\%}{\sigma}$$

$$\therefore \frac{d\sigma}{d\mu}=\frac{1}{\frac{d\mu}{d\sigma}}=\frac{\sigma}{\mu-1\%} \tag{8.2}$$

を得る．(8.1) を μ で微分して，(8.2) を代入すると，

$$2\sigma\frac{d\sigma}{d\mu}=\frac{25}{9}(20\mu-115\%)$$

$$2\sigma\frac{\sigma}{\mu-1\%}=\frac{25}{9}(20\mu-115\%)$$

$$\sigma^2=\frac{25}{18}(20\mu-115\%)(\mu-1\%) \tag{8.3}$$

となり，改めて (8.1) に代入して，

$$\frac{25}{18}(20\mu-115\%)(\mu-1\%)=\frac{25}{9}(10\mu^2-115\%\cdot\mu+361\%^2)$$

$$\therefore \mu=\frac{607}{95}\%$$

を得る．これを (8.3) に代入して，

$$\sigma^2=\frac{2^8\times 3^3\times 5}{19^2}\%^2$$

$$\therefore \sigma=\frac{48}{19}\sqrt{15}\%=9.7843\ldots\%\approx 9.78\% \qquad \text{(答)}$$

このときの証券 1 への投資比率 w は，以下の通り．

$$w=-\frac{\mu-8\%}{3\%}=-\frac{\frac{607}{95}\%-8\%}{3\%}$$

$$=\frac{51}{95}=53.6842\ldots\%\approx 53.68\% \qquad \text{(答)}$$

[(1) の別解]

必須知識＆公式集 (5.12) および (5.13) より，接点ポートフォリオ T における標準偏差 σ および証券 1 への投資比率 w_1 は以下の通り．

$$\sigma^2=\sigma_1^2\sigma_2^2(1-\rho^2)\times$$

$$\frac{\sigma_2^2(\mu_1-r_f)^2+\sigma_1^2(\mu_2-r_f)^2-2\rho\sigma_1\sigma_2(\mu_1-r_f)(\mu_2-r_f)}{\{(\sigma_2^2-\rho\sigma_1\sigma_2)(\mu_1-r_f)+(\sigma_1^2-\rho\sigma_1\sigma_2)(\mu_2-r_f)\}^2}$$

$$=\frac{34560}{361}$$

$$\therefore\sigma=9.7843\ldots\%\approx9.78\%\quad\text{(答)}$$

$$w_1=\frac{\sigma_2^2(\mu_1-r_f)-\rho\sigma_1\sigma_2(\mu_2-r_f)}{(\sigma_2^2-\rho\sigma_1\sigma_2)(\mu_1-r_f)+(\sigma_1^2-\rho\sigma_1\sigma_2)(\mu_2-r_f)}$$

$$=\frac{51}{91}=53.6842\ldots\%\approx53.68\%\quad\text{(答)}$$

(2) 投資家aの目的関数を$\mu=5\sigma^2+U_a$とμをσの関数とみたとき，接点ポートフォリオにおける傾き$\frac{d\mu}{d\sigma}=10\sigma$は，リスクフリー・レートを示す点と接点ポートフォリオを結ぶ直線の傾きm_fに一致する．m_fは(1)より，

$$m_f=\frac{\mu-1\%}{\sigma}=\frac{\frac{607}{95}\%-1\%}{\frac{48}{19}\sqrt{15}\%}=\frac{32\sqrt{15}}{225}$$

となり，これが10σと等しいことから，

$$10\sigma=\frac{32\sqrt{15}}{225}\quad\therefore\sigma=\frac{64\sqrt{15}}{45}\%$$

となり，リスクフリー・レートを示す点と接点ポートフォリオを結ぶ直線$\mu=m_f\sigma+1\%$に代入して，

$$\mu=m_f\sigma+1\%=\frac{32\sqrt{15}}{225}\cdot\frac{64\sqrt{15}}{45}\%+1\%$$

$$=\frac{2723}{675}\%=4.0340\ldots\%\approx4.03\%\quad\text{(答)}$$

また，このとき接点ポートフォリオと安全資産から構成されるポートフォリオについて，接点ポートフォリオへの投資比率をw_Tとおくと，

$$\frac{2723}{675}\%=w_T\times\frac{607}{95}\%+(1-w_T)\times1\%\quad\therefore w_T=\frac{76}{135}$$

より，(1)の証券1への投資比率を乗じることで，求める証券1の投資比率を得る．

$$\frac{51}{95}\cdot w_T=\frac{51}{95}\cdot\frac{76}{135}=\frac{68}{225}=30.2222\ldots\%\approx30.22\%\quad\text{(答)}$$

［(2) の別解］

必須知識＆公式集 (5.9) および (5.10) より，$\gamma=10$ として，求めるポートフォリオにおける証券 1 への投資比率 w_1 および証券 2 への投資比率 w_2 は以下の通り．

$$w_1=\frac{1}{\gamma}\frac{\sigma_2^2(\mu_1-r_f)-\rho\sigma_1\sigma_2(\mu_2-r_f)}{\sigma_1^2\sigma_2^2(1-\rho^2)}=\frac{68}{225}=30.2222\ldots\%\approx 30.22\% \qquad \text{(答)}$$

$$w_2=\frac{1}{\gamma}\frac{\sigma_1^2(\mu_2-r_f)-\rho\sigma_1\sigma_2(\mu_1-r_f)}{\sigma_1^2\sigma_2^2(1-\rho^2)}=\frac{176}{675}=26.0740\ldots\%\approx 26.07\%$$

よって，安全資産への投資比率 w_f は

$$w_f=1-w_1-w_2=43.71\%$$

となるので，期待リターン μ は以下の通りとなる．

$$\mu=w_1\times 5\%+w_2\times 8\%+w_f\times 1\%=4.0337\%\approx 4.03\% \qquad \text{(答)}$$

［(2) の補足］

接点ポートフォリオ T と最適ポートフォリオの位置関係は以下の通り．

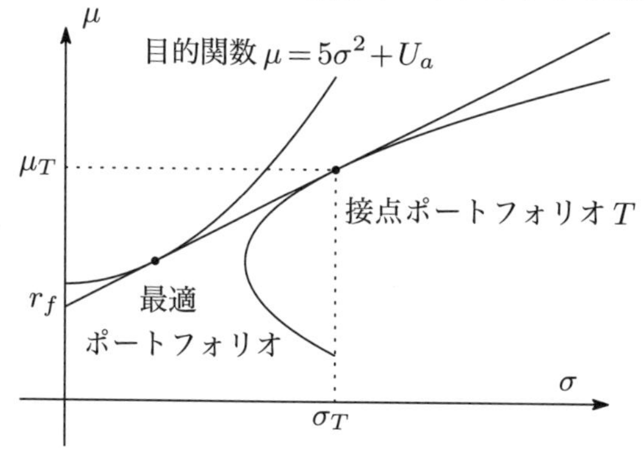

(3) (8.1) に $\mu_{T'}=6.56\%$ を代入すると，接点ポートフォリオ T' における $\sigma_{T'}$ は

$$\sigma_{T'}=\frac{25}{9}\left(10\times(6.56\%)^2-115\%\times 6.56\%+361\%^2\right)=102.6\%^2$$

より，$\sigma_{T'}=\sqrt{102.6}\%$ となる．接点ポートフォリオにおける傾き m_b を求める．(8.1) を μ で微分した

$$2\sigma\frac{d\sigma}{d\mu}=\frac{25}{9}(20\mu-115\%)$$

より，

$$m_b=\left.\frac{d\mu}{d\sigma}\right|_{(\mu,\sigma)=(\mu_{T'},\sigma_{T'})}=\frac{18\sigma_{T'}}{25(20\mu_{T'}-115\%)}=\frac{2}{45}\sqrt{102.6}$$

を得る．これが，借入利子率 r_b を示す点から接点ポートフォリオ T' へ引いた直線の傾きに等しいので，

$$\frac{6.56\%-r_b}{\sqrt{102.6}\%}=\frac{2}{45}\sqrt{102.6}\quad\therefore r_b=2.00\%$$

となる．r_b を示す点から接点ポートフォリオ T' へ引いた直線は，

$$\mu=\frac{2}{45}\sqrt{102.6}\sigma+2\%$$

とかける．一方で，目的関数を $\mu=\frac{3}{2}\sigma^2+U_b$ と μ を σ の関数とみたときに，最適ポートフォリオにおける傾きは m_b に等しいので，目的関数を σ で微分したものと m_b が同じとなる点を算出すると，$\frac{d\mu}{d\sigma}=3\sigma$ より，

$$3\sigma=\frac{2}{45}\sqrt{102.6}\quad\therefore\sigma=\frac{40}{27}\sqrt{102.6}\%$$

となり，r_b を示す点から接点ポートフォリオ T' へ引いた直線に代入して，

$$\mu=\frac{2}{45}\sqrt{102.6}\cdot\frac{40}{27}\sqrt{102.6}\%+2\%=8.7555\ldots\%\approx 8.76\%\qquad(答)$$

を得る．

[(3) の別解]

必須知識＆公式集 (5.11) において，$\mu_p=6.56\%$ として，リスクフリー・レート r_f を借入利子率 r_b に置き換えて，r_b について解けば，

$$6.56\% - r_b = \frac{\sigma_2^2(\mu_1 - r_b)^2 + \sigma_1^2(\mu_2 - r_b)^2 - 2\rho\sigma_1\sigma_2(\mu_1 - r_b)(\mu_2 - r_b)}{(\sigma_2^2 - \rho\sigma_1\sigma_2)(\mu_1 - r_b) + (\sigma_1^2 - \rho\sigma_1\sigma_2)(\mu_2 - r_b)}$$

$$\therefore r_b = 2\%$$

を得る．必須知識&公式集 (5.9) および (5.10) より，$\gamma = 3$ とし，リスクフリー・レート r_f を借入利子率 r_b に置き換えれば，求めるポートフォリオにおける証券 1 への投資比率 w_1' および証券 2 への投資比率 w_2' は以下の通り．

$$w_1' = \frac{1}{\gamma}\frac{\sigma_2^2(\mu_1 - r_b) - \rho\sigma_1\sigma_2(\mu_2 - r_b)}{\sigma_1^2\sigma_2^2(1-\rho^2)} = \frac{32}{45} = 71.1111\ldots\% \approx 71.11\%$$

$$w_2' = \frac{1}{\gamma}\frac{\sigma_1^2(\mu_2 - r_b) - \rho\sigma_1\sigma_2(\mu_1 - r_b)}{\sigma_1^2\sigma_2^2(1-\rho^2)} = \frac{104}{135} = 77.0370\ldots\% \approx 77.04\%$$

よって，借入資金の割合 w_b' は

$$w_f' = 1 - w_1' - w_2' = -48.15\%$$

となるので，期待リターン μ' は以下の通りとなる．

$$\mu' = w_1' \times 5\% + w_2' \times 8\% + w_b' \times 2\% = 8.7557\% \approx 8.76\% \qquad \text{(答)}$$

[(3) の補足]

接点ポートフォリオ T' と最適ポートフォリオの位置関係は以下の通り．

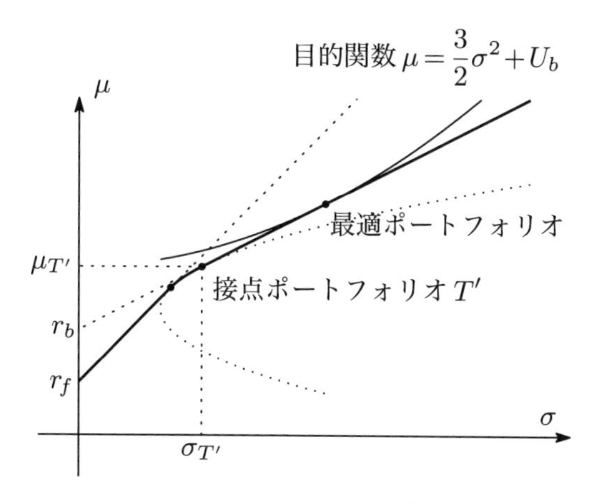

問題 8.7 (最適ポートフォリオ 1)　リターンが R のリスク資産とリターンが r_f の安全資産への投資を考える．このポートフォリオのリターンを R_p とし，投資家の目的関数が以下の式で与えられるとする．

$$U = E(R_p) - \frac{\gamma}{2}V(R_p) \quad (\gamma > 0)$$

このとき，投資家の目的関数を最大にするリスク資産への投資比率 w は以下の式で与えられることを示せ．

$$w = \frac{1}{\gamma}\frac{E(R) - r_f}{V(R)}$$

■ **Point**

- 必須知識&公式集の (5.8) 式の証明を行う．
- リスク資産への投資比率を w として，目的関数を w に関する関数とみて，最大値を与える w を求める．

【解答】

リスク資産への投資比率を w とすると，安全資産への投資比率は $1-w$ になることに注意して，$R_p = wR + (1-w)r_f$ とかける．
R_p の平均と分散を求めると，

$$E(R_p) = wE(R) + (1-w)r_f = w(E(R) - r_f) + r_f, \quad V(R_p) = w^2 V(R)$$

となる．これを投資家の目的関数 $U = E(R_p) - \frac{\gamma}{2}V(R_p)$ に代入すると，

$$\begin{aligned} U &= w(E(R) - r_f) + r_f - \frac{\gamma}{2}w^2 V(R) \\ &= -\frac{\gamma}{2}V(R)\left(w - \frac{E(R) - r_f}{\gamma V(R)}\right)^2 + \frac{(E(R) - r_f)^2}{2\gamma V(R)} + r_f \end{aligned}$$

となる．よって投資家の目的関数を最大にするリスク資産への投資比率は $w = \frac{1}{\gamma}\frac{E(R) - r_f}{V(R)}$ で与えられる．

問題 8.8 (最適ポートフォリオ2と接点ポートフォリオ)　2つのリスク資産 (証券1，証券2) があり，それぞれの期待リターン，リターンの標準偏差および相関係数は下表の通りとする．このとき，次の (1)〜(3) の各問に答えよ．

	期待リターン	リターンの標準偏差	リターンの相関係数
証券1	μ_1	σ_1	ρ
証券2	μ_2	σ_2	

(1)　証券1と証券2から構成されるポートフォリオのうち，期待リターンの分散が最小となるときの証券1への投資比率 w_1，証券2への投資比率 w_2，ポートフォリオの期待リターンの平均 μ および分散 σ^2 は以下となることを示せ．

$$w_1 = \frac{\sigma_1^2 - \rho\sigma_1\sigma_2}{\sigma_1^2 + \sigma_2^2 - 2\rho\sigma_1\sigma_2}, \quad w_2 = \frac{\sigma_2^2 - \rho\sigma_1\sigma_2}{\sigma_1^2 + \sigma_2^2 - 2\rho\sigma_1\sigma_2}$$

$$\mu = \frac{\sigma_2^2\mu_1 + \sigma_1^2\mu_2 - \rho\sigma_1\sigma_2(\mu_1 + \mu_2)}{\sigma_1^2 + \sigma_2^2 - 2\rho\sigma_1\sigma_2}, \quad \sigma^2 = \frac{\sigma_1^2\sigma_2^2(1-\rho^2)}{\sigma_1^2 + \sigma_2^2 - 2\rho\sigma_1\sigma_2}$$

(2)　証券1と証券2とリスクフリー・レートが r_f の安全資産の3種類から構成されるポートフォリオを考える．投資家の目的関数が，

$$U = E(R_p) - \frac{\gamma}{2}V(R_p) \quad (\gamma > 0)$$

で与えられるとする．目的関数を最大にする証券1への投資比率 w_1 と証券2への投資比率 w_2 は以下で与えられることを示せ．

$$w_1 = \frac{1}{\gamma}\frac{\sigma_2^2(\mu_1 - r_f) - \rho\sigma_1\sigma_2(\mu_2 - r_f)}{\sigma_1^2\sigma_2^2(1-\rho^2)}$$

$$w_2 = \frac{1}{\gamma}\frac{\sigma_1^2(\mu_2 - r_f) - \rho\sigma_1\sigma_2(\mu_1 - r_f)}{\sigma_1^2\sigma_2^2(1-\rho^2)}$$

(3)　リスクフリー・レート r_f の安全資産が存在するとき，接点ポートフォリオ T における証券1への投資比率 w_1，証券2への投資比

率 w_2，ポートフォリオの期待リターンの平均 μ および分散 σ^2 は以下となることを示せ．

$$\mu - r_f = \frac{\sigma_2^2(\mu_1 - r_f)^2 + \sigma_1^2(\mu_2 - r_f)^2 - 2\rho\sigma_1\sigma_2(\mu_1 - r_f)(\mu_2 - r_f)}{(\sigma_2^2 - \rho\sigma_1\sigma_2)(\mu_1 - r_f) + (\sigma_1^2 - \rho\sigma_1\sigma_2)(\mu_2 - r_f)}$$

$$\sigma^2 = \sigma_1^2\sigma_2^2(1-\rho^2) \times \frac{\sigma_2^2(\mu_1 - r_f)^2 + \sigma_1^2(\mu_2 - r_f)^2 - 2\rho\sigma_1\sigma_2(\mu_1 - r_f)(\mu_2 - r_f)}{\{(\sigma_2^2 - \rho\sigma_1\sigma_2)(\mu_1 - r_f) + (\sigma_1^2 - \rho\sigma_1\sigma_2)(\mu_2 - r_f)\}^2}$$

$$w_1 = \frac{\sigma_2^2(\mu_1 - r_f) - \rho\sigma_1\sigma_2(\mu_2 - r_f)}{(\sigma_2^2 - \rho\sigma_1\sigma_2)(\mu_1 - r_f) + (\sigma_1^2 - \rho\sigma_1\sigma_2)(\mu_2 - r_f)}$$

$$w_2 = \frac{\sigma_1^2(\mu_2 - r_f) - \rho\sigma_1\sigma_2(\mu_1 - r_f)}{(\sigma_2^2 - \rho\sigma_1\sigma_2)(\mu_1 - r_f) + (\sigma_1^2 - \rho\sigma_1\sigma_2)(\mu_2 - r_f)}$$

■ Point

- 必須知識＆公式集の (5.3) 式 ~(5.6) 式，(5.9) 式 ~(5.14) 式の証明を行う．
- ポートフォリオ理論における計算量が多い問題はこれらの公式を活用することで計算時間の短縮が見込める．
- ただし，式が複雑なため間違って覚えてしまう可能性もあるので，公式を使う解法と使わない解法，両方身に付けておくのがよいだろう．

【解答】

(1)　必須知識＆公式集 (5.2) 式より，$w_2 = 1 - w_1$ に注意して，

$$\begin{aligned}\sigma^2 &= w_1^2\sigma_1^2 + (1-w_2)^2\sigma_2^2 + 2w_1(1-w_1)\rho\sigma_1\sigma_2 \\ &= (\sigma_1^2 + \sigma_2^2 - 2\rho\sigma_1\sigma_2)w_1^2 - 2(\sigma_2^2 - \rho\sigma_1\sigma_2)w_1 + \sigma_2^2 \\ &= (\sigma_1^2 + \sigma_2^2 - 2\rho\sigma_1\sigma_2)\left(w_1 - \frac{\sigma_2^2 - \rho\sigma_1\sigma_2}{\sigma_1^2 + \sigma_2^2 - 2\rho\sigma_1\sigma_2}\right)^2 + \frac{\sigma_1^2\sigma_2^2(1-\rho^2)}{\sigma_1^2 + \sigma_2^2 - 2\rho\sigma_1\sigma_2}\end{aligned}$$

より，σ^2 は $w_1=\dfrac{\sigma_2^2-\rho\sigma_1\sigma_2}{\sigma_1^2+\sigma_2^2-2\rho\sigma_1\sigma_2}$ のとき，最小値 $\dfrac{\sigma_1^2\sigma_2^2(1-\rho^2)}{\sigma_1^2+\sigma_2^2-2\rho\sigma_1\sigma_2}$ をとる．このとき，証券 2 への投資比率 w_2 は，

$$w_2=1-w_1=\frac{\sigma_1^2-\rho\sigma_1\sigma_2}{\sigma_1^2+\sigma_2^2-2\rho\sigma_1\sigma_2}$$

となり，ポートフォリオの期待リターン μ は以下の通りとなる．

$$\mu=w_1\mu_1+w_2\mu_2=\frac{\sigma_2^2\mu_1+\sigma_1^2\mu_2-\rho\sigma_1\sigma_2(\mu_1+\mu_2)}{\sigma_1^2+\sigma_2^2-2\rho\sigma_1\sigma_2}$$

(2) 証券 1 のリターンを R_1，証券 2 のリターンを R_2 とし，ポートフォリオのリターンを R_p とすると，安全資産の投資比率が $1-w_1-w_2$ であることに注意して，

$$\begin{aligned}R_p&=w_1R_1+w_2R_2+(1-w_1-w_2)r_f\\&=w_1(R_1-r_f)+w_2(R_2-r_f)+r_f\end{aligned}$$

より，ポートフォリオの期待と分散は以下の通りとなる．

$$\begin{aligned}E(R_p)&=w_1(\mu_1-r_f)+w_2(\mu_2-r_f)+r_f\\V(R_p)&=V\{w_1(R_1-r_f)+w_2(R_2-r_f)+r_f\}\\&=w_1^2\sigma_1^2+w_2^2\sigma_2^2+2w_1w_2\rho\sigma_1\sigma_2\end{aligned}$$

投資家の目的関数に代入して，

$$\begin{aligned}U=&w_1(\mu_1-r_f)+w_2(\mu_2-r_f)+r_f\\&-\frac{\gamma}{2}(w_1^2\sigma_1^2+w_2^2\sigma_2^2+2w_1w_2\rho\sigma_1\sigma_2)\end{aligned}$$

を得る．目的関数を最適化する w_1,w_2 を求めるには，U を w_1,w_2 で偏微分したものがゼロとなる w_1,w_2 を求めればよい．

$$\begin{aligned}\frac{\partial U}{\partial w_1}&=\mu_1-r_f-\gamma(w_1\sigma_1^2+w_2\rho\sigma_1\sigma_2)\\\frac{\partial U}{\partial w_2}&=\mu_2-r_f-\gamma(w_2\sigma_1^2+w_1\rho\sigma_1\sigma_2)\end{aligned}$$

より，$\dfrac{\partial U}{\partial w_1}=\dfrac{\partial U}{\partial w_2}=0$ を解いて，以下を得る．

$$w_1=\frac{1}{\gamma}\frac{\sigma_2^2(\mu_1-r_f)-\rho\sigma_1\sigma_2(\mu_2-r_f)}{\sigma_1^2\sigma_2^2(1-\rho^2)}$$
$$w_2=\frac{1}{\gamma}\frac{\sigma_1^2(\mu_2-r_f)-\rho\sigma_1\sigma_2(\mu_1-r_f)}{\sigma_1^2\sigma_2^2(1-\rho^2)}$$

(3)　資産1への投資比率 $w_1=w$ とし，$w_2=1-w$ に注意すると，ポートフォリオのリターン R は，

$$R=wR_1+(1-w)R_2$$

とかける．R の平均 $\mu=E(R)$ は，

$$\mu=w\mu_1+(1-w)\mu_2$$

となり，

$$w_1=w=\frac{\mu-\mu_2}{\mu_1-\mu_2},\qquad w_2=1-w=-\frac{\mu-\mu_1}{\mu_1-\mu_2} \tag{8.4}$$

を得る．必須知識&公式集 (5.2) 式より，ポートフォリオのリターンの分散 $\sigma^2=V(R)$ は，

$$\begin{aligned}\sigma^2&=w^2\sigma_1^2+(1-w)^2\sigma_2^2+2w(1-w)\rho\sigma_1\sigma_2\\&=\left(\frac{\mu-\mu_2}{\mu_1-\mu_2}\right)^2\sigma_1^2+\left(-\frac{\mu-\mu_1}{\mu_1-\mu_2}\right)^2\sigma_2^2\\&\qquad+2\left(\frac{\mu-\mu_2}{\mu_1-\mu_2}\right)\left(-\frac{\mu-\mu_1}{\mu_1-\mu_2}\right)\rho\sigma_1\sigma_2\\(\mu_1-\mu_2)^2\sigma^2&=\sigma_1^2(\mu-\mu_2)^2+\sigma_2^2(\mu-\mu_1)^2\\&\qquad-2\rho\sigma_1\sigma_2(\mu-\mu_1)(\mu-\mu_2)\end{aligned} \tag{8.5}$$

となる．両辺を μ で微分すると，以下を得る．

$$(\mu_1-\mu_2)^2\sigma\frac{d\sigma}{d\mu}=\sigma_1^2(\mu-\mu_2)+\sigma_2^2(\mu-\mu_1)-\rho\sigma_1\sigma_2(2\mu-\mu_1-\mu_2)$$

一方で，接点ポートフォリオでは，$\dfrac{d\mu}{d\sigma}=\dfrac{\mu-r_f}{\sigma}$ となっているので，

$$\frac{d\sigma}{d\mu}=\frac{1}{\frac{d\mu}{d\sigma}}=\frac{\sigma}{\mu-r_f}$$

を代入して，

$$\begin{aligned}(\mu_1-\mu_2)^2\sigma\frac{\sigma}{\mu-r_f} =&\sigma_1^2(\mu-\mu_2)+\sigma_2^2(\mu-\mu_1)\\ &-\rho\sigma_1\sigma_2(2\mu-\mu_1-\mu_2)\\ (\mu_1-\mu_2)^2\sigma^2 =&(\sigma_1^2-\rho\sigma_1\sigma_2)(\mu-\mu_2)(\mu-r_f)\\ &+(\sigma_2^2-\rho\sigma_1\sigma_2)(\mu-\mu_1)(\mu-r_f) \qquad (8.6)\end{aligned}$$

(8.5) および (8.6) より，

$$\begin{aligned}&\sigma_1^2(\mu-\mu_2)^2+\sigma_2^2(\mu-\mu_1)^2-2\rho\sigma_1\sigma_2(\mu-\mu_1)(\mu-\mu_2)\\ &=(\sigma_1^2-\rho\sigma_1\sigma_2)(\mu-\mu_2)(\mu-r_f)+(\sigma_2^2-\rho\sigma_1\sigma_2)(\mu-\mu_1)(\mu-r_f)\end{aligned}$$

であるから，

$$\mu=\frac{(\sigma_2^2\mu_1-\rho\sigma_1\sigma_2\mu_2)(\mu_1-r_f)+(\sigma_1^2\mu_2-\rho\sigma_1\sigma_2\mu_1)(\mu_2-r_f)}{(\sigma_2^2-\rho\sigma_1\sigma_2)(\mu_1-r_f)+(\sigma_1^2-\rho\sigma_1\sigma_2)(\mu_2-r_f)}$$

$$\begin{aligned}&\therefore \mu-r_f\\ &=\frac{\sigma_2^2(\mu_1-r_f)^2+\sigma_1^2(\mu_2-r_f)^2-2\rho\sigma_1\sigma_2(\mu_1-r_f)(\mu_2-r_f)}{(\sigma_2^2-\rho\sigma_1\sigma_2)(\mu_1-r_f)+(\sigma_1^2-\rho\sigma_1\sigma_2)(\mu_2-r_f)}\end{aligned}$$

を得る．さらに，(8.4)，(8.6) に代入して，

$$\begin{aligned}w_1=&\frac{\sigma_2^2(\mu_1-r_f)-\rho\sigma_1\sigma_2(\mu_2-r_f)}{(\sigma_2^2-\rho\sigma_1\sigma_2)(\mu_1-r_f)+(\sigma_1^2-\rho\sigma_1\sigma_2)(\mu_2-r_f)}\\ w_2=&\frac{\sigma_1^2(\mu_2-r_f)-\rho\sigma_1\sigma_2(\mu_1-r_f)}{(\sigma_2^2-\rho\sigma_1\sigma_2)(\mu_1-r_f)+(\sigma_1^2-\rho\sigma_1\sigma_2)(\mu_2-r_f)}\\ \sigma^2=&\sigma_1^2\sigma_2^2(1-\rho^2)\times\\ &\frac{\sigma_2^2(\mu_1-r_f)^2+\sigma_1^2(\mu_2-r_f)^2-2\rho\sigma_1\sigma_2(\mu_1-r_f)(\mu_2-r_f)}{\{(\sigma_2^2-\rho\sigma_1\sigma_2)(\mu_1-r_f)+(\sigma_1^2-\rho\sigma_1\sigma_2)(\mu_2-r_f)\}^2}\end{aligned}$$

を得る．

8.3 CAPM

問題 8.9 (各指標の基本的な導出問題)　4種類の株式およびマーケット・ポートフォリオに関する情報が下表の通り与えられている．CAPMを前提にしたとき，次の各問に答えよ．

	株式(ア)	株式(イ)	株式(ウ)	株式(エ)
ベータ	1.5	0.8	(2)	0.3
マーケット・ポートフォリオとの相関係数			0.7	
トータル・リスク（標準偏差）	(1)		40%	
非市場リスク（標準偏差）	40%			30%

(注) リスクフリー・レートは2%，マーケット・リスクプレミアムは6%，マーケット・ポートフォリオのトータル・リスクは20%とする．

(1)　株式(ア)のトータル・リスクはいくらか．

(2)　株式(ウ)のベータはいくらか．

(3)　株式(イ)の期待リターンはいくらか．

(4)　株式(ウ)のシャープ比はいくらか．

(5)　株式(ア)と株式(エ)を投資比率50%ずつ組み合わせたポートフォリオのトータル・リスクはいくらか．ただし，各株式のリターンに含まれる非市場リターンは互いに独立と仮定する．解答は%単位で小数点以下第2位を四捨五入して表せ．

■ **Point**

- 各指標の定義を確かめながら，CAPM問題の計算に慣れていこう．
- 「相関係数」と「共分散」，および「期待リターン」と「リスクプレミアム」を混同しないよう注意．

【解答】

(1) リスクを分解すると，

$$\sigma_{ア}^2=(\beta_{ア}\sigma_M)^2+\sigma_{e_{ア}}^2$$
$$=(1.5\cdot 20\%)^2+(40\%)^2=2{,}500\%^2 \quad \therefore \sigma_{ア}=50\% \qquad \text{(答)}$$

(2) ベータは，必須知識&公式集の (5.15) 式より，

$$\beta_{ウ}=\frac{\sigma_{ウ}}{\sigma_M}\rho_{ウM}=\frac{40\%}{20\%}\times 0.7=1.4 \qquad \text{(答)}$$

(3) CAPM の第 2 定理より，

$$\mu_{イ}-r_f=\beta_{イ}(\mu_M-r_f)$$
$$\mu_{イ}=0.8\cdot 6\%+2\%=6.8\% \qquad \text{(答)}$$

(4) シャープ比は $S_{Pウ}=\dfrac{\mu_{ウ}-r_f}{\sigma_{ウ}}$ で求められるので，

$$\mu_{ウ}-r_f=\beta_{ウ}(\mu_M-r_f)$$
$$\mu_{ウ}=1.4\cdot 6\%+2\%=10.4\% \text{ より，}$$
$$S_{Pウ}=\frac{\mu_{ウ}-r_f}{\sigma_{ウ}}=\frac{10.4\%-2\%}{40\%}=0.21 \qquad \text{(答)}$$

(5) 設問のポートフォリオを P とおくと，P のトータル・リスクは $\sigma_P^2=(\beta_P\sigma_M)^2+\sigma_{e_P}^2$ で求められる．ここで，ポートフォリオのベータはそれに含まれる個別の株式のベータの加重平均となるので，

$$\beta_P=0.5\beta_{ア}+0.5\beta_{エ}=0.5\cdot 1.5+0.5\cdot 0.3=0.9$$

また，題意より各株式の非市場リターンの共分散が 0 となるので，

$$\sigma_{e_P}^2=V(0.5e_{ア}+0.5e_{エ})=0.5^2\sigma_{e_{ア}}^2+0.5^2\sigma_{e_{エ}}^2+2\cdot 0.5\cdot 0.5Cov(e_{ア},e_{エ})$$
$$=0.5^2\sigma_{e_{ア}}^2+0.5^2\sigma_{e_{エ}}^2=0.5^2\cdot(40\%)^2+0.5^2\cdot(30\%)^2=625\%^2$$

以上から，$\sigma_P^2=(\beta_P\sigma_M)^2+\sigma_{e_P}^2=(0.9\cdot 20\%)^2+625\%^2=949\%^2$

$$\therefore \sigma_P\approx 30.8\% \qquad \text{(答)}$$

問題 8.10（ポートフォリオが持つ性質）　3種類の株式に関する情報が下表のとおり与えられている．なお，マーケット・ポートフォリオのリターンの標準偏差は10.0%とし，リスクフリー・レートは1.2%とする．次の各問に答えよ．解答は，(1), (3), (4) は%単位で小数点以下第2位を，(2), (5) は%単位にせず小数点以下第3位を四捨五入して表せ．

銘柄	期待リターン	リターンの標準偏差	ベータ
株式X	4.0%	10.0%	0.7
株式Y	5.0%	20.0%	0.8
株式Z	6.0%	35.0%	1.2

(1)　株式Xと株式Yの相関係数が0.8のとき，株式Xと株式Yをそれぞれ投資比率30%と70%で組み合わせたポートフォリオAのリターンの標準偏差は何%か．

(2)　(1) のポートフォリオAのマーケット・ポートフォリオとの相関係数はいくらか．

(3)　(1) のポートフォリオAの非市場リスクは何%か．

(4)　株式Xと株式Zを組み合わせたポートフォリオBのベータが0.875となったとき，株式Xへの投資比率は何%か．

(5)　(4) のポートフォリオBのシャープ比が0.2のとき，株式Xと株式Zとの相関係数はいくらか．

■ **Point**

- 複数の銘柄を組み合わせたポートフォリオの問題は頻出．ポートフォリオのリターン，ベータなど各指標の持つ性質を理解しよう．
- ポートフォリオのリスクを求める際，共分散や相関係数を含むやや長い計算式を扱うことになる．計算ミスしやすいので注意．電卓のメモリー機能に慣れておこう．

【解答】

株式X，Y，Zのリターンを，それぞれR_X，R_Y，R_Zとおく．

(1) 株式Xへの投資比率を$w_X=0.3$とおくと，

$$\begin{aligned}\sigma_A^2 &= V(w_X R_X+(1-w_X)R_Y)\\ &= w_X^2\sigma_X^2+(1-w_X)^2\sigma_Y^2+2w_X(1-w_X)Cov(R_X,R_Y)\\ &\left(\text{ここで } \rho_{XY}=\frac{Cov(R_X,R_Y)}{\sigma_X\sigma_Y} \text{ より } Cov(R_X,R_Y)=\sigma_X\sigma_Y\rho_{XY}\right)\\ &= w_X^2\sigma_X^2+(1-w_X)^2\sigma_Y^2+2w_X(1-w_X)\sigma_X\sigma_Y\rho_{XY}\\ &= 0.3^2\cdot(10\%)^2+0.7^2\cdot(20\%)^2+2\cdot 0.3\cdot 0.7\cdot 10\%\cdot 20\%\cdot 0.8\\ &= 272.2\%^2 \qquad\qquad \therefore \sigma_A=16.498\ldots\%\approx 16.5\% \qquad (\text{答})\end{aligned}$$

(2) 相関係数は，必須知識&公式集の(5.15)式より，$\rho_{AM}=\dfrac{\sigma_M}{\sigma_A}\beta_A$と表せる．ここで，ポートフォリオのベータはそれに含まれる個別の株式のベータの加重平均であることから，

$\beta_A=w_X\beta_X+(1-w_X)\beta_Y=0.3\cdot 0.7+0.7\cdot 0.8=0.77$ より，

$$\rho_{AM}=\frac{10\%}{\sqrt{272.2\%}}\cdot 0.77=0.4667\ldots\approx 0.47 \qquad (\text{答})$$

(3) リスクを分解して，

$$\begin{aligned}\sigma_A^2 &= (\beta_A\sigma_M)^2+\sigma_{e_A}^2 \text{ より，}\\ \sigma_{e_A}^2 &= \sigma_A^2-(\beta_A\sigma_M)^2\\ &= 272.2\%^2-(0.77\cdot 10\%)^2\\ &= 212.91\%^2\\ \sigma_{e_A} &= 14.591\ldots\%\approx 14.6\% \qquad (\text{答})\end{aligned}$$

(4) 株式Xへの投資比率をw'_Xとすると，

$$\begin{aligned}\beta_B=w'_X\beta_X+(1-w'_X)\beta_Z&=0.875\\ 0.7w'_X+1.2(1-w'_X)&=0.875\end{aligned}$$

$$-0.5w'_X = -0.325 \quad \therefore w'_X = 0.65 = 65.0\% \qquad \text{(答)}$$

(5) ポートフォリオBのシャープ比は，$S_{PB} = \dfrac{\mu_B - r_f}{\sigma_B}$ で表される．
$\mu_B = w'_X \mu_X + (1-w'_X)\mu_Z = 0.65 \cdot 4\% + 0.35 \cdot 6\% = 4.7\%$ なので，

$$0.2 = \frac{4.7\% - 1.2\%}{\sigma_B} \quad \therefore \sigma_B = 17.5\%$$

ここで，

$$\begin{aligned}\sigma_B^2 &= V(w'_X R_X + (1-w'_X)R_Z)\\ &= {w'_X}^2 \sigma_X^2 + (1-w'_X)^2 \sigma_Z^2 + 2w'_X(1-w'_X)\sigma_X \sigma_Z \rho_{XZ}\end{aligned}$$

なので，

$$\begin{aligned}\rho_{XZ} &= \frac{\sigma_B^2 - {w'_X}^2 \sigma_X^2 - (1-w'_X)^2 \sigma_Z^2}{2w'_X(1-w'_X)\sigma_X \sigma_Z}\\ &= \frac{(17.5\%)^2 - 0.65^2 \cdot (10\%)^2 - 0.35^2 \cdot (35\%)^2}{2 \cdot 0.65 \cdot 0.35 \cdot 10\% \cdot 35\%}\\ &= 0.715\ldots \approx 0.72 \qquad \text{(答)}\end{aligned}$$

■コラム：電卓の使い方（その1）

シャープ製およびカシオ製の電卓を例にとって操作方法をご紹介します．

- 累乗計算
  1.03^{10} を計算するときは，$1.03 \times 1.03 \times \cdots$ とするのではなく，以下のように電卓を叩きます（カシオ製の電卓の場合，[×]は2回叩きます）．
  [1] [・] [0] [3] [×] [=] [=] [=] [=] [=] [=] [=] [=] [=]
- 逆数計算
  $\dfrac{3.789}{1.234+2.569}$ を計算するときは，以下のように分母から計算します（カシオ製の電卓の場合，[÷] [=]のところは，[÷] [÷] [=] [=]となります）．
  [1] [・] [2] [3] [4] [+] [2] [・] [5] [6] [9] [÷] [3] [・] [7] [8] [9] [÷] [=]

問題 8.11（関係式を駆使する総合問題） 株式X，株式Yに関する情報の一部が下表のとおり与えられている．次の各問に答えよ．

マーケット・ポートフォリオの期待リターンを5.0%，リターンの標準偏差を20.0%とし，リスクフリー・レートは1.0%とする．解答は，(1),(3),(4)は小数点以下第3位を，(2),(5)は%単位で小数点以下第3位を四捨五入して表せ．

	期待リターン	リターンの標準偏差	ベータ
株式X	4.0%	18.0%	0.63
株式Y	6.0%	24.0%	

(1) 株式Xとマーケット・ポートフォリオの相関係数はいくらか．

(2) 株式Xの非市場リスクは何%か．

(3) 株式Xと株式Yの組み合わせによるポートフォリオAのベータが0.9で，ポートフォリオAのアルファがゼロであるとき，株式Yのベータはいくらか．

(4) (3)の場合において，ポートフォリオAとマーケット・ポートフォリオの相関係数が0.95であるとき，株式Xと株式Yの相関係数はいくらか．

(5) (3)の場合において，株式Xと株式Yの組み合わせによるポートフォリオBの期待リターンが4.2%であるとき，ポートフォリオBのアルファはいくらか．

■ **Point**

- 解くのに複数の関係式を組み合わせないといけない設問を多く含む問題が出題されている．CAPMの単元で出てくる関係式はそれほど多くないので，自在に式変形ができるように慣れておくこと．

【解答】

(1)　相関係数は，必須知識&公式集の (5.15) 式より，

$$\rho_{XM} = \frac{\sigma_M}{\sigma_X}\beta_X = \frac{20\%}{18\%} \times 0.63 = 0.70 \qquad \text{(答)}$$

(2)　リスクを分解すると，

$$\sigma_X^2 = (\beta_X \sigma_M)^2 + \sigma_{e_X}^2$$
$$(18\%)^2 = (0.63 \times 20\%)^2 + \sigma_{e_X}^2$$
$$\sigma_{e_X}^2 = 165.24\%^2 \quad \therefore \sigma_{e_X} = 12.854\ldots\% \approx 12.85\% \qquad \text{(答)}$$

(3)　まず，株式Xと株式Yの投資比率を求める．

アルファは，株式の超過リターンと期待リターンの差であるから，

$$\mu_A - r_f = \alpha_A + \beta_A(\mu_M - r_f)$$
$$\mu_A - 1\% = 0\% + 0.9(5\% - 1\%) \quad \therefore \mu_A = 4.6\%$$

一方，

$$\mu_A = w_X\mu_X + (1 - w_X)\mu_Y$$
$$4.6\% = 4w_X\% + 6(1 - w_X)\% \quad \therefore w_X = 0.7$$

以上より，ポートフォリオのベータは，それに含まれる個別の株式のベータの加重平均であることから，

$$\beta_A = w_X\beta_X + (1 - w_X)\beta_Y$$
$$0.9 = 0.7 \cdot 0.63 + 0.3\beta_Y \quad \therefore \beta_Y = 1.53 \qquad \text{(答)}$$

(4) まずσ_Aを求める．相関係数は，必須知識&公式集の(5.15)式より，

$$\rho_{AM}=\frac{\sigma_M}{\sigma_A}\beta_A=0.95$$

ここで，(3)より$\beta_A=0.9$なので，$\frac{20\%}{\sigma_A}\cdot 0.9=0.95 \quad \therefore \sigma_A=\frac{20\%\cdot 0.9}{0.95}$
よって，

$$\begin{aligned}\sigma_A^2&=V(w_XR_X+(1-w_X)R_Y)\\&=w_X^2\sigma_X^2+(1-w_X)^2\sigma_Y^2+2w_X(1-w_X)\sigma_X\sigma_Y\rho_{XY}\end{aligned}$$

$$\left(\frac{20\%\cdot 0.9}{0.95}\right)^2=0.7^2\cdot(18\%)^2+0.3^2\cdot(24\%)^2+2\cdot 0.7\cdot 0.3\cdot 18\%\cdot 24\%\cdot\rho_{XY}$$

$$\therefore \rho_{XY}=0.817\ldots\approx 0.82 \qquad \text{(答)}$$

(5) $\mu_B-r_f=\alpha_B+\beta_B(\mu_M-r_f)$より，未知数の$\beta_B$を求めればよい．まず，株式Xと株式Yの投資比率を求めると，

$$\begin{aligned}\mu_B&=w_X\mu_X+(1-w_X)\mu_Y\\4.2\%&=4w_X\%+6(1-w_X)\% \qquad \therefore w_X=0.9\end{aligned}$$

ポートフォリオのベータは，それに含まれる個別の株式のベータの加重平均であることから，

$$\begin{aligned}\beta_B&=w_X\beta_X+(1-w_X)\beta_Y\\&=0.9\cdot 0.63+0.1\cdot 1.53=0.72\end{aligned}$$

α_Bの式に代入して，

$$4.2\%-1\%=\alpha_B+0.72(5\%-1\%) \qquad \therefore \alpha_B=0.32\% \qquad \text{(答)}$$

問題 8.12 (複数のシナリオがある場合)　株式Aとマーケット・ポートフォリオがあり，それぞれの予想収益率のシナリオおよびその発生確率が下表のように想定されているとき，次の各問に答えよ．解答は，(1),(4),(5) は％単位で小数点以下第2位を，(3) は％単位にせず小数点以下第2位を四捨五入して表せ．(2) の解答は分数で表せ．

シナリオ	発生確率	予想収益率	
		株式A	マーケット・ポートフォリオ
1	0.1	35%	25%
2	0.6	20%	10%
3	0.3	−15%	5%

(1)　マーケット・ポートフォリオの予想収益率の標準偏差はいくらか．

(2)　株式Aとマーケット・ポートフォリオの予想収益率の共分散はいくらか．

(3)　株式Aのベータはいくらか．

(4)　株式Aおよびマーケット・ポートフォリオの過去3年間の平均リターンがそれぞれ上表から得られる期待リターンに一致しているとき，株式Aのジェンセンのアルファはいくらか．なお，リスクフリー・レートは6%で一定であるとする．

(5)　株式Aの予想収益率の分散のうち，非市場リスクによる分散が占める割合はいくらか．

■ **Point**

- 複数のシナリオがある場合には，リターンの平均・標準偏差などの計算が若干面倒になる．それらさえミスなく計算してしまえば，これまでの演習と同様に関係式を組み合わせて解いていけばよい．

【解答】

平均や標準偏差，共分散の情報が必要なので，まず材料を用意する．

$E(R_A) = 0.1 \cdot 35\% + 0.6 \cdot 20\% + 0.3 \cdot (-15\%) = 11\%$

$E(R_A^2) = 0.1 \cdot (35\%)^2 + 0.6 \cdot (20\%)^2 + 0.3 \cdot (-15\%)^2 = 430\%^2$

$E(R_M) = 0.1 \cdot 25\% + 0.6 \cdot 10\% + 0.3 \cdot 5\% = 10\%$

$E(R_M^2) = 0.1 \cdot (25\%)^2 + 0.6 \cdot (10\%)^2 + 0.3 \cdot (5\%)^2 = 130\%^2$

$E(R_A R_M) = 0.1 \cdot 35\% \cdot 25\% + 0.6 \cdot 20\% \cdot 10\% + 0.3 \cdot (-15\%) \cdot 5\% = 185\%^2$

(1) 上記数値より，

$$\sigma_M^2 = E(R_M^2) - E(R_M)^2 = 130\%^2 - (10\%)^2 = 30\%^2$$

$$\therefore \sigma_M = 5.477\ldots\% \approx 5.5\% \quad (答)$$

(2)

$$Cov(R_A, R_M) = E(R_A R_M) - E(R_A)E(R_M)$$
$$= 185\%^2 - 11\% \cdot 10\% = 75\%^2 = \frac{75}{10{,}000} \quad (答)$$

(3)

$$\beta_A = \frac{Cov(R_A, R_M)}{\sigma_M^2} = \frac{75\%^2}{30\%^2} = 2.5 \quad (答)$$

(4) $r_f = 6\%$ より，株式 A のジェンセンのアルファは，

$$\mu_A - r_f = \alpha_A + \beta_A(\mu_M - r_f)$$

$$11\% - 6\% = \alpha_A + 2.5(10\% - 6\%) \qquad \therefore \alpha_A = -5.0\% \quad (答)$$

(5) $\dfrac{\sigma_{e_A}^2}{\sigma_A^2}$ を求めればよい．

まず，$\sigma_A^2 = E(R_A^2) - E(R_A)^2 = 430\%^2 - (11\%)^2 = 309\%^2$ であり，リスクを分解すると，

$$\sigma_A^2 = (\beta_A \sigma_M)^2 + \sigma_{e_A}^2$$

$$1 = \frac{(\beta_A \sigma_M)^2}{\sigma_A^2} + \frac{\sigma_{e_A}^2}{\sigma_A^2}$$

$$\frac{\sigma_{e_A}^2}{\sigma_A^2} = 1 - \frac{2.5^2 \cdot 30\%^2}{309\%^2} = 0.3932\ldots \approx 39.3\% \quad (答)$$

問題 8.13 (回帰分析による推計)　あるファンド F の超過リターン (年率) Z_F とマーケット・ポートフォリオの超過リターン（年率）Z_M に関するデータ（データ数 $T=50$）が下表のように与えられている．ここで，超過リターン（年率）とは，リスクフリー・レートに対する年率ベースの超過リターンである．

	値
$\sum_{t=1}^{T} Z_F(t)$	510%
$\sum_{t=1}^{T} Z_M(t)$	236%
$\sum_{t=1}^{T} Z_F(t)Z_M(t)$	165%
$\sum_{t=1}^{T} Z_F(t)Z_F(t)$	282%
$\sum_{t=1}^{T} Z_M(t)Z_M(t)$	185%

ファンド F の超過リターン（年率）Z_F について，回帰式を

$$Z_F(t) = \alpha_F + \beta_F Z_M(t) + u_F(t) \quad (t = 1, 2, \ldots, T)$$

とするとき，回帰分析によって推計される α_F と β_F はそれぞれいくらか．なお，$u_F(t)$ は残差項であり，期待値をとるとゼロになるものとする．α_F は % 単位で小数点以下第 2 位を，β_F は % 単位にせず小数点以下第 2 位を四捨五入して表せ．

■ **Point**

- データからアルファやベータを推計させる問題も最近出題されている．回帰分析の計算には共分散の式展開など若干の数学的知識が必要になるため，付録 B「KKT のための数学基礎公式集」の 318 ページも参照．

【解答】

ベータの定義式から，問題文の数値が使用できるように変形していく．なお，Z_F，Z_M の平均値をそれぞれ $\overline{Z}_F$，$\overline{Z}_M$ で表している．

$$\beta_F = \frac{Cov(Z_F(T), Z_M(T))}{\sigma_{Z_M}^2} = \frac{\sum_{t=1}^{T}\left[\left(Z_F(t) - \overline{Z}_F\right)\left(Z_M(t) - \overline{Z}_M\right)\right]}{\sum_{t=1}^{T}\left(Z_M(t) - \overline{Z}_M\right)^2}$$

$$\begin{aligned}
\text{分子} &= \sum_{t=1}^{T}\left[Z_F(t)Z_M(t) - Z_F(t)\overline{Z}_M - \overline{Z}_F Z_M(t) + \overline{Z}_F\overline{Z}_M\right] \\
&= \sum_{t=1}^{T} Z_F(t)Z_M(t) - \overline{Z}_M\sum_{t=1}^{T} Z_F(t) - \overline{Z}_F\sum_{t=1}^{T} Z_M(t) + T\cdot\overline{Z}_F\overline{Z}_M \\
&= 165\% - \frac{236\%}{50}\cdot 510\% - \frac{510\%}{50}\cdot 236\% + 50\cdot\frac{510\%}{50}\cdot\frac{236\%}{50} \\
&= 16{,}500\%^2 - \frac{236\%\cdot 510\%}{50} = \frac{704{,}640}{50}\%^2
\end{aligned}$$

$$\begin{aligned}
\text{分母} &= \sum_{t=1}^{T}\left[Z_M(t)^2 - 2Z_M(t)\overline{Z}_M + \overline{Z}_M{}^2\right] \\
&= \sum_{t=1}^{T} Z_M(t)^2 - 2\overline{Z}_M\sum_{t=1}^{T} Z_M(t) + T\cdot\overline{Z}_M{}^2 \\
&= 185\% - 2\cdot\frac{236\%}{50}\cdot 236\% + 50\cdot\frac{236\%\cdot 236\%}{50\cdot 50} \\
&= 18{,}500\%^2 - \frac{236\%\cdot 236\%}{50} = \frac{869{,}304}{50}\%^2
\end{aligned}$$

以上から，

$$\beta_F = \frac{(704{,}640/50)\%^2}{(869{,}304/50)\%^2} = 0.810\ldots \approx 0.8 \qquad \text{(答)}$$

与式の両辺の期待値を取ると $\overline{Z}_F = \alpha_F + \beta_F\overline{Z}_M + 0$ となるので，

$$\frac{510\%}{50} = \alpha_F + \beta_F\frac{236\%}{50} \qquad \therefore \alpha_F = 6.374\ldots\% \approx 6.4\% \qquad \text{(答)}$$

8.4 リスクニュートラル・プライシング

問題 8.14（各指標の基本的な導出問題 1） 今日から1年後の経済の状態について2通りのシナリオが考えられるとする．下表は株式と債券の今日の価格と各状態の1年後の価格，各状態の生起確率および各状態の状態価格を示している．このとき，以下の各問に答えよ．なお，社債は額面1円の割引債であり1年で満期を迎えるものとし，株式には配当がないものとする．また，市場はノー・フリーランチとする．解答は (1),(5)〜(9) は小数点以下第3位を四捨五入して，第2位までの数値で，(2)〜(4) は％単位で小数点以下第3位を四捨五入し，第2位までの数値で解答せよ．

証券	今日の価格（円）	1年後の価格（円）	
		状態1	状態2
株式	4.18	5	(い)
債券	0.80	1	0
生起確率		90%	10%
状態価格（円）		(あ)	0.18

(1) 状態1の状態価格 (あ) および状態2での株式の価格 (い) はいくらか．

(2) 今日（$t=0$）の期間1年のリスクフリー・レートはいくらか．

(3) 債券の今日（$t=0$）におけるリスクプレミアムはいくらか．

(4) 状態2のリスク中立確率はいくらか．

(5) 株式を原資産とする，権利行使価格3円のコール・オプション（ヨーロピアン・オプションであり，満期日は1年後とする）の今日（$t=0$）の価値はいくらか．

(6) 株式を原資産とする，権利行使価格3円のプット・オプション（ヨーロピアン・オプションであり，満期日は1年後とする）の今日（$t=0$）の価値はいくらか．

(7) ある投資家が株式を1年後（$t=1$）で売買する先物契約を過去（$t=0$ 以前）に結んでいるとする．約定した受渡価格が3円であるとき，この先物（ロング・ポジション）の今日（$t=0$）での価値はいくらか．

(8) ある投資家が株式を1年後（$t=1$）で売買する先物契約を過去（$t=0$ 以前）に結んでいるとする．約定した受渡価格が2円であるとき，この先物（ショート・ポジション）の今日（$t=0$）での価値はいくらか．

(9) 株式の今日（$t=0$）における1年物の先物価格はいくらか．

■ **Point**

- 状態価格，リスクフリー・レート，リスクプレミアム，リスク中立確率などの重要事項の算出方法をシンプルな設定でしっかり身に付ける．
- コールとプットの違いをきちんと理解して，オプションの価格の算出方法を身に付ける．

【解答】

(1) 状態1の状態価格を q_1，1年後の状態2の株式の価格を $D_{1,2}$ とすれば，

$$4.18 = q_1 \cdot 5 + 0.18 \cdot D_{1,2}$$
$$0.80 = q_1 \cdot 1 + 0.18 \cdot 0$$

より，状態1の状態価格 $q_1 = 0.80 \cdots$(あ)，1年後の状態2の株式の価格 $D_{1,2} = 1.00 \cdots$(い)を得る．（答）

（$D_{1,2}$ は端数を持たないため，以降，整数値を用いる．）

(2) 安全資産の価格は $q_1 + q_2 = 0.98$ となるので，リスクフリー・レート r_f は以下の通りとなる．

$$\frac{1}{0.98} = 1 + r_f \quad \therefore r_f = 2.0408\ldots\% \approx 2.04\% \quad (答)$$

(3) 債券の $t=1$ で回収となるキャッシュフローの期待値は，$1 \times 90\% + 0 \times$

10%＝0.9より，債券のリスクプレミアムをλ_Bとすれば，

$$\frac{0.9}{1+r_f+\lambda_B}=0.8 \quad \therefore \lambda_B=10.4591\ldots\%\approx 10.46\% \qquad \text{（答）}$$

(4) 状態2のリスク中立確率q_2^*は以下の通り．

$$q_2^*=(1+r_f)q_2=(1+2.0408\%)\cdot 0.18=18.3673\ldots\%\approx 18.37\% \qquad \text{（答）}$$

(5) $t=1$での株式の価値は$(5,1)$となるので，行使価格3円のコール・オプションの価値は$(2,0)$となる．これより，コール・オプションの価格は以下の通り計算される．

$$2\times 0.80+0\times 0.18=1.60 \qquad \text{（答）}$$

(6) 同様にして，行使価格3円のプット・オプションの価値は$(0,2)$となる．これより，プット・オプションの価格は以下の通り計算される．

$$0\times 0.80+2\times 0.18=0.36 \qquad \text{（答）}$$

(7) 受渡価格3円の先物（ロング・ポジション）の$t=1$の価値は$(2,-2)$となる．これより，先物（ロング・ポジション）の$t=0$での価値は以下の通り計算される．

$$2\times 0.80+(-2)\times 0.18=1.24 \qquad \text{（答）}$$

(8) 受渡価格2円の先物（ショート・ポジション）の$t=1$の価値は$(-3,1)$となる．これより，先物（ショート・ポジション）の$t=0$での価値は以下の通り計算される．

$$-3\times 0.80+1\times 0.18=-2.22 \qquad \text{（答）}$$

(9) 先物のキャリー公式（必須知識＆公式集(5.21)式）より，先物価格をF，現物価格をSとして，以下の通り求めることができる．

$$\begin{aligned}F&=S(1+r_f)\\&=4.18\times(1+2.0408\%)\\&=4.2653\ldots\approx 4.27 \qquad \text{（答）}\end{aligned}$$

問題 8.15（各指標の基本的な導出問題 2） 今日から1年後の経済の状態について5通りのシナリオが考えられるとする．下表は3種類の証券の今日の価格と各状態の1年後の価格，各状態の生起確率および各状態の状態価格を示している．このとき，以下の各問に答えよ．なお，社債は額面100円の割引債であり1年で満期を迎えるものとし，株式には配当がないものとする．また，市場はノー・フリーランチとする．解答は(1),(4)〜(6)は小数点以下第3位を四捨五入して，第2位までの数値で，(2),(3)は％単位で小数点以下第3位を四捨五入し，第2位までの数値で解答せよ．

証券	今日の価格（円）	1年後の価格（円）				
		状態1	状態2	状態3	状態4	状態5
X社の株式	94	250	200	150	0	0
Y社の株式	121	400	(い)	0	0	100
X社の社債	72	100	100	100	100	0
生起確率		30%	20%	15%	25%	10%
状態価格（円）		(あ)	0.16		0.24	0.25

(1) 状態1の状態価格(あ)および状態2でのY社の株式の価格(い)はいくらか．

(2) 今日（$t=0$）の期間1年のリスクフリー・レートはいくらか．

(3) X社の社債は今日（$t=0$）におけるリスクプレミアムはいくらか．

(4) X社の株式を原資産とする，権利行使価格180円のプット・オプション（ヨーロピアン・オプションであり，満期日は1年後とする）の今日（$t=0$）の価値はいくらか．

(5) ある投資家がY社の株式を1年後（$t=1$）で売買する先物契約を過去（$t=0$以前）に結んでいるとする．約定した受渡価格が130円であるとき，この先物（ショート・ポジション）の今日（$t=0$）

での価値はいくらか．

(6)　Y社の株式の今日 ($t=0$) における1年物の先物価格はいくらか．

■ **Point**

- 実際の試験では証券数はおおむね3種類以上，経済のシナリオは5通り程度の設定が多い．本問程度の計算量の問題を正確かつ迅速に解答を出せるようにしておくことが必要だろう．
- 当たり前のことであるが，「どの証券」の「何の価格」を算出する必要があるのか問題文をよく確認することが重要．

【解答】

(1)　状態1,3,の状態価格をそれぞれ q_1, q_3 とし，Y社の株式の状態2における価格を $D_{2,2}$ とおく．X社の株式，Y社の株式およびY社の社債について，

$$\begin{cases} 94 = q_1 \times 250 + 0.16 \times 200 + q_3 \times 150 + 0.24 \times 0 + 0.25 \times 0 \\ 121 = q_1 \times 400 + 0.16 \times D_{2,2} + q_3 \times 0 + 0.24 \times 0 + 0.25 \times 100 \\ 72 = q_1 \times 100 + 0.16 \times 100 + q_3 \times 100 + 0.24 \times 100 + 0.25 \times 0 \end{cases}$$

$$\Leftrightarrow \begin{cases} 31 = 125q_1 + 75q_3 \\ 6 = 25q_1 + 0.01D_{2,2} \\ 8 = 25q_1 + 25q_3 \end{cases} \qquad \therefore \begin{cases} q_1 = 0.14 \\ q_3 = 0.18 \\ D_{2,2} = 250 \end{cases}$$

以上より，状態1の状態価格 $q_1 = 0.14 \cdots$(あ)，状態2でのY社の株式の価格 $D_{2,2} = 250.00 \cdots$(い) を得る．　(答)

($D_{2,2}$ は端数を持たないため，以降，整数値を用いる．)

(2)　安全資産の今日の価格は $0.14+0.16+0.18+0.24+0.25=0.97$ となる．したがって，リスクフリー・レート r_f は

$$r_f = \frac{1}{0.97} - 1 = 3.0927\ldots\% \approx 3.09\% \qquad \text{(答)}$$

(3)　X社の社債のリスクプレミアムをλ_3とおく．X社の社債のキャッシュフローの期待値は

$$100\times 0.30+100\times 0.20+100\times 0.15+100\times 0.25+0\times 0.10=90$$

となるので，リスクプレミアムλ_3は，以下の通りとなる．

$$72=\frac{90}{1+r_f+\lambda_3} \qquad \therefore \lambda_3=21.9072\ldots\%\approx 21.91\% \qquad \text{(答)}$$

(4)　1年後のXの株式は$(250,200,150,0,0)$より，行使価格180のプット・オプションの1年後の価値は$(0,0,30,180,180)$となるので，このプット・オプションの価格は，以下の通りとなる．

$$0.14\times 0+0.16\times 0+0.18\times 30+0.24\times 180+0.25\times 180=93.6 \qquad \text{(答)}$$

(5)　設問の先物（ショート・ポジション）の1年後のCFは，$(-270,-120,130,130,30)$となるので，この先物（ショート・ポジション）の価格は，以下の通りとなる．

$$0.14\times(-270)+0.16\times(-120)+0.18\times 130+0.24\times 130+0.25\times 30$$
$$=5.1 \qquad \text{(答)}$$

(6)　先物のキャリー公式（必須知識&公式集(5.21)式）より，先物価格をF，現物価格をSとして，以下の通り求めることができる．

$$\begin{aligned} F&=S(1+r_f)\\ &=121\times(1+3.0927\%)\\ &=124.7421\ldots\approx 124.74 \qquad \text{(答)} \end{aligned}$$

問題 8.16 (CAPMとの複合問題)　今日から1年後の経済の状態について4通りのシナリオが考えられるとする．下表はマーケット・ポートフォリオ，X社の株式およびY社の株式について，各状態の1年後の価格，各状態の生起確率および各状態の状態価格を示している．このとき，以下の各問に答えよ．なお，株式には配当がないものとし，市場は均衡状態であり，ノー・フリーランチとする．解答は(1)~(3)は%単位で小数点以下第3位を四捨五入し，第2位までの数値で，(4)~(6)は小数点以下第3位を四捨五入して，第2位までの数値で解答せよ．

	1年後の価格（円）			
	状態1	状態2	状態3	状態4
マーケット・ポートフォリオ	2,000	2,500	3,500	2,750
X社の株式	100	500	200	200
Y社の株式	300	100	600	100
生起確率	25%	30%	25%	20%
状態価格（円）	0.35	0.29	0.15	0.20

(1)　今日の期間1年のリスクフリー・レートはいくらか．

(2)　X社の株式の今日におけるリスクプレミアムはいくらか．

(3)　X社の株式の期待リターンの標準偏差はいくらか．

(4)　CAPMを前提とした場合，X社の株式のベータはいくらか．

(5)　Y社の株式を原資産とする，権利行使価格200円のコール・オプション（ヨーロピアン・オプションであり，満期日は1年後とする）の今日の価値はいくらか．

(6)　ある投資家がY社の株式を1年後（$t=1$）で売買する先物契約を過去（$t=0$以前）に結んでいるとする．約定した受渡価格が200円であるとき，この先物（ロング・ポジション）の今日（$t=0$）での価値はいくらか．

■ **Point**

- 証券の一つをマーケット・ポートフォリオとすることでCAPMとの複合問題となる．違う章の手法を使うような問題についても慣れておく必要がある．

【解答】

(1) 安全資産の今日の価格は $0.35+0.29+0.15+0.20=0.99$ となる．したがって，リスクフリー・レート r_f は

$$r_f=\frac{1}{0.99}-1=1.0101\ldots\%\approx 1.01\% \qquad (答)$$

(2) X社の株式のキャッシュフローの期待値は，

$$100\times 25\%+500\times 30\%+200\times 25\%+200\times 20\%=265$$

であり，X社の株式の現在の価格は

$$100\times 0.35+500\times 0.29+200\times 0.15+200\times 0.20=250$$

よって，リスクプレミアムを λ_X とすれば，

$$\frac{265}{1+r_f+\lambda_X}=250 \qquad \therefore \lambda_X=4.9898\ldots\%\approx 4.99\% \qquad (答)$$

(3) X社の株式の1年後の価格に対するリターン R_X および R_X^2 は下表の通り．

	状態1	状態2	状態3	状態4
R_X	-0.60	1.00	-0.20	-0.20
R_X^2	0.36	1.00	0.04	0.04

$$E(R_X)=-0.60\cdot 25\%+1.00\cdot 30\%-0.20\cdot 25\%-0.20\cdot 20\%=0.06$$

$$E(R_X^2)=0.36\cdot 25\%+1.00\cdot 30\%+0.04\cdot 25\%+0.04\cdot 20\%=0.408$$

$$\therefore \sqrt{V(R_X)}=\sqrt{E(R_X^2)-E(R_X)^2}=63.5924\ldots\%\approx 63.59\% \qquad (答)$$

(4) マーケット・ポートフォリオの現在価格は

$$2,000 \times 0.35 + 2,500 \times 0.29 + 3,500 \times 0.15 + 2,750 \times 0.20 = 2,500$$

(3) と同様にして，マーケット・ポートフォリオの1年後の価格に対するリターン R_M は下表の通り．

	状態1	状態2	状態3	状態4
R_M	−0.2	0	0.4	0.1

よって，$E(R_M) = 0.07$ となる．ここで，CAPM の第2定理より，$E(R_X) - r_f = \beta_X(E(R_M) - r_f)$ が成立するから，

$$\beta_X = \frac{E(R_X) - r_f}{E(R_M) - r_f} = \frac{0.06 - 0.0101}{0.07 - 0.0101} = 83.3055\ldots\% \approx 83.31\% \qquad \text{（答）}$$

(5) オプションのペイオフは

	状態1	状態2	状態3	状態4
ペイオフ	100	0	400	0

となるので，今日の価格は以下の通り．

$$100 \times 0.35 + 0 \times 0.29 + 400 \times 0.15 + 0 \times 0.20 = 95.00 \qquad \text{（答）}$$

(6) 先物（ロング・ポジション）のペイオフは

	状態1	状態2	状態3	状態4
ペイオフ	100	−100	400	−100

となるので，今日の価格は以下の通り．

$$100 \times 0.35 + (-100) \times 0.29 + 400 \times 0.15 + (-100) \times 0.20 = 46.00 \qquad \text{（答）}$$

8.5　デリバティブの評価理論

問題 8.17（二項モデル）　X 社の今日から 2 年間の株価の動きが下図の通りとなっている二項モデルを考える．今日（$t=0$）の株価は 100 円とする．なお，リスクフリー・レートは 10% とし，X 社の株式に配当はないものとする．また，市場はノー・フリーランチとする．このとき，以下の各問に答えよ．解答は小数点以下第 2 位を四捨五入して表せ．

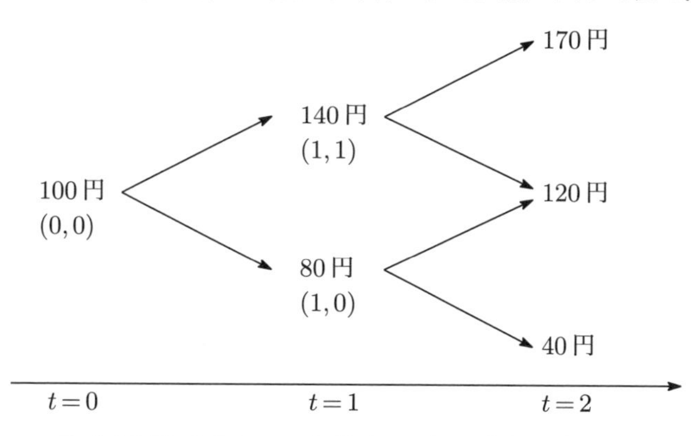

(1)　この株式を原資産とし，2 年後（$t=2$）に満期を迎えるコール・オプション（ヨーロピアン・オプションとする）の権利行使価格が 90 円であるとき，このオプションの今日における価格はいくらか．

(2)　この株式を契約の対象とした，2 年後（$t=2$）に満期を迎えるフォワード契約の満期日における受渡価格が 90 円であるとき，このフォワード契約（ロング）の今日における価値はいくらか．

(3)　この株式を原資産とし，2 年後（$t=2$）に満期を迎えるプット・オプション（ヨーロピアン・オプションとする）の権利行使価格が 125 円であるとき，このオプションの今日における価格はいくらか．

(4)　この株式を原資産とし，2 年後（$t=2$）に満期を迎えるプット・オプション（アメリカン・オプションとする）の権利行使価格が 125 円であるとき，このオプションの今日における価格はいくらか．

■ **Point**

- まずリスク中立確率を求め，次に各時点のオプションの価格を満期日から現在の順に（時間の進行とは逆向きに）求めていく流れをマスターしよう．
- リスクフリー・レート r_f は各項の分母に来るため，計算結果が小数点以下の値になりやすい．最終的な答えを出すまでは分数の形で計算を行った方が見やすいことが多い．
- アメリカン・オプションは行使期間中いつでも行使可能であるが，二項モデルにおいて例えば $t=0.9$ の時点で行使できるということではない．「ヨーロピアン・オプションの場合であれば $t=2$ でしか行使できない一方，アメリカン・オプションは $t=0,1,2$ のいずれの時点でも行使できる」と考えることに注意．

【解答】

まず，各分岐点で株価が上昇するリスク中立確率を求める[*3]．リスクフリー・レート $r_f=10\%$ より

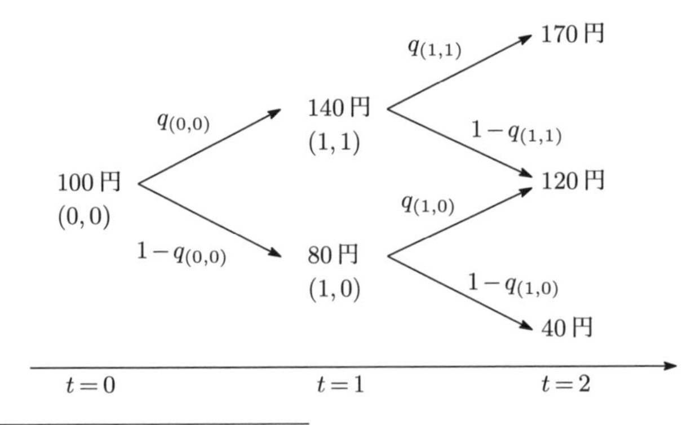

[*3] 時間がギリギリでない限りは検算するとよい．例えば，$q_{(1,1)}=0.68$ を求めたあと元の式の右辺に代入して，$\frac{170}{1.1}\cdot 0.68+\frac{120}{1.1}\cdot(1-0.68)$ が正しく140になっているか電卓で確認する．リスク中立確率で間違ってしまうと，後の問題をすべて間違ってしまうため検算するメリットは大きい．

分岐点 (1,1)　$140=\dfrac{170}{1.1}q_{(1,1)}+\dfrac{120}{1.1}(1-q_{(1,1)})\quad \therefore q_{(1,1)}=0.68$

分岐点 (1,0)　$80=\dfrac{120}{1.1}q_{(1,0)}+\dfrac{40}{1.1}(1-q_{(1,0)})\quad \therefore q_{(1,0)}=0.60$

分岐点 (0,0)　$100=\dfrac{140}{1.1}q_{(0,0)}+\dfrac{80}{1.1}(1-q_{(0,0)})\quad \therefore q_{(0,0)}=0.50$

(1)　コール・オプション（ヨーロピアン）

オプションの買い手側には，権利行使しない権利も付与されている（権利行使したときにペイオフがマイナスになる場合には，権利行使しなくてよい）．また，ヨーロピアン・オプションは，行使期間の最終日のみ，つまり $t=2$ でのみ行使可能であることに注意してペイオフを考えて[*4]，

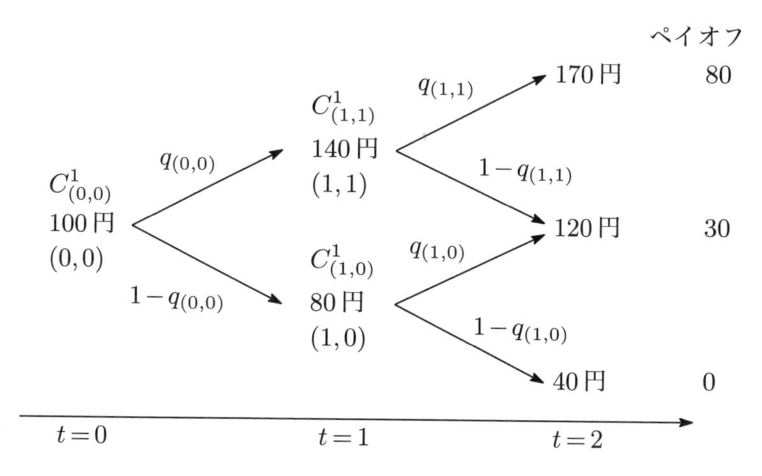

各分岐点のオプション価格 C^1 は，

$$C^1_{(1,1)}=\frac{80}{1.1}q_{(1,1)}+\frac{30}{1.1}(1-q_{(1,1)})=\frac{64}{1.1}$$
$$C^1_{(1,0)}=\frac{30}{1.1}q_{(1,0)}+\frac{0}{1.1}(1-q_{(1,0)})=\frac{18}{1.1}$$

[*4] $t=2$ の各地点でのペイオフは，max(株価 − 行使価格, 0) で，例えば2年とも株価が上昇した地点では，$\max(170-90,0)=80$ となる．

$$C^1_{(0,0)} = \frac{C^1_{(1,1)}}{1.1} q_{(0,0)} + \frac{C^1_{(1,0)}}{1.1}(1-q_{(0,0)})$$
$$= \frac{64}{1.1^2} \cdot 0.5 + \frac{18}{1.1^2} \cdot 0.5 = 33.884\ldots \approx 33.9[\text{円}] \qquad （答）$$

(2)　フォワード契約（ロング）

フォワード契約は，オプションとは異なり満期日に必ず取引が実行される．買い手側（ロング・サイド）であることにも注意してペイオフを考える．（2年とも株価が下落した地点では，$40-90=-50$ とマイナスのペイオフになる点が，(1) と異なる．）

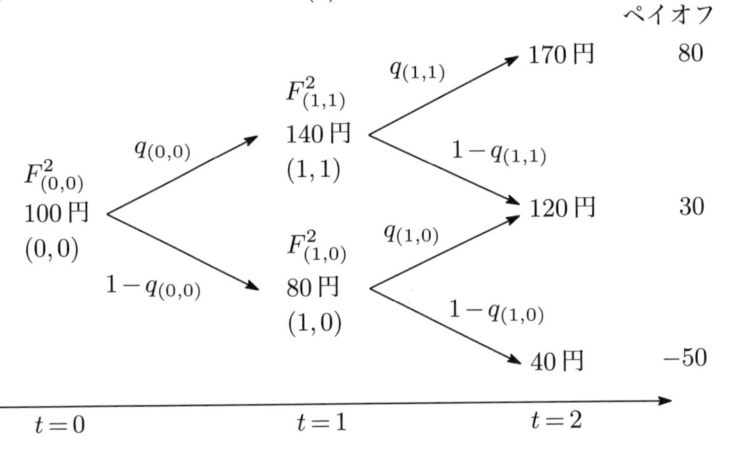

各分岐点のオプション価格 F^2 は，

$$F^2_{(1,1)} = \frac{80}{1.1} q_{(1,1)} + \frac{30}{1.1}(1-q_{(1,1)}) = \frac{64}{1.1}$$
$$F^2_{(1,0)} = \frac{30}{1.1} q_{(1,0)} + \frac{-50}{1.1}(1-q_{(1,0)}) = \frac{-2}{1.1}$$
$$F^2_{(0,0)} = \frac{F^2_{(1,1)}}{1.1} q_{(0,0)} + \frac{F^2_{(1,0)}}{1.1}(1-q_{(0,0)})$$
$$= \frac{64}{1.1^2} \cdot 0.5 + \frac{-2}{1.1^2} \cdot 0.5 = \frac{31}{1.1^2} = 25.619\ldots \approx 25.6[\text{円}] \qquad （答）$$

(3) プット・オプション（ヨーロピアン）

(1) はコール（原資産を買う権利）だったが，本問ではプット（原資産を売る権利）であることに注意して，

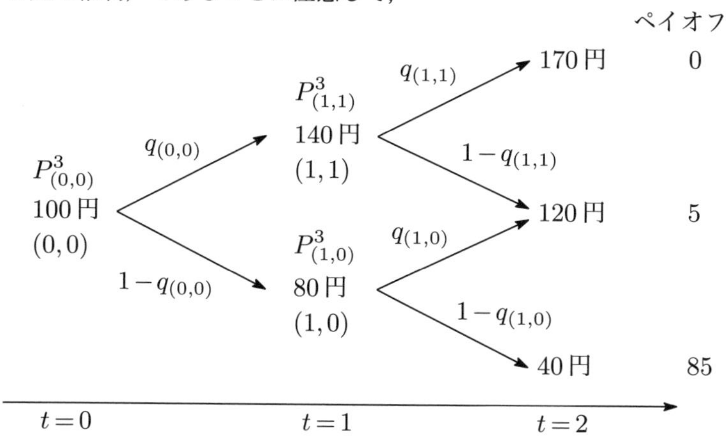

各分岐点のオプション価格 P^3 は，

$$
\begin{aligned}
P^3_{(1,1)} &= \frac{0}{1.1}q_{(1,1)} + \frac{5}{1.1}(1-q_{(1,1)}) = \frac{1.6}{1.1} \\
P^3_{(1,0)} &= \frac{5}{1.1}q_{(1,0)} + \frac{85}{1.1}(1-q_{(1,0)}) = \frac{37}{1.1} \\
P^3_{(0,0)} &= \frac{P^3_{(1,1)}}{1.1}q_{(0,0)} + \frac{P^3_{(1,0)}}{1.1}(1-q_{(0,0)}) \\
&= \frac{1.6}{1.1^2}\cdot 0.5 + \frac{37}{1.1^2}\cdot 0.5 = \frac{19.3}{1.1^2} = 15.950\ldots \approx 16.0[\text{円}] \qquad \text{(答)}
\end{aligned}
$$

(4) プット・オプション（アメリカン）

アメリカン・オプションは権利行使期間中いつでも行使可能，つまり $t=0,1,2$ いずれの時点でも行使可能であるので，各分岐点のオプション価格 P^4 は，オプションを（その時点で行使せず）持ち続けた場合の価値 $\hat{P}^4$ と，権利行使した場合のペイオフ $K-S_t$ の大きい方 $\max(\hat{P}^4, K-S_t)$ となる．

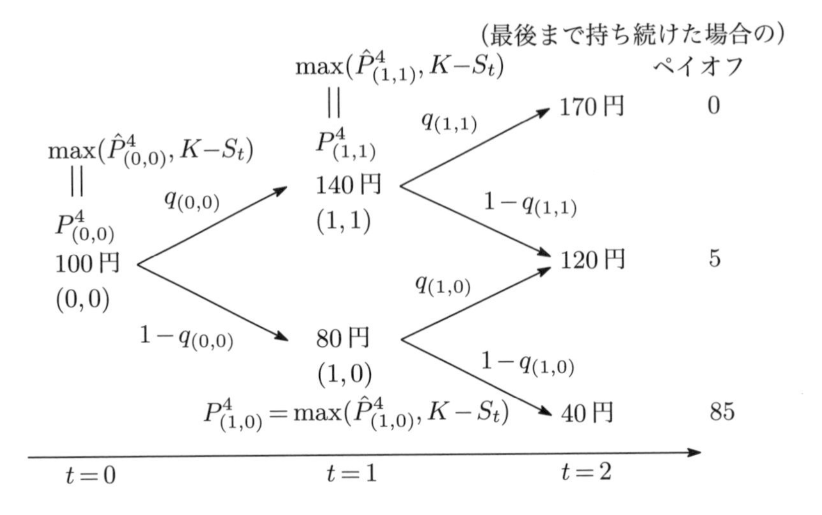

(3) との違いはオプションの種類がヨーロピアンかアメリカンかの違いだけであるので，(3) の結果から，$t=1$ においてオプションを（その時点まで行使せず）持ち続けた場合の価値 $\hat{P}^4$ は，

$$\hat{P}^4_{(1,1)} = P^3_{(1,1)} = \frac{1.6}{1.1}, \quad \hat{P}^4_{(1,0)} = P^3_{(1,0)} = \frac{37}{1.1}$$

である．これと権利行使した場合のペイオフ $K-S_t$ を比較して大きい方を選択することにより，各分岐点の価格が求められる．

$$P^4_{(1,1)} = \max\left(\frac{1.6}{1.1}, 125-140\right) = \frac{1.6}{1.1}$$

$$P^4_{(1,0)} = \max\left(\frac{37}{1.1}, 125-80\right) = 45$$

ここから，分岐点 (1,1) では権利行使せず，分岐点 (1,0) では権利行使するということがわかる．今日（分岐点 (0,0)）における価格を求めると，

$$\hat{P}^4_{(0,0)} = \frac{P^4_{(1,1)}}{1.1} q_{(0,0)} + \frac{P^4_{(1,0)}}{1.1}(1-q_{(0,0)})$$

$$= \frac{1.6}{1.1^2} \cdot 0.5 + \frac{45}{1.1} \cdot 0.5 = 21.115\ldots$$

$$P^4_{(0,0)} = \max(21.115\ldots, 125-100) = 25.0[\text{円}] \qquad \text{(答)}$$

問題 8.18（プット・コール・パリティ，二項モデル） X 社の株価が現時点で 15,000 円であり，1 年後の株価は 60% の確率で 25% 上昇し，40% の確率で 15% 下落するものとする．なお，X 社株式には配当はないものとする．また，市場はノー・フリーランチとする．次の各問に答えよ．解答は，(1) は % 単位で小数点以下第 1 位を，(2) は小数点以下第 1 位を四捨五入して表せ．

(1) X 社の株式を原資産とし，1 年後に満期を迎えるオプション（ヨーロピアン・オプション）の価格が下表の通りである場合，プット・コール・パリティに基づくリスクフリー・レートはいくらか．

	権利行使価格	価格
コール・オプション	16,830 円	851 円
プット・オプション	16,830 円	2,351 円

(2) X 社の株式は，1 年後から 2 年後にかけては株価が，60% の確率で 20% 上昇し，40% の確率で 20% 下落するものとする．このとき，X 社の株式を原資産とし，2 年後に満期を迎える，権利行使価格 17,000 円のプット・オプション（アメリカン・オプション）について，現時点における価格はいくらか．ただし，リスクフリー・レートは 1.2% とする．

■ **Point**

- 株価の動きを表す二項モデルの図が問題文に示されていなくても，自分で書けるようにしておくこと．
- 本問のように，仮定されるリスクフリー・レートが設問により異なったり，分岐点によりリスク中立確率が異なったりする出題もあるので，ケアレスミスに注意すること．

【解答】

(1) プット・コール・パリティの式

$$C-P+\frac{K}{(1+r_f)^T}=S_0$$

より，

$$851-2{,}351+\frac{16{,}830}{(1+r_f)^1}=15{,}000 \quad \therefore r_f=0.020=2\% \qquad \text{(答)}$$

(2) 各分岐点で株価が上昇するリスク中立確率を求める*5.

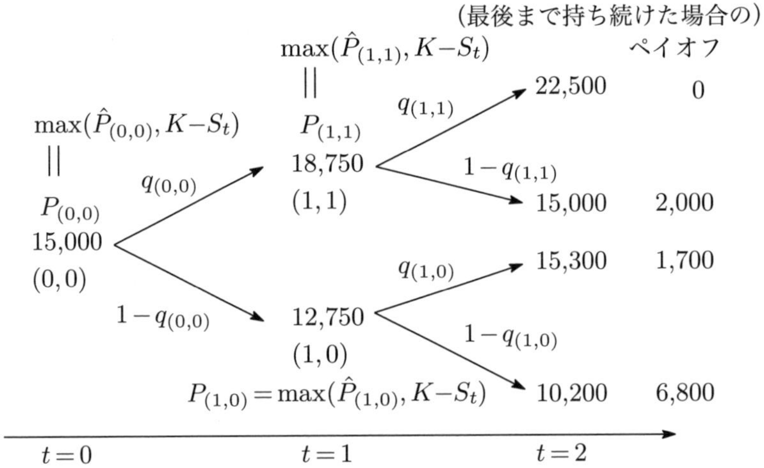

(最後まで持ち続けた場合の)
ペイオフ

$\max(\hat{P}_{(0,0)}, K-S_t)$ || $P_{(0,0)}$ 15,000 (0,0)

$q_{(0,0)}$ → $\max(\hat{P}_{(1,1)}, K-S_t)$ || $P_{(1,1)}$ 18,750 (1,1)

$1-q_{(0,0)}$ → 12,750 (1,0)　$P_{(1,0)}=\max(\hat{P}_{(1,0)}, K-S_t)$

(1,1) から：$q_{(1,1)}$ → 22,500　ペイオフ 0；$1-q_{(1,1)}$ → 15,000　ペイオフ 2,000

(1,0) から：$q_{(1,0)}$ → 15,300　ペイオフ 1,700；$1-q_{(1,0)}$ → 10,200　ペイオフ 6,800

$t=0$　　$t=1$　　$t=2$

$$18{,}750=\frac{22{,}500}{1+r'_f}q_{(1,1)}+\frac{15{,}000}{1+r'_f}(1-q_{(1,1)}) \quad \therefore q_{(1,1)}=0.53$$

$$12{,}750=\frac{15{,}300}{1+r'_f}q_{(1,0)}+\frac{10{,}200}{1+r'_f}(1-q_{(1,0)}) \quad \therefore q_{(1,0)}=0.53$$

$$15{,}000=\frac{18{,}750}{1+r'_f}q_{(0,0)}+\frac{12{,}750}{1+r'_f}(1-q_{(0,0)}) \quad \therefore q_{(0,0)}=0.405$$

*5 リスクフリー・レートの前提が(1)とは変わっているため，(1)で求めた r_f は使えない．問題文を読み落とさないこと．

分岐点 $(1,1)$ におけるオプションを持ち続けた場合の価値 $\hat{P}_{(1,1)}$ は，

$$\hat{P}_{(1,1)} = \frac{0}{1+r'_f} q_{(1,1)} + \frac{2{,}000}{1+r'_f}(1-q_{(1,1)}) = \frac{940}{1.012}$$

したがって，分岐点 $(1,1)$ におけるオプションの価値 $P_{(1,1)}$ は，

$$P_{(1,1)} = \max(\hat{P}_{(1,1)}, 17{,}000 - 18{,}750) = \frac{940}{1.012}$$

次に，分岐点 $(1,0)$ におけるオプションを持ち続けた場合の価値 $\hat{P}_{(1,0)}$ は，

$$\hat{P}_{(1,0)} = \frac{1{,}700}{1+r'_f} q_{(1,0)} + \frac{6{,}800}{1+r'_f}(1-q_{(1,0)}) = \frac{4{,}097}{1.012}$$

したがって，分岐点 $(1,0)$ におけるオプションの価値 $P_{(1,0)}$ は，

$$P_{(1,0)} = \max(\hat{P}_{(1,0)}, 17{,}000 - 12{,}750) = 4{,}250$$

以上から，分岐点 $(0,0)$ におけるオプションを持ち続けた場合の価値 $\hat{P}_{(0,0)}$ は，

$$\begin{aligned}\hat{P}_{(0,0)} &= \frac{P_{(1,1)}}{1+r'_f} q_{(0,0)} + \frac{P_{(1,0)}}{1+r'_f}(1-q_{(0,0)}) \\ &= \frac{940}{1.012^2} \cdot 0.405 + \frac{4{,}250}{1.012} \cdot 0.595 = 2{,}870.489\ldots\end{aligned}$$

したがって，分岐点 $(0,0)$ におけるオプションの価値 $P_{(0,0)}$ は，

$$P_{(0,0)} = \max(\hat{P}_{(0,0)}, 17{,}000 - 15{,}000) = 2{,}870.489\ldots \approx 2{,}870[\text{円}] \qquad (\text{答})$$

問題 8.19（オプションの複製）　今日から2年間のX社の株価の動きが下図の通りとなっている．今日（$t=0$）の株価は100円，X社の株式に配当はなく，市場はノー・フリーランチとする．

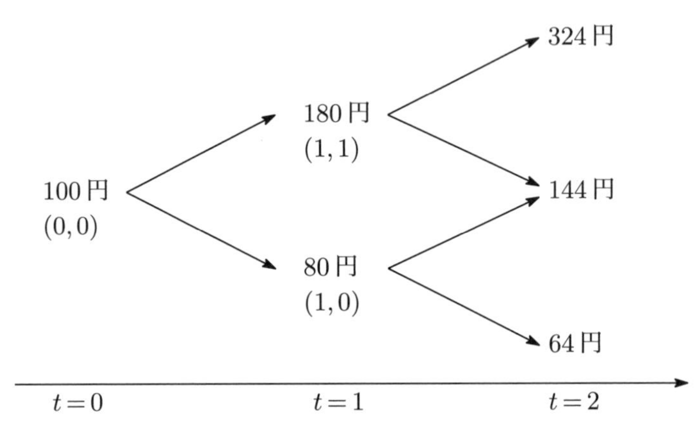

X社の株式を原資産とし2年後に満期を迎えるヨーロピアン・プット・オプション（権利行使価格140円とする）を，株式と安全資産から複製する（X社株式をΔ単位持ち，安全資産にB円投資する）動的複製戦略を考える．このとき，次の各問に答えよ．リスクフリー・レートは10%とする．解答は，Δは小数点以下第3位を，Bと複製コストは小数点以下第1位を四捨五入して表せ．

(1)　分岐点(1,0)におけるリバランス直後の複製ポートフォリオでは，Δの値およびBの値はそれぞれいくらにすればよいか．また，分岐点(1,0)でのこの複製ポートフォリオの製造コストを求めよ．

(2)　分岐点(0,0)における複製ポートフォリオでは，Δの値およびBの値はそれぞれいくらにすればよいか．また，分岐点(0,0)でのこの複製ポートフォリオの製造コストを求めよ．

■ **Point**

- 計算方法は単純なので，オプションのペイオフを複製するというイメージを持ちながら慣れていこう．また，「リバランス」という概念も理解しておくこと．
- 複製コストを求める際には，Δ と B を求めたところで安心せず，どの時点の株価を用いるのか落ち着いて考えよう．

【解答】

プット・オプションの動的複製戦略は下図のようになる[*6]．

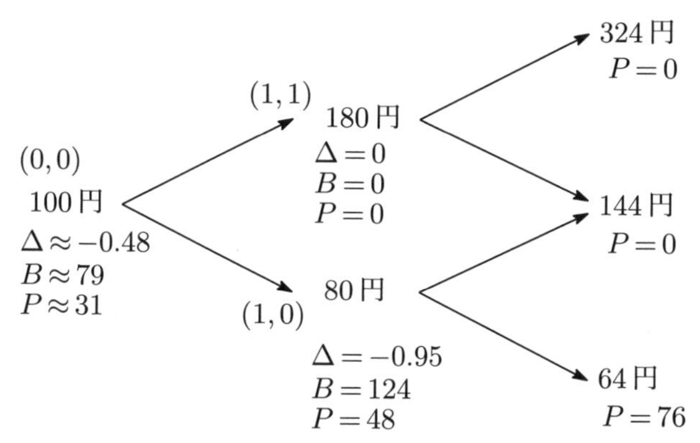

(1)　分岐点 (1,0) において，1 年後である $t=2$ におけるポートフォリオの価値を，同時点のオプション価値（ペイオフ）に合わせるように Δ と B を定めればよい．

株価が上昇する場合と下落する場合での連立方程式を解く[*7]．

$$\begin{cases} 144\Delta + 1.1B = 0 \cdots (ア) \\ 64\Delta + 1.1B = 76 \cdots (イ) \end{cases} \Leftrightarrow \begin{cases} \Delta = -0.95 \quad (答) \\ B = 124.363\ldots \approx 124 \quad (答) \end{cases}$$

---

*6 (1)〜(3) で算出する数値は実際に計算する前では不明であるが，一部記載している．

*7 例えば株価下落の場合であれば，このポートフォリオの価値は株価 64 円の Δ 単位分と，リスクフリー・レート分だけ増えた安全資産の B 単位の和であり，これと複製対象であるオプションのペイオフ 76 円が一致するように立式する．

(ア) − (イ) で $80\Delta = -76 \Leftrightarrow \Delta = -0.95$,
これを (ア) に代入して，$144 \cdot (-0.95) + 1.1B = 0 \Leftrightarrow B = 124.363\ldots$ で B が求められる[*8]．この結果は株式を 0.95 単位売却（ショート）し，安全資産を 124 単位貸し付け（ロング）することを示す．
この複製ポートフォリオの分岐点 (1,0) での製造コストは，株価が 80 円であることに注意して，

$$80\Delta + B = 48.363\ldots \approx 48[\text{円}] \quad (\text{答})$$

(2)　まず (1) と同様に，分岐点 (1,1) における連立方程式を解く．

$$\begin{cases} 324\Delta + 1.1B = 0 \\ 144\Delta + 1.1B = 0 \end{cases} \Leftrightarrow \begin{cases} \Delta = 0 \\ B = 0 \end{cases}$$

この複製ポートフォリオの分岐点 (1,1) での価値は，$180\Delta + B = 0$ 円となる．株価上昇の場合も下落の場合も 1 年後のオプションの価値が 0 なので，分岐点 (1,1) におけるオプション価格は計算するまでもなく 0 という見方もできる．
以上の結果を使い，分岐点 (0,0) を考える．

$$\begin{cases} 180\Delta + 1.1B = 0 \\ 80\Delta + 1.1B = 48.363\ldots \end{cases} \Leftrightarrow \begin{cases} \Delta = -0.483\ldots \approx -0.48 & (\text{答}) \\ B = 79.140\ldots \approx 79 & (\text{答}) \end{cases}$$

この複製ポートフォリオの分岐点 (0,0) でのオプションの製造コストは，$100\Delta + B = 30.776\ldots \approx 31[\text{円}]$　（答）となる．

---

*8 ここで，求めた Δ と B を (イ) の左辺に代入して，$64 \cdot (-0.95) + 1.1 \cdot 124.363\ldots$ が 76 となるかを検算してもよいだろう．

【安全資産のロング（貸し付け）とショート（借り入れ）についての補足】

ロング（貸し付け）とショート（借り入れ）という表現に混乱するかもしれない．

安全資産の例である紙幣を考えてみると，仮にそのまま財布に入れておいても1年後に価値が変わることはない．一方，例えば銀行の普通預金口座に入金し（これは借り入れではなく貸し付け）ておくと，利子が約束されているので，1年後にリスクフリー・レートで増えることとなる．このことを考えると，Bが正の場合は「安全資産のロング（貸し付け）」を意味していることの理解の助けになるだろう．

【リバランスについての補足】

分岐点(0,0)で構築した複製ポートフォリオ（株式0.48単位ショート，安全資産79単位貸し付け）が分岐点(1,0)に達したときを考える．

内訳を調整する前（リバランス前）のポートフォリオは，当然(0,0)と同じ内訳であるため，(1)で聞かれているのがリバランス前のΔとBであれば，この(2)の答えと一緒の値になる．

ここで，リバランス前のポートフォリオの分岐点(1,0)での価値を計算してみると，$80 \times (-0.483\ldots) + 79.140\ldots \times 1.1 = 48.363\ldots$ となる．

一方，分岐点(1,0)現在の状態に応じてポートフォリオの内訳を調整（リバランス）したものが(1)で求めたポートフォリオであり，その価値はリバランス前の48.363...円と一致している．このことは，リバランスでは追加資金の投入や回収は行われないことを示している．

8.6 債券投資分析

問題 8.20（債券の価格評価）　今日の残存期間の異なる債券のクーポン・レート，債券価格及びスポットレートが下表で与えられている．このとき，以下の各問に答えよ．ただし，下表の債券は，額面はすべて100円，固定利付債の利払いは年1回，現在は利払い直後とし，最終利回りは年1回複利で計算される．なお，債券のデフォルトはないものとする．解答は(1)~(4)は％単位で小数点以下第3位を四捨五入し，第2位までの数値で，(5)は小数点以下第3位を四捨五入して，第2位までの数値で解答せよ．

残存期間	1年	2年	3年	4年
クーポン・レート	1.50%	2.50%	2.50%	3.00%
債券価格	100.0000円	100.9829円		101.9584円
スポット・レート			2.25%	

(1)　期間2年および4年のスポット・レートはいくらか．

(2)　期間2年から4年にかけてのフォワード・レートはいくらか．

(3)　満期までの期間3年のパー・レートはいくらか．

(4)　満期までの期間2年，クーポンレート 4%，年1回払の固定利付債の今日の価格および最終利回りはいくらか．

(5)　満期までの期間3年，クーポンレート 3%，年2回払の固定利付債の最終利回りが2.5%だったとする．この債券の今日の価格はいくらか．

■ **Point**

- 債券評価の基本である，将来キャッシュフローの推定，適切な割引率の設定，将来キャッシュフローを割引率により現在価値を算出するというステップをきちんと身に付ける．

【解答】

(1)　期間 n 年のスポット・レートを r_n とおく．残存期間 1 年の固定利付債より r_1 を求める．

$$100=\frac{101.5}{1+r_1} \qquad \therefore r_1=1.50\%$$

残存期間 2 年の固定利付債より r_2 を求める．

$$100.9829=\frac{2.5}{1+r_1}+\frac{102.5}{(1+r_2)^2} \qquad \therefore r_2=2.00\% \qquad \text{(答)}$$

同様にして，残存期間 4 年の固定利付債より，r_4 を求める．

$$101.9584=\frac{3}{1+r_1}+\frac{3}{(1+r_2)^2}+\frac{3}{(1+r_3)^3}+\frac{103}{(1+r_4)^4}$$

$$\therefore r_4=2.50\% \qquad \text{(答)}$$

(2)　2 年から 4 年のフォワード・レート $f(2,4)$ は，

$$f(2,4)=\left(\frac{(1+r_4)^4}{(1+r_2)^2}\right)^{\frac{1}{4-2}}-1$$

$$=\sqrt{\frac{1.025^4}{1.02^2}}-1=3.0024\ldots\%\approx 3.00\% \qquad \text{(答)}$$

(3)　パー債券のクーポンレート R を求める．パー債券の現在の価格は 100 円であることより，

$$100=\frac{100R}{1+r_1}+\frac{100R}{(1+r_2)^2}+\frac{100+100R}{(1+r_3)^3}$$

$$\therefore R=\frac{1-\dfrac{1}{(1+r_3)^3}}{\dfrac{1}{1+r_1}+\dfrac{1}{(1+r_2)^2}+\dfrac{1}{(1+r_3)^3}}$$

$$=\frac{1-\dfrac{1}{1.0225^3}}{\dfrac{1}{1.015}+\dfrac{1}{1.02^2}+\dfrac{1}{1.0225^3}}$$

$$=2.2406\ldots\%\approx 2.24\% \qquad \text{(答)}$$

(4)　求める固定利付債の価格を P_1 とすると，

$$P_1 = \frac{4}{1.015} + \frac{104}{1.02^2} = 103.9024\ldots \approx 103.90 \qquad \text{(答)}$$

となり，最終利回り i_1 については，

$$103.9024 = \frac{4}{1+i_1} + \frac{104}{(1+i_1)^2} \qquad \therefore i_1 = 1.9903\ldots\% \approx 1.99\% \qquad \text{(答)}$$

(5)　求める固定利付債の価格を P_2 とすると，クーポンの支払が年2回であることに注意して，

$$P_1 = \frac{1.5}{1+\frac{2.5\%}{2}} + \frac{1.5}{\left(1+\frac{2.5\%}{2}\right)^2} + \frac{1.5}{\left(1+\frac{2.5\%}{2}\right)^3} + \frac{1.5}{\left(1+\frac{2.5\%}{2}\right)^4} + \frac{1.5}{\left(1+\frac{2.5\%}{2}\right)^5} + \frac{101.5}{\left(1+\frac{2.5\%}{2}\right)^6}$$

$$= 101.4365\ldots \approx 101.44 \qquad \text{(答)}$$

問題 8.21（利回り尺度） 今日のスポット・レート・カーブが表1，利付債X，Yの情報が表2の通りとなっている．このとき，以下の各問に答えよ．債券の額面はすべて100円，固定利付債の利払いは年1回で，現在は利払い直後であり，デフォルトは発生しないものとする．解答は％単位で小数点以下第3位を四捨五入し，第2位までの数値で解答せよ．

表1. スポット・レート・カーブ

期間	1年	2年	3年	4年
スポット・レート	0.50%	1.25%	2.00%	3.00%

表2. 債券の銘柄データ

	利付債X	利付債Y
残存年数	2年	4年
クーポンレート	5.0%	2.5%

(1) 利付債Xの今日の複利最終利回り，単利最終利回りおよび直接利回りそれぞれはいくらか．

(2) 利付債Yについて，期中に支払われるクーポンが2%（年複利）の利回りでしか再投資できないと考えた場合，利付債Yの実効利回りはいくらになるか．

(3) 2年後の各期間のスポット・レートが現在と変わらず表1の数値であった場合，利付債Yを2年後に売却した場合の保有期間利回りはいくらになるか．

■ **Point**

- 利回り尺度にはさまざまなものがある．それぞれを正確に覚えて，素早く計算できることが重要．

【解答】

(1)　利付債Xの今日の価格 P_X とおく．最終利回りを i_X とすれば，

$$P_X=\frac{5}{1+i_X}+\frac{105}{(1+i_X)^2}$$

とかける．一方で，スポット・レートを用いると

$$P_X=\frac{5}{1.005}+\frac{105}{1.0125^2}\approx 107.3985$$

とかける．したがって，

$$107.3985=\frac{5}{1+i_X}+\frac{105}{(1+i_X)^2}\qquad \therefore i_X=1.2322\ldots\%\approx 1.23\%\qquad (答)$$

また，単利最終利回りと直接利回りは以下の通り．

$$単利最終利回り=\frac{5+\dfrac{100-107.3985}{2}}{107.3985}=1.2111\ldots\%\approx 1.21\%\qquad (答)$$

$$直接利回り=\frac{5}{107.3985}=4.6555\ldots\%\approx 4.66\%\qquad (答)$$

(2)　利付債Yの今日の価格を P_Y とすると，

$$P_Y=\frac{2.5}{1.005}+\frac{2.5}{1.0125^2}+\frac{2.5}{1.02^3}+\frac{102.5}{1.03^4}=98.3519\ldots\approx 98.3519$$

となる．したがって，求める実効利回りを r' とおけば，

$$98.3519(1+r')^4=2.5\times 1.02^3+2.5\times 1.02^2+2.5\times 1.02+102.5$$

$$\therefore r'=2.9087\cdots\%\approx 2.91\%\qquad (答)$$

(3)　利付債Yの2年後の価格（利払い直後）を P'_Y とすると，

$$P'_Y=\frac{2.5}{1.005}+\frac{102.5}{1.0125^2}=102.4723\ldots\approx 102.4723$$

となる．したがって，求める保有期間利回りを r_h とすると，

$$98.3519=\frac{2.5}{1+r_h}+\frac{2.5+102.4723}{(1+r_h)^2}$$

$$\therefore r_h=4.5896\ldots\%\approx 4.59\%\qquad (答)$$

問題 8.22（デュレーションとコンベキシティ） 現在（2021 年 4 月 1 日）における 5 つの割引債に関する情報が表 1，利付債 A，B の情報が表 2 の通り示されている．このとき，以下の問いに答えよ．ただし，各債券の額面はすべて 100 円，利付債の利払いは年 1 回，現在は利払い直後で，最終利回りは年 1 回複利で計算される．なお，債券のデフォルトはないものとする．解答は (1),(2) は小数点以下第 3 位を四捨五入し，第 2 位までの数値で，(3) は小数点以下第 5 位を四捨五入して，第 4 位までの数値で解答せよ．

表 1. 割引債のデータ

発行日	満期日	発行価格 (円)	現在価格 (円)
2021 年 4 月 1 日	2026 年 4 月 1 日	91	91
2020 年 4 月 1 日	2025 年 4 月 1 日	90	94
2019 年 4 月 1 日	2024 年 4 月 1 日	89	96
2018 年 4 月 1 日	2023 年 4 月 1 日	88	97.5
2017 年 4 月 1 日	2022 年 4 月 1 日	87	99

表 2. 債券の銘柄データ

	利付債 A	利付債 B
残存年数	5 年	4 年
クーポンレート	3.0%	2.5%
最終利回り	−	1.5%

(1) 利付債 A の今日の価格はいくらか．

(2) 利付債 B の修正デュレーションおよびコンベキシティはいくらか．

(3) 利付債 B の金利（最終利回り）が直ちに 1% 上昇したとする．修正デュレーションおよびコンベキシティを用いた二次近似による計算で求めた利付債 B の価格は，正確な利付債 B の価格よりいくら大きくなるか．

■ **Point**

- 3乗根や5乗根はルート機能付電卓では簡単に求めることができず，本問のような場合，期間3年，5年のスポット・レートを求めることはできない．本問でこれらを算出しないで解答する方法を紹介する．
- 修正デュレーションとコンベキシティについては，算出方法だけでなく，金利が動いたときの近似による債券価格の算出方法もあわせておさえておく．

【解答】

(1) 期間 n 年のスポット・レートを r_n とかくことにする．残存期間1年の割引債のデータより，

$$99=\frac{100}{1+r_1} \qquad \therefore \frac{1}{1+r_1}=0.99$$

となる．同様にして以下を得る．

$$\frac{1}{(1+r_2)^2}=0.975, \qquad \frac{1}{(1+r_3)^3}=0.96,$$
$$\frac{1}{(1+r_4)^4}=0.94, \qquad \frac{1}{(1+r_5)^5}=0.91$$

求める利付債Aの今日の価格を P_A とすると，

$$\begin{aligned} P_A &= \frac{3}{1+r_1}+\frac{3}{(1+r_2)^2}+\frac{3}{(1+r_3)^3}+\frac{3}{(1+r_4)^4}+\frac{103}{(1+r_5)^5} \\ &= 3\times 0.99+3\times 0.975+3\times 0.96+3\times 0.94+103\times 0.91 \\ &= 105.325 \approx 105.33 \qquad \text{（答）} \end{aligned}$$

(2) 利付債Bの価格を P_B とすれば，

$$P_B=\frac{2.5}{1.015}+\frac{2.5}{1.015^2}+\frac{2.5}{1.015^3}+\frac{102.5}{1.015^4}=103.8543\ldots\approx 103.8543$$

より，利付債Bの修正デュレーション D_B は以下の通り．

$$
\begin{aligned}
D_B &= \frac{1}{103.8543 \times 1.015} \\
&\quad \times \left(1 \cdot \frac{2.5}{1.015} + 2 \cdot \frac{2.5}{1.015^2} + 3 \cdot \frac{2.5}{1.015^3} + 4 \cdot \frac{102.5}{1.015^4}\right) \\
&= 3.8020\ldots \approx 3.80 \qquad \text{(答)}
\end{aligned}
$$

また，コンベキシティ Cv_B も以下の通りとなる．

$$
\begin{aligned}
Cv_B &= \frac{1}{103.8543 \times 1.015^2} \\
&\quad \times \left(1 \cdot 2 \cdot \frac{2.5}{1.015} + 2 \cdot 3 \cdot \frac{2.5}{1.015^2} + 3 \cdot 4 \cdot \frac{2.5}{1.015^3} + 4 \cdot 5 \cdot \frac{102.5}{1.015^4}\right) \\
&= 18.5025\ldots \approx 18.50 \qquad \text{(答)}
\end{aligned}
$$

(3) 金利の変動幅を Δr とすると，利付債 B の価格の変化率 $\dfrac{\Delta P_B}{P_B}$ は，D_B, Cv_B を用いて，以下の通り二次近似できる．

$$
\frac{\Delta P_B}{P_B} = -D_B \Delta r + \frac{Cv_B}{2} (\Delta r)^2
$$

よって，(2) より，

$$
\frac{\Delta P_B}{P_B} = -3.8020 \times 0.01 + \frac{18.5025}{2} \times 0.01^2 = -3.7095\ldots\% \approx -3.7095\%
$$

となるので，近似式により金利変動後の価格 P_B' を求めると，以下の通りとなる．

$$
P_B' = (1 - 3.7095\%) \times 103.8543 = 100.001846\ldots \approx 100.001846
$$

一方で，最終利回りが 1% 増加すると，最終利回りとクーポンレートが等しくなるため，パー債券となる．よって，価格は額面と等しい 100 円となる．したがって，

$$
100.001846 - 100 = 0.001846 \approx 0.0018
$$

より，二次近似によって得られた利付債 B の価格は正確な利付債 B の価格より 0.0018 円大きくなる．（答）

問題 8.23 (デフォルトを考慮する債券)　今日のスポット・レート・カーブが下表，債券Aの情報が以下の通り示されている．このとき，以下の問いに答えよ．ただし，債券の額面は100円，固定利付債の利払いは年1回で，現在は利払い直後であり，最終利回りは年1回複利で計算されている．解答は(1)は小数点以下第3位を四捨五入して，第2位までの数値で，(2)は%単位で小数点以下第3位を四捨五入し，第2位までの数値で解答せよ．

表. スポット・レート・カーブ

期間	1年	2年
スポット・レート	1.5%	2.5%

[債券Aの情報]

- 残存年数は2年，クーポンレートは10%.
- 今日から1年後までにデフォルトする確率は15%.
- 今日から2年後までにデフォルトする確率は30%.
- デフォルトが起きた場合には，満期までの利払いや償還額は，デフォルトが発生しない場合の30%の水準となることが想定されている．

(1)　債券Aの今日の価格はいくらか．

(2)　債券AのTスプレッドはいくらか．

■ **Point**

- 本問では債券のデフォルトを考慮する．具体的には将来キャッシュフローの推定において，デフォルト確率やデフォルト時の回収可能額を織り込む．
- TスプレッドのTはTreasury（国債）のことなので，Tスプレッドは国債（デフォルトがない安全資産）の利回りとの差である．

【解答】

(1)　債券Aの価格をP_Aとすると，デフォルト確率およびデフォルト時の回収率も考慮して，

$$
\begin{aligned}
P_A &= \frac{10}{1.015}\cdot(1-0.15)+\frac{10\times 0.3}{1.015}\cdot 0.15 \\
&\quad +\frac{110}{1.025^2}\cdot(1-0.30)+\frac{110\times 0.3}{1.025^2}\cdot 0.30 \\
&= 91.5304\ldots \approx 91.53 \qquad (\text{答})
\end{aligned}
$$

(2)　債券Aの最終利回りをr_Aとおくと，

$$
91.5304=\frac{10}{1+r_A}+\frac{110}{(1+r_A)^2} \qquad \therefore r_A = 15.2247\ldots\% \approx 15.2247\%
$$

となる．一方で残存期間2年，クーポンレート10%の安全資産の最終利回りをr_fとすると，

$$
\frac{10}{1+r_f}+\frac{110}{(1+r_f)^2}=\frac{10}{1.015}+\frac{110}{1.025^2} \qquad \therefore r_f = 2.4550\ldots\% \approx 2.4550\%
$$

したがって，

$$
\begin{aligned}
\text{Tスプレッド} &= r_A - r_f \\
&= 15.2247\% - 2.4550\% \\
&= 12.7697\% \approx 12.77\% \qquad (\text{答})
\end{aligned}
$$

8.7 株式投資分析

問題 8.24（配当割引モデル，フランチャイズ価値モデル）　株式投資分析に関する次の各問に答えよ．なお，配当は年1回期末に支払われるものとし，現在は配当支払い直後（T期末）とする．また，T期とは，T年1月1日からT年12月31日までの1年間とする．

X社とY社の財務指標などに関する情報が下表のように示されている．両社とも負債はなく，株主資本のみを元手に事業を行っており，今後，増資や借入などを行わず，内部資金のみで事業展開を図ろうとしている．

株主資本コストはCAPMを前提として計算され，ベータは変化しないとする．また，株式の本源的価値は配当割引モデルに従うとする．リスクフリー・レートは2%である．

	X社	Y社
純資産	2,500億円	2,500億円
ROE	(1)	10%
ベータ	0.8	(3)
株主資本コスト (年率)	7%	8%
配当性向	80%	y%
発行済み株式数	1億株	1億株

(1)　X社株式の現在の本源的価値が2,500円の場合，同社のROEはいくらか．なお，X社のROEおよび配当性向は将来にわたって一定とする．

(2)　上記(1)の場合において，X社株式の1年後の予想株価は，1年後の株式の本源的価値に一致するものとする．このとき，X社株式の今後1年間の期待投資収益率はいくらか．

(3)　Y社のベータはいくらか．

(4)　Y社の配当性向 $y\%$ が永続的に60%であるとき，Y社株式の現在の本源的価値はいくらか．なお，ROEは将来にわたって一定とする．

(5)　上記(1)の場合において，Y社にフランチャイズ価値モデルを当てはめた場合，既存事業価値は ① 円，フランチャイズファクターは ② ，成長等価は ③ 円となる．各空欄に入る数値を求めよ．

(6)　Y社の配当性向 $y\%$ が現在から今後2年間は50%，その後は永続的に100%であるとき，Y社株式の現在の本源的価値はいくらか．なお，ROEは将来にわたって一定とする．解答は，小数点以下第1位を四捨五入して表せ．

■ **Point**

- 配当割引モデルの問題は頻出なので必ず慣れておくこと．
- フランチャイズ割引モデルは，その場で式変形を思いつくのは難しいため，変形後の式を覚えておこう．
- (6)のように，本源的価値を求める際，途中の期で配当性向などの条件が変わる場合は特に計算ミスをしやすいため，図を描いて考えることをお勧めする．電卓のメモリー機能にも慣れておこう．

【解答】

(1)　1株式当たりの本源的価値を P_X とすると，発行済み株式数が1億株であるから，X社株式全体の本源的価値は $V_X = P_X \times 1$ 億 $= 2{,}500$[億円]である．

また，ROEと配当性向が将来にわたって一定であるので，配当総額は毎年サステイナブル成長率の分だけ成長していくこととなる．よって，定率成長配当割引モデルによる本源的価値の式より，

$$V_X = \frac{D_{X_1}}{k_X - g_X} = 2{,}500[\text{億円}]$$

ここで，X社の配当（T+1期）D_{X_1}，株主資本コストk_Xとサステイナブル成長率g_Xは，

$$D_{X_1}=B_{X_0}\cdot\mathrm{ROE}_X\cdot\text{㊞}=2{,}500\cdot\mathrm{ROE}_X\cdot0.8=2{,}000\cdot\mathrm{ROE}_X$$

$$k_X=0.07$$

$$g_X=\text{㊥}\cdot\mathrm{ROE}_X=(1-0.8)\cdot\mathrm{ROE}_X=0.2\cdot\mathrm{ROE}_X$$

であるので，これらをV_Xの式に代入して，

$$V_X=\frac{2{,}000\cdot\mathrm{ROE}_X}{0.07-0.20\cdot\mathrm{ROE}_X}=2{,}500\qquad\therefore\mathrm{ROE}_X=0.07=7\%\qquad\text{（答）}$$

(2)　求める期待投資収益率は，

$$\frac{\text{今後1年間の配当額}+\text{1年後の株価}}{\text{現時点の株価}}-1=\frac{D_{X_1}+P_{X_1}}{V_X}-1$$

(1)より，

$$D_{X_1}=2{,}000\cdot\mathrm{ROE}_X=2{,}000\cdot0.07=140$$

$$g_X=0.20\cdot\mathrm{ROE}_X=0.20\cdot0.07=0.014$$

題意より，X社株式の1年後の予想株価P_{X_1}は1年後の株式の本源的価値（配当支払後）と等しいので，

$$P_{X_1}=\frac{D_{X_2}}{k_X-g_X}=\frac{D_{X_1}(1+g_X)}{k_X-g_X}=2{,}500\cdot1.014=2{,}535$$

よって，今後1年間の期待収益率は

$$\frac{D_{X_1}+P_{X_1}}{V_X}-1=\frac{140+2{,}535}{2{,}500}-1=0.07=7\%\qquad\text{（答）}$$

(3)　仮定より株主資本コストはCAPMを前提としていることから，マーケット・ポートフォリオの期待収益率をμ_Mとおけば，Y社について

$$k_Y-r_f=\beta_Y(\mu_M-r_f)$$

$\mu_M - r_f$ を求めるため，同様に X 社について立式して，

$$k_X - r_f = \beta_X(\mu_M - r_f)$$

$$7\% - 2\% = 0.8(\mu_M - r_f) \qquad \therefore \mu_M - r_f = \frac{7\% - 2\%}{0.8}$$

これをはじめの式に代入して，

$$8\% - 2\% = \beta_Y \cdot \frac{7\% - 2\%}{0.8} \qquad \therefore \beta_Y = 0.96 \qquad \text{(答)}$$

(4) ROE と配当性向が将来にわたって一定であるので，配当総額は毎年サステイナブル成長率の分だけ成長していくこととなる．よって，定率成長配当割引モデルによる本源的価値は $V_Y = \dfrac{D_{Y_1}}{k_Y - g_Y}$ で表せることから，

$$g_Y = ㊅ \cdot \mathrm{ROE}_Y = (1 - 0.60) \cdot 10.0\% = 4.0\%$$

$$D_{Y_1} = B_{Y_0} \cdot \mathrm{ROE}_Y \cdot ㊎ = 2{,}500 \cdot 10.0\% \cdot 0.60 = 150$$

より，

$$V_Y = \frac{D_{Y_1}}{k_Y - g_Y} = \frac{150}{0.08 - 0.04} = 3{,}750 \Leftrightarrow P_Y = \frac{V_Y}{1\text{億}} = 3{,}750[\text{円}] \qquad \text{(答)}$$

(5) (4) で求めた本源的価値を以下のように分解し，各値を代入する[*9]．

$$\begin{aligned} V_Y = \frac{D_{Y_1}}{k_Y - g_Y} &= \frac{\mathrm{ROE}_Y}{k_Y} B_{Y0} + \frac{\mathrm{ROE}_Y - k_Y}{k_Y} \frac{g_Y}{k_Y - g_Y} B_{Y0} \\ &= \frac{0.1}{0.08} \cdot 2{,}500 + \frac{0.1 - 0.08}{0.08} \cdot \frac{0.04}{0.08 - 0.04} \cdot 2{,}500 \\ &= 3{,}125_{①} + 0.25_{②} \times 2{,}500_{③} \qquad \text{(答)} \end{aligned}$$

(6) T+2 期までと T+3 期以降で分けて計算する必要があるので，図を見ながら考えるとよい．

*9 必須知識＆公式集 103 ページ記載の通り，第一項は利益を全額配当して再投資しないときの企業価値を表す．本問の結果では第二項が正なので，「Y 社の再投資は，同社の本源的価値を向上させている」ということができる．

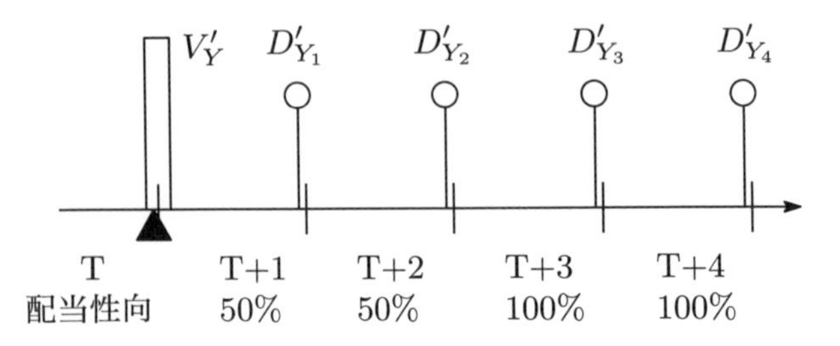

■ T+1期の配当：

$D'_{Y_1} = B_{Y_0} \cdot \mathrm{ROE} \cdot$ ㊞ $= 2{,}500 \cdot 10\% \cdot 50\% = 125$

■ T+2期の配当：

T+2期までのサステイナブル成長率は，$g_{Y_1} = (1-0.5) \cdot 10\% = 5\%$

より，$D'_{Y_2} = D'_{Y_1} \cdot (1+g_{Y_1}) = 125 \cdot 1.05 = 131.25$

■ T+3期の配当：

3年目の年始純資産は，$B'_{Y_2} = B_{Y_0} \cdot (1+g_{Y_1})^2$ となり，T+3期以降のサステイナブル成長率は，$g_{Y_2} = (1-1.0) \cdot 10\% = 0\%$ なので，

$D'_{Y_3} = B'_{Y_2} \cdot \mathrm{ROE} \cdot$ ㊞ $= 2{,}500 \cdot 1.05^2 \cdot 10\% \cdot 100\% = 275.625$

■ T+4期以降の配当：

$g_{Y_2} = 0\%$ なので，$D'_{Y_n} = D'_{Y_3}$ $(n \geq 4)$ で一定となる．

以上より，

$$\begin{aligned} V'_Y &= \frac{D'_{Y_1}}{1+k_Y} + \frac{D'_{Y_2}}{(1+k_Y)^2} + \frac{D'_{Y_3}}{(1+k_Y)^3} + \frac{D'_{Y_4}}{(1+k_Y)^4} + \cdots \\ &= \frac{125}{1.08} + \frac{131.25}{1.08^2} + D'_{Y_3}\left(\frac{1}{(1+k_Y)^3} + \frac{1}{(1+k_Y)^4} + \cdots\right) \\ &= \frac{125}{1.08} + \frac{131.25}{1.08^2} + D'_{Y_3}\frac{\left(\frac{1}{(1+k_Y)}\right)^3}{1-\frac{1}{1+k_Y}} \\ &= \frac{125}{1.08} + \frac{131.25}{1.08^2} + 275.625\frac{\left(\frac{1}{1.08}\right)^2}{0.08} = 3{,}182.066\ldots[\text{億円}] \end{aligned}$$

$$\therefore P'_Y = \frac{V'_Y}{1\text{億}} = 3{,}182[\text{円}] \qquad (\text{答})$$

問題 8.25（残余利益モデル）　X 社の現在の財務情報は下表の通りである．なお，配当は年 1 回期末に支払われるものとし，現在は配当支払い直後（T 期末）とする．

また，T 期とは，T 年 1 月 1 日から T 年 12 月 31 日までの 1 年間とする．

また，将来にわたり，ROE，配当性向は一定と仮定し，クリーン・サープラス関係が成立するものとする．以下の各問に答えよ．

ROE	5%
配当性向	0.6
株主資本コスト（年率）	4%

(1)　X 社のサステイナブル成長率は何 % か．

(2)　残余利益の定率成長を前提とした残余利益モデルに基づいて計算される X 社の PBR[倍] はいくらか．

(3)　X 社に適用する株主資本コスト（年率）のみを見直したところ，定率成長配当割引モデルで算出される株価は見直し前から 25% 上昇した．見直し後の株主資本コスト（年率）は何 % か．

■ **Point**

- 株式投資分析は，パズルのようにいろいろな関係式を駆使して解く問題が多い．サステイナブル成長率，ROE，内部留保率などの関係を自在に使えるようにしておこう．

【解答】

(1)　$g =$ (内) $\times \mathrm{ROE} = (1-0.6) \times 5\% = 2\%$　（答）

(2)　残余利益モデルに基づくので，

$$V = B_0 + \sum_{n=1}^{\infty} \frac{E_n - kB_{n-1}}{(1+k)^n}$$

この式と求める PBR を考えると，

$$\mathrm{PBR}=\frac{V}{B_0}=1+\sum_{n=1}^{\infty}\frac{E_n-kB_{n-1}}{(1+k)^n}\frac{1}{B_0}$$

ここで，$\mathrm{ROE}_n=\dfrac{E_n}{B_{n-1}}$ より，$E_n=\mathrm{ROE}\cdot B_{n-1}$　$\because$ ROE は一定

また，クリーン・サープラス関係が成立していることから

$$\begin{aligned}B_n&=B_{n-1}+E_n-D_n\\&=B_{n-1}+\textcircled{内}\cdot E_n\\&=B_{n-1}+\textcircled{内}\cdot\mathrm{ROE}\cdot B_{n-1}\\&=(1+\textcircled{内}\cdot\mathrm{ROE})B_{n-1}\\&=(1+g)B_{n-1}=(1+g)^2B_{n-2}=\cdots=(1+g)^nB_0\end{aligned}$$

$$\therefore B_{n-1}=(1+g)^{n-1}B_0$$

であることを使うと，

$$\begin{aligned}\mathrm{PBR}=\frac{V}{B_0}&=1+\sum_{n=1}^{\infty}\frac{(\mathrm{ROE}-k)B_{n-1}}{(1+k)^n}\frac{1}{B_0}\\&=1+\sum_{n=1}^{\infty}\frac{(\mathrm{ROE}-k)(1+g)^{n-1}}{(1+k)^n}\\&=1+(\mathrm{ROE}-k)\sum_{n=1}^{\infty}\frac{(1+g)^{n-1}}{(1+k)^n}\\&=1+(\mathrm{ROE}-k)\frac{\frac{1}{1+k}}{1-\frac{1+g}{1+k}}\\&=1+\frac{\mathrm{ROE}-k}{k-g}=1+\frac{5\%-4\%}{4\%-2\%}=1.5[倍]\end{aligned}$$　(答)

(3)　定率成長配当割引モデルでは，

$$V=\frac{D_1}{k-g}\ (見直し前),\qquad V'=\frac{D_1}{k'-g}\ (見直し後)$$

仮定より，$V'=1.25V$ となることから，

$$\frac{D_1}{k'-g}=\frac{1.25D_1}{k-g}\ \Leftrightarrow\ \frac{1}{k'-2\%}=\frac{1.25}{4\%-2\%}\quad\therefore k'=3.6\%$$　(答)

問題 8.26 (3 年間の動き) X 社に関する現在の財務情報は下表の通りである．なお，配当は年 1 回期末に支払われるものとし，現在は配当支払い直後（T 期末）とする．また，T 期とは，T 年 1 月 1 日から T 年 12 月 31 日までの 1 年間とする．負債はなく，株主資本のみを元手に事業を行っており，今後，増資や借入などを行わず，内部資金のみで事業展開を図ろうとしている．また，将来にわたり，配当性向は一定と仮定し，クリーン・サープラス関係が成立するものとする．

X 社の ROE は，今後 2 年間 10% であり，3 年目以降は永続的に 5% になるとする．株主資本コスト CAPM を前提として計算され，ベータ値は変化しないとする．リスクフリー・レートは 1.0%，マーケット・リスクプレミアムが 3.2% である．以下の各問に答えよ．(2), (3), (4) ①の解答は小数点以下第 1 位を四捨五入して表せ．

純資産	2,000 億円
発行済み株式数	2 億株
株主資本コスト (年率)	5%

(1) X 社の株式のベータはいくらか．

(2) 配当性向が 50% であるとき，X 社の T+3 期末の純資産を求めよ．

(3) 配当性向が 50% であるとき，配当割引モデルとサステイナブル成長率から導かれる X 社の T+2 期末の配当落ち株価はいくらか．

(4) (3) で求めた，（四捨五入前の）X 社の T+2 期末の配当落ち株価を P_2 とする．配当割引モデルを用いて現在の理論株価 P_0 を，$P_0 =$ [①] $+$ [②] $\times P_2$ 円と表すとき，①と②はいくらか．②は，小数点以下第 3 位を四捨五入して表せ．

(5) X 社は，ROE が低下する T+3 期以降の配当性向を 70% に引き上げることとした．他の条件が変わらないとき，配当性向の引き上げが X 社の現在の理論株価に与える影響として正しいのは，以下の A～D のうちどれか．　(A) 株価は上がる．　(B) 株価は変わらない．　(C) 株価は下がる．　(D) 一概に決められない．

■ **Point**

- クリーン・サープラス関係の意味を考えながら，3年間の動きを追っていこう．その際，ROEが変更になる期があるためケアレスミスに注意．
- 株価を聞かれた場合，株式全体の本源的価値を求めたあとに発行済み株式数で割らないといけないので忘れないよう注意．

【解答】

(1) $k_X - r_f = \beta_X(\mu_M - r_f) \Leftrightarrow 5\% - 1\% = \beta_X \cdot 3.2\%$[*10]
$\therefore \beta_X = 1.25$　(答)

(2) クリーン・サープラス関係により，3年間の推移は以下の通り[*11].

T+1期	T+2期	T+3期
$B_0 = 2{,}000$	$B_1 = 2{,}100$	$B_2 = 2{,}205$
$E_1 = B_0 \cdot \mathrm{ROE}_1 = 200$	$E_2 = 210$	$E_3 = 110.25$
$D_1 = \text{(配)} \cdot E_1 = 100$	$D_2 = 105$	$D_3 = 55.125$
$B_1 = B_0 + E_1 - D_1 = 2{,}100$	$B_2 = 2{,}205$	$B_3 = 2{,}260.125$

したがって，T+3期末の純資産は $B_3 \approx 2{,}260$　(答)

(3) T+2期末の配当落ちの状態とは，T+2期末において D_2 は既に配当済みであり，D_3 からしか配当を受けられない時点 (▲の時点) を指す．

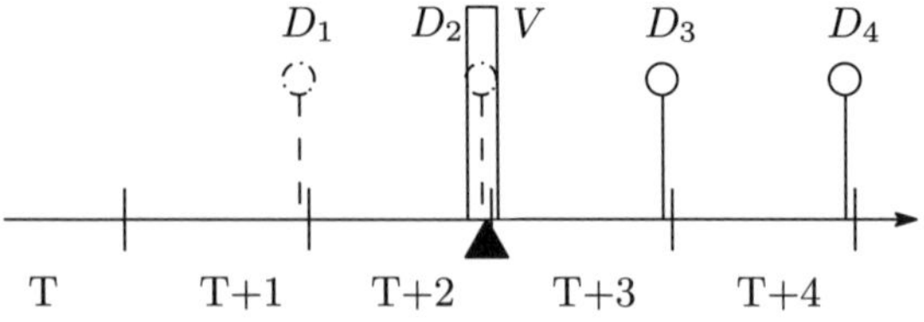

[*10] CAPMの単元で扱ったように，マーケット・リスクプレミアムは μ_M のことではなく，$\mu_M - r_f$ のことであることに注意．

[*11] $E_3 = B_2 \cdot \mathrm{ROE}_3$ であるが，3年目からROEが10%ではなく5%へ変更になるという条件を忘れないように注意．

T+3期以降のサステイナブル成長率を g_3 とおく．T+3期以降，ROEはROE$_3$で一定なので，

$g_3 = \text{(内)} \cdot \mathrm{ROE}_3 = (1-0.5) \cdot 0.05 = 0.025$ となり，

クリーン・サープラス関係が成立するので，X社の純資産は g_3 で増加していく．よって，T+3期以降X社の配当は，毎年 $1+g_3$ 倍増加していくこととなるため，T+2期末配当落ち後の株式の本源的価値 V_2 は

$$V_2 = \frac{D_3}{k-g} = \frac{55.125}{0.05-0.025} = 2{,}205[\text{億円}]$$

したがって，T+2期末の配当落ち後の株価 P_2 は

$$P_2 = \frac{V_2}{\text{発行済み株式数}} = 1{,}102.5 \approx 1{,}103[\text{円}] \qquad \text{(答)}$$

(4)　現在のX社の株式の本源的価値を V_0 とすると，

$$\begin{aligned} V_0 &= \frac{D_1}{1+k} + \frac{D_2}{(1+k)^2} + \frac{D_3}{(1+k)^3} + \frac{D_4}{(1+k)^4} + \cdots \\ &= \frac{100}{1.05} + \frac{105}{1.05^2} + \frac{1}{1.05^2} V_2 \end{aligned}$$

となり，現在のX社の理論価格 P_0 は，

$$\begin{aligned} P_0 &= \frac{V_0}{2\text{億}} = \frac{1}{2\text{億}} \left(\frac{100}{1.05} + \frac{105}{1.05^2} \right) + \frac{1}{1.05^2} \frac{V_2}{2\text{億}} \\ &= 95.238\cdots + 0.907\cdots P_2 \approx 95_{①} + 0.91_{②} P_2 \ [\text{円}] \qquad \text{(答)} \end{aligned}$$

(5)　T+3期以降の配当性向を70%にした場合のT+2期末の配当落ち後の本源的価値は，

$$g_3' = \text{(内)}_3 \cdot \mathrm{ROE}_3 = (1-0.7) \cdot 0.05 = 0.015$$

$$D_3' = \text{(配)}_3 \cdot E_3 = 0.7 \cdot B_2 \cdot \mathrm{ROE}_3 = 0.7 \cdot 2{,}205 \cdot 0.05 = 77.175$$

より，

$$V_2' = \frac{D_3'}{k-g_3'} = \frac{77.175}{0.05-0.015} = 2{,}205[\text{億円}]$$

したがって，$V_2 = V_2'$ であることがわかり，発行済み株式数は不変なので $P_2 = P_2'$ となるので，現在の(B)株価は変わらない[*12]．　(答)

[*12] 株価が変わらないのは，本問の設定が株主資本コスト＝ROEであるため．

問題 8.27 (割引キャッシュフロー法，EVA®モデル)　現時点の投下資本が 1,000 億円であり，ROIC（投下資本利益率＝NOPAT（税引後事業利益）／投下資本）が 20% で将来にわたって一定の X 社が存在する．新規投資を行った場合にも ROIC は 20% である．X 社は今後 2 年間，毎期の NOPAT の 30% を再投資（「ネット投資＝設備投資－減価償却費」が NOPAT の 30% となる．運転資本は常に一定とする．）し，3 年目以降のネット投資額はゼロとする．X 社の株主資本コストは 10%，負債の資本コスト 5%，負債比率（＝負債／(負債＋株主資本)（一定）50%，実効税率 40% であるとする．このとき，次の各問に答えよ．解答は，(1), (3), (4) は小数点以下第 1 位を，(2) は % 単位で小数点以下第 2 位を四捨五入して表せ．

(1)　X 社の 3 年目のフリーキャッシュフロー（FCF）はいくらか．

(2)　X 社の WACC（＝加重平均資本コスト）(税引後）はいくらか．

(3)　X 社の初年度の EVA® はいくらか．

(4)　DCF 法を用いて計算した現時点の X 社の企業価値はいくらか．

■ **Point**

- FCF や WACC，EVA® は必ずしも出題頻度は高くないものの，覚えていないと得点することがかなり難しくなってしまうため，覚えておくことをお勧めする．

【解答】

(1)　まず，以下の関係式により各年の動きをまとめた表を作成する．

FCF＝NOPAT＋減価償却費－設備投資額－運転資本増加額

＝NOPAT －ネット投資額

	①投下資本	② NOPAT	③ネット投資	④ FCF
1年目	1,000	200	60	140
2年目	1,060	212	63.6	148.4
3年目	1,123.6	224.72	0	224.72
4年目以降	1,123.6	224.72	0	224.72
⋮	⋮	⋮	⋮	⋮

①：前年度の①＋前年度の③ (初年度は題意より1,000)，②：①×ROIC
③：②×30%(ただし，題意より3年目以降はゼロ)，④：②−③
上表より，$FCF_3 = 224.72 \approx 225$[億円]　(答)

(2) 負債比率 $D/(D+E) = 50\%$，株主資本コスト $k_e = 10\%$，実効税率 $\tau = 40\%$，負債の資本コスト $k_d = 5\%$ より，WACCの式に代入して，

$$\begin{aligned} k_f &= \frac{E}{E+D}k_e + \frac{D}{E+D}(1-\tau)k_d \\ &= (1-0.5)\cdot 0.1 + 0.5\cdot(1-0.4)\cdot 0.05 = 6.5\% \quad \text{(答)} \end{aligned}$$

(3) EVA®は，投下資本をICとすると以下の式で求められるので，数値を代入して[*13]，

$$\text{EVA®}_n = NOPAT_n - k_f IC_{n-1} = (ROIC_n - k_f)IC_{n-1} \text{より}$$
$$\text{EVA®}_1 = (ROIC_1 - k_f)IC_0 = (0.2-0.065)\cdot 1{,}000 = 135[\text{億円}] \quad \text{(答)}$$

(4) 1,2年目と3年目以降で条件が変わるため分解して考えると，

$$\begin{aligned} V_f = \sum_{n=1}^{\infty}\frac{FCF_n}{(1+k_f)^n} &= \frac{FCF_1}{(1+k_f)^1} + \frac{FCF_2}{(1+k_f)^2} + \sum_{n=3}^{\infty}\frac{FCF_n}{(1+k_f)^n} \\ &= \frac{140}{(1.065)^1} + \frac{148.4}{(1.065)^2} + 224.72\cdot\frac{\left(\frac{1}{1.065}\right)^3}{1-\frac{1}{1.065}} \\ &= 3{,}310.393\cdots \approx 3{,}310[\text{億円}] \quad \text{(答)} \end{aligned}$$

[*13] IC_0 は，1年目期首（＝0年目末）の投下資本を指す．

問題 8.28（様々なバリエーションの配当）　株式投資分析の配当割引モデルについて，次の各問に答えよ．

(1) 1株当たり100円の配当を年1回期末に永久に支払うと予想される企業の株式について，投資家がこの株式に対して5%の投資収益率を期待している場合，この投資家にとっての株式の価値はいくらか．

(2) 1株当たりの配当（年1回期末払い）を1年目は100円，2年目は110円と毎年10円ずつ配当が増加すると想定される企業の株式について，投資家がこの株式に対して5%の投資収益率を期待している場合，この投資家にとっての株式の価値いくらか．

(3) 1株当たり配当（年1回期末払い）を1年目は100円，2年目以降10年目まで毎年前年度の10%ずつ配当が増加し，11年目以降は毎年前年度の4%ずつ配当が増加する企業の株式について，投資家がこの株式に対して5%の投資収益率を期待している場合，この投資家にとっての株式の価値はいくらか．小数点以下第1位を四捨五入して表せ．

(4) X社の財務諸表は下表の通りであり，配当性向は一定とする．

	X社
期首株主資本	100億円
期首負債	0億円
当期純利益	20億円
配当額	11億円
資本コスト	12%
発行済株式数	1億株

X社のROEは①%，配当性向は②%，サステイナブル成長率は③%である．また，X社が年10%の利益成長率を達成するためには，外部から④億円資金調達（増資）する必要があり，このとき，

既存株主の希薄化は⑤% となる．①から⑤にあてはまる数値を答えよ．⑤は，% 単位で小数点以下第3位を四捨五入して表せ．

■ **Point**

- 配当の設定が若干複雑な場合，数学的な数列の知識も必要になる．
- 「希薄化」の概念を理解しておこう．

【解答】

(1) から (3) においては1株のみを考えるため，1株当たりの価値として V ではなく P を使用している．

(1) ゼロ成長配当割引モデルにあたる．

$$P_1=\sum_{n=1}^{\infty}\frac{D}{(1+k)^n}=\frac{D}{k}=\frac{100}{0.05}=2{,}000[\text{円}] \qquad (\text{答})$$

(2) n 年目の配当は $100+10(n-1)$ となる[*14]．

$$\begin{aligned}P_2&=\sum_{n=1}^{\infty}\frac{D_n}{(1+k)^n}=\sum_{n=1}^{\infty}\frac{100+10(n-1)}{(1+0.05)^n}\\&=\frac{100}{1.05}+\frac{110}{1.05^2}+\frac{120}{1.05^3}+\cdots\end{aligned}$$

ここで，

$$\begin{array}{rcl}P_2 & = & \frac{100}{1.05}+\frac{110}{1.05^2}+\frac{120}{1.05^3}+\cdots\\ -\quad \frac{P_2}{1.05} & = & \qquad\quad \frac{100}{1.05^2}+\frac{110}{1.05^3}+\cdots\\ \hline (1-\frac{1}{1.05})P_2 & = & \frac{100}{1.05}+\frac{10}{1.05^2}+\frac{10}{1.05^3}+\cdots\end{array}$$

であるから，

$$\left(1-\frac{1}{1.05}\right)P_2=\frac{100}{1.05}+\left(\frac{10}{1.05^2}+\frac{10}{1.05^3}+\cdots\right)$$

[*14] 配当は100，110，120，… と増えていく．1年目のみ100円で，2年目以降110円で一定というような出題もあるので，勘違いしないように問題文をよく読むこと．

$$\frac{0.05}{1.05}P_2=\frac{100}{1.05}+\frac{\frac{10}{1.05^2}}{1-\frac{1}{1.05}}=\frac{100}{1.05}+\frac{10}{0.05\cdot 1.05}$$

$$P_2=\frac{1.05}{0.05}\left(\frac{100}{1.05}+\frac{10}{0.05\cdot 1.05}\right)=6{,}000[円] \qquad (答)$$

(3)　将来の予想配当 D_n をまとめると，

(i)　$1\leq n\leq 10$ のとき

$D_n=1.1\cdot D_{n-1}=1.1^2\cdot D_{n-2}=\cdots=1.1^{n-1}D_1$

(ii)　$n\geq 11$ のとき

$D_n=1.04\cdot D_{n-1}=1.04^2\cdot D_{n-2}=\cdots=1.04^{n-10}D_{10}$

$\therefore D_n=1.04^{n-10}\cdot 1.1^9 D_1$

以上より，

$$P_3=\sum_{n=1}^{10}\frac{1.1^{n-1}\cdot 100}{1.05^n}+\sum_{n=11}^{\infty}\frac{1.04^{n-10}\cdot 1.1^9\cdot 100}{1.05^n}$$

$$=100\cdot\frac{\frac{1.1^0}{1.05^1}-\frac{1.1}{1.05}\cdot\frac{1.1^9}{1.05^{10}}}{1-\frac{1.1}{1.05}}+100\cdot 1.1^9\cdot\frac{\frac{1.04^1}{1.05^{11}}}{1-\frac{1.04}{1.05}}$$

$$=100\cdot\frac{1-\left(\frac{1.1}{1.05}\right)^{10}}{1.05-1.1}+100\cdot\left(\frac{1.1}{1.05}\right)^9\cdot\frac{\frac{1.04}{1.05}}{1.05-1.04}$$

$$=1{,}184.665\ldots+15{,}054.783\ldots\approx 16{,}239[円] \qquad (答)$$

(4)

$$\mathrm{ROE}=\frac{E_1}{B_0}=\frac{20}{100}=0.2=20\%_{①} \qquad (答)$$

$$㊎=\frac{D_1}{E_1}=\frac{11}{20}=0.55=55\%_{②} \qquad (答)$$

$$g=㊇\cdot\mathrm{ROE}=(1-0.55)\cdot 0.2=0.09=9\%_{③} \qquad (答)$$

ここで，来期の利益は $E_2=\mathrm{ROE}\cdot B_1$ となるから，利益成長率10%で成長する $(E_2=1.1E_1$ にする$)$ ためには，$B_1=1.1B_0=110$ となることが必要である．

すなわち10の内部留保が必要だが，実際の内部留保は $E_1-D_1=20-11=9$ であり，$10-9=1$ だけ不足する．よって，1④億円の資金を調達（増資）する必要がある．　(答)

このことは，1億円の分だけ新しい株主が増える，ということになる．
この1億円が来期首の純資産 B_1 に占める割合は，

$$\frac{1}{B_1}=\frac{1}{B_0+10}=\frac{1}{100+10}=\frac{1}{110}=0.909\ldots\%$$

よって，既存株主の希薄化は，0.91%⑤　(答)

■コラム：電卓の使い方（その2：メモリー機能）

シャープ製およびキヤノン製の電卓を例にとって操作方法を紹介します．
例えば次の P を求めてみましょう．

$$P=\frac{2.5}{1.015}+\frac{2.5}{1.015^2}+\frac{2.5}{1.015^3}+\frac{102.5}{1.015^4}$$

メモリー機能を使わない場合，それぞれの項ごとに，電卓をたたいて結果をメモ書きして，最後に足し算されていると思います．
例のような場合，項ごとの計算結果をメモリーに格納し，最後に答えを取り出すという流れにすると，計算速度が大幅に向上します．計算問題では，電卓のたたき間違いもあるため，2度計算してダブルチェックするくらいのスピードが必要です．メモリー機能に慣れて，計算速度を大幅に引き上げましょう．

M+	メモリーボックスに計算結果を加える
M−	メモリーボックスから計算結果を差し引く
MR	メモリーボックスの中身を表示する
CM	メモリーボックスの中身を消去する

これらを駆使すると，P は以下のように計算されます．

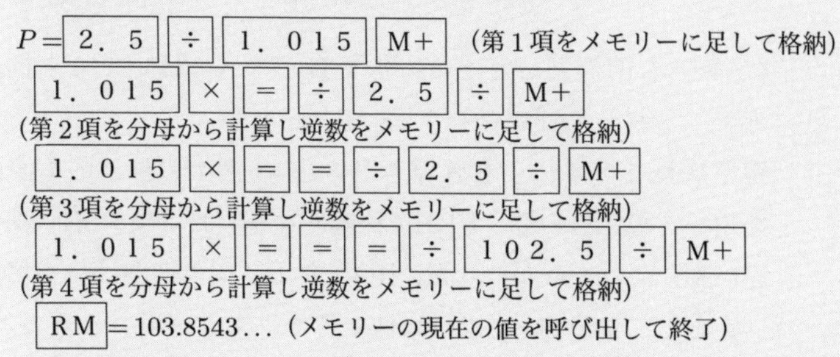

カシオ製の電卓の場合，上記 × = を × × = に，また ÷ M+ を ÷ ÷ = M+ に置き換えます．

問題 8.29 (各指標の具体的な計算)　X社の財務指標が下表のように示されている．配当は年1回期末に支払われるものとし，現在は配当支払い直後 (T期末) とする．また，T期とは，T年1月1日からT年12月31日までの1年間とする．X社は株主資本のみを元手に事業を行っており，今後，増資や借入などを行わず，内部資金のみで事業展開を図ろうとしており，発行済み株式数は将来にわたり一定とする．リスクフリー・レート (年率) は1.0%，マーケット・ポートフォリオの期待リターン (年率) は8.0%とする．このとき，次の各問に答えよ．解答は，(1)は%単位で小数点以下第2位を，(2),(3)は%単位にせず小数点以下第2位を四捨五入して表せ．

T期末

総資産	350億円
純資産	150億円
有利子負債	100億円
現預金	3億円
発行済み株式数	1億株

T+1期の予想

売上高	80億円
営業利益	30億円
純利益	25億円
減価償却費	10億円
設備投資額	5億円
運転資本増加額	2億円
配当額	10億円

(1)　CAPMを前提としたとき，株主資本コストはいくらと推定されるか．なお，X社のベータは，1.7とする．

(2)　定率成長モデルにより計算されるT+1期始の株式の本源的価値を用いて算出される，PER (株価収益率) およびPSR (株価売上高倍率) はいくらか．なお，ROEおよび配当性向は将来にわたり一定とし，上記(1)で求めた株主資本コストを用いるものとする．

(3)　T期末の株価が上記(2)で求めたT+1期始の株式の本源的価値と等しいとき，T+1期の予想に基づくEBITDAを用いて算出される，EV/EBITDA (企業価値EBITDA比率) はいくらか．

■ **Point**

- 仮に指標の計算方法を忘れてしまっても，英語の頭文字や日本語表記から推測できることもある．EV/EBITDA のように，試験中に式を思いつくのが厳しい指標から優先して覚えておくことをお勧めする．

【解答】

(1) CAPM の第 2 定理より，

$$k_X - r_f = \beta_X(\mu_M - r_f)$$

$$k_X = 1.7(8\% - 1\%) + 1\% = 12.9\% \qquad \text{(答)}$$

(2) 株価収益率は $\mathrm{PER} = \dfrac{\text{株価}\,P}{1\text{株当たり純利益}} = \dfrac{V}{\text{純利益}}$ で表される．

ここで，定率成長モデルによる本源的価値は $V = \dfrac{D_1}{k-g}$ で求められるので，㊎$= \dfrac{10}{25} = 0.4$ および $g =$ ㊐$\cdot \mathrm{ROE} = (1-0.4) \times \dfrac{25}{150} = 0.1$ から，

$$V = \frac{D_1}{k-g} = \frac{10}{0.129 - 0.1} = 344.827\ldots$$

以上より，

$$\mathrm{PER} = \frac{V}{\text{純利益}} = \frac{344.827\ldots}{25} = 13.793\ldots \approx 13.8[\text{倍}] \qquad \text{(答)}$$

また，

$$\mathrm{PSR} = \frac{\text{株価}\,P}{1\text{株当たり売上高}} = \frac{V}{\text{売上高}} = \frac{344.827\ldots}{80}$$

$$= 4.310\ldots \approx 4.3[\text{倍}] \qquad \text{(答)}$$

(3) (2) より，株式時価総額 $= V = 344.827\ldots$[億円] であるから，

$$\mathrm{EV/EBITDA} = \frac{\text{株式時価総額} + \text{有利子負債} - \text{現預金}}{\text{営業利益} + \text{減価償却費}}$$

$$= \frac{344.827\ldots + 100 - 3}{30 + 10} = 11.045\ldots \approx 11.0[\text{倍}] \qquad \text{(答)}$$

8.8 デリバティブ投資分析

問題 8.30（先渡取引・先物取引） 先渡取引，先物取引に関する次の各問に答えよ．

(1) 為替スポット・レートが1米ドル105円，期間3ヵ月(90日)の円金利と米ドル金利がそれぞれ年率（1年=360日換算）0.1%と2.00%であった場合，満期3ヵ月（90日）のドル円の先渡為替レートの理論値はいくらか．解答は小数点以下第2位を四捨五入して，第1位までの数値で解答せよ．

(2) 2020年10月1日における株価指数および株価指数先物が，下表の通り与えられている．リスクフリー・レートは1.00%（年率，1年＝365日ベース）とし，取引単位は株価 ×1,000円とする．このとき，次の(i)，(ii)の各問に答えよ．

	限月	価格	残存日数
株価指数	-	20,030円	-
株価指数先物A	2020年12月	20,060円	71日
株価指数先物B	2021年3月	20,090円	162日

(i) ある投資家が株価指数先物Aを1枚売り建て，反対売買されずに取引最終日まで売り建玉のまま保有したところ，取引最終日の翌日の最終清算指数（SQ）が20,000円になった．このとき，この投資家の損益はいくらか．解答は小数点以下第1位を四捨五入して，整数で解答せよ．

(ii) 株価指数先物Bの満期までの配当利回り（年率，1年＝365日ベース）が0.80%である場合，この先物の2020年10月1日における理論価格はいくらか．解答は小数点以下第1位を四捨五入して，整数で解答せよ．

(3) 債券先物取引において，最割安銘柄の時価を100，同銘柄の交換比率を0.85，現在から先物満期（受渡日）までに最割安銘柄から得られるクーポン収入の現在価値を5，先物満期までのリスクフリー・レート（年率）を1%とすると，満期までの期間が4年の先物の理論価格はいくらか．解答は小数点以下第2位を四捨五入して，第1位までの数値で解答せよ．

(4) ユーロ円3カ月金利先物の価格は100から年利率（90/360日ベース）を差し引いた数値であり，当初買い建て価格が96.0，最終的な売り戻し価格が98であったとすると，差金決済により1取引単位（元本1億円）当たりで授受される累計金額はいくらか．解答は小数点以下第1位を四捨五入して，整数で解答せよ．

■ **Point**

- 実際の試験においても，各取引ごとに小問として出題されることも多いので，それぞれを正確に覚えて，素早く計算できることが重要である．

【解答】

(1) $F_{¥/\$}$ を先渡為替レートの理論値，$S_{¥/\$}$ を為替スポット・レート，$r_{¥}$ を円金利（年率表示），$r_{\$}$ を米ドル金利（年率表示）とすると，

$$1 + r_{¥} \times \frac{90}{360} = \frac{F_{¥/\$}}{S_{¥/\$}} \times \left(1 + r_{\$} \times \frac{90}{360}\right)$$

$$\Leftrightarrow \quad 1 + 0.0010 \times \frac{90}{360} = \frac{F_{¥/\$}}{105} \times \left(1 + 0.02 \times \frac{90}{360}\right)$$

$$\therefore F_{¥/\$} = 104.50\ldots \approx 104.5 \qquad \text{(答)}$$

(2) (i) 株価指数先物取引の場合，反対売買されずに取引最終日まで保有された先物の建玉は取引最終日翌日の最終清算指数 (SQ) に基づいて清算されるから，売り建ての損益は，

$$\text{損益} = -(\text{最終清算指数} - \text{売り建て先物価格}) \times \text{取引単位} \times \text{取引数量}$$

$$= -(20{,}000 - 20{,}060) \times 1{,}000 \times 1 = 60{,}000\,\text{円} \qquad \text{(答)}$$

(ii) 現在の株価指数値を S_0，期間 n 日のリスクフリー・レート (年率) を r，株価指数の配当利回り (年率) を q とすれば，株価指数先物の理論価格 F_0 は，

$$
\begin{aligned}
F_0 &= S_0 \times \left(1 + (r-q) \times \frac{n}{365}\right) \\
&= 20{,}030 \times \left(1 + (0.01 - 0.008) \times \frac{162}{365}\right) \\
&= 20{,}047.78\ldots \approx 20{,}048 \qquad \text{(答)}
\end{aligned}
$$

(3) S_0：最割安銘柄の時価

Cf：最割安銘柄の交換比率

I_0：現在から先物満期 (受渡日) まで最割安銘柄から得られるクーポン収入の現在価値

r_f：リスクフリー・レート

とすると，満期までの期間が T 年の先物の理論価格は以下のようになる.

$$
\text{債券先物理論価格} = \frac{(S_0 - I_0)(1 + r_f)^T}{Cf}
$$

したがって，

$$
\text{求める債券先物理論価格は} = \frac{(100-5)(1+0.01)^4}{0.85} = 116.30\ldots \approx 116.3 \qquad \text{(答}
$$

(4) 当初買い建て価格を F_0，最終的な売り戻し価格を F_T とおけば，

$$
\begin{aligned}
\text{差金決済金額} &= 1\,\text{億円} \times \frac{F_T - F_0}{100} \times \frac{90}{360} \\
&= 1\,\text{億円} \times \frac{98-96}{100} \times \frac{90}{360} = 500{,}000\,\text{円} \qquad \text{(答)}
\end{aligned}
$$

問題 8.31（金利スワップ）　LIBORのスポット・レート・カーブが表1のように与えられた（1年360日表示）とする．このとき，金利スワップに関する次の(1)〜(4)の各問に答えよ．なお，計算の途中において，ディスカウントファクターは，小数点以下第6位を四捨五入して小数点以下第5位までの数値を用いることとする．

表1

期日（日）	90日	180日	270日	360日
LIBORスポット・レート（年率）	1.00 %	1.20 %	1.30 %	1.25 %

(1)　3カ月LIBORと固定金利を交換する満期1年，年4回利払いの円−円スワップの固定金利はいくらに設定されるか．解答は％単位で小数点以下第3位を四捨五入して，％単位で小数点以下第2位までの数値で解答せよ．

(2)　この円−円スワップを，想定元本100億円として購入した場合，つまり固定金利受け，変動金利払いの取引を行った場合，スワップ取引開始時点におけるスワップの時価はいくらか．解答は百万円未満を四捨五入して，百万円単位で解答せよ．

スワップ取引締結後120日経った時点で，市場環境が表2のようになっていたとする．

表2

期日（日）	60日	150日	240日
LIBORスポット・レート（年率）	0.90 %	1.05 %	1.20 %

(3)　この円−円スワップのキャッシュフローは，同じ元本（100億円），同じ満期（1年）の固定利付債と変動利付債の交換を行っていることに相当するが，直前の利払い日における3カ月LIBORが年

率0.97%であった場合，満期の元本まで含めた変動金利払いの時価（スワップ取引締結後120日経過時）はいくらか．解答は百万円未満を四捨五入して，百万円単位で解答せよ．

(4) このスワップの時価（スワップ取引締結後120日経過時）はいくらか．解答は百万円単位で小数点以下第3位を四捨五入して，百万円単位で小数点以下第2位までの数値で解答せよ．

■ **Point**

- (3)の解答にあたっては，以下に基づいて解答する．
  - 60日後の変動金利払いは，直前の利払い日の3か月LIBORとなる．
  - 利払い日直後（60日後）の変動利付債の時価は元本と等しくなる．
- ディスカウントファクターの算出については例えば，期日90日のLIBORスポット・レートのディスカウントファクターは以下のように計算する．

$$\frac{1}{1+1.00\%\times\dfrac{90}{360}}=0.997506\ldots\approx0.99751$$

【解答】

(1) 期日ごとのディスカウントファクターを計算すると以下の通り．

期日（日）	90日	180日	270日	360日
LIBORスポット・レート（年率）	1.00 %	1.20 %	1.30 %	1.25 %
ディスカウントファクター	0.99751	0.99404	0.99034	0.98765

そこで，求める固定金利を$r_{\rm fix}$とすれば，

$$r_{\rm fix}=\frac{1-1\times d(0,4)}{0.25\times\{d(0,1)+d(0,2)+d(0,3)+d(0,4)\}}$$

$$= \frac{1 - 1 \times 0.98765}{0.25 \times \{0.99751 + 0.99404 + 0.99034 + 0.98765\}}$$
$$= 1.244\ldots\% \approx 1.24\% \quad \text{（答）}$$

(2)　0円となる．　（答）
スワップ取引開始当初は，固定・変動いずれの価値も等しくなるように条件設定されているので，スワップの時価はゼロとなる．

(3)　期日ごとのディスカウントファクターは以下の通り．

期日（日）	60日	150日	240日
LIBORスポット・レート（年率）	0.90 %	1.05 %	1.20 %
ディスカウントファクター	0.99850	0.99564	0.99206

求める変動金利の時価 V_{float} は

$$V_{\text{float}} = 100\,\text{億円} \times \left(\frac{0.0097}{4} + 1\right) \times 0.99850$$
$$= 10,009.2136\ldots\,\text{百万円} \approx 10,009\,\text{百万円} \quad \text{（答）}$$

(4)　満期までの想定元本まで含めた固定金利受けの時価 V_{fix} は，

$$V_{\text{fix}} = 100\,\text{億円} \times \left\{\frac{0.0124}{4} \times (0.99850 + 0.99564 + 0.99206) + 1 \times 0.99206\right\}$$
$$= 10,013.1722\ldots\,\text{百万円}$$

したがって，スワップの時価 V_{swap} は

$$V_{\text{swap}} = V_{\text{fix}} - V_{\text{float}}$$
$$= 10,013.1722\,\text{百万円} - 10,009.2136\,\text{百万円}$$
$$= 3.9586\,\text{百万円} \approx 3.96\,\text{百万円} \quad \text{（答）}$$

問題 8.32 (転換社債)　2つの転換社債 A，B があり，それぞれの情報が下表のように示されている．この転換社債について，次の (1)~(4) の各問に答えよ．解答は (1)~(3) は小数点以下第3位を四捨五入して，第2位までの数値で解答せよ．

	転換社債 A	転換社債 B
額面金額	100 万円	50 万円
転換価格	450 円	
現在の株価	405 円	603 円
転換社債の価格	95 円	96.3 円
クーポン	5.0%	5.0%
残存年数	5 年	5 年
予想配当金	年間 5 円	年間 5 円

(1)　転換社債 A のパリティはいくらか．

(2)　転換社債 A の乖離率はいくらか．

(3)　転換社債 A の利回りはいくらか．

(4)　転換社債 B よりも転換社債 A の方が株式としての性格が強いとする．このとき，転換社債 B の転換価格として満たすべき条件は何か．

■ **Point**

- 転換社債に関する問題では，パリティ，乖離率，利回りはきちんとおさえておき，正確かつ素早く計算できるようにしておくことが重要．
- (4) の解答では，パリティは現在の株価が転換価格と比較してどの程度高いかを示す指標であり，パリティが高いほど株式の性質が強くなるという指標のもつ意味に着目する．

【解答】

(1)　$\text{パリティ} = \dfrac{\text{株価}}{\text{転換価格}} \times 100 = \dfrac{405}{450} \times 100 = 90.00$　　(答)

（パリティの計算結果は端数を持たないため，以降，整数値を用いる．）

(2)
$$\text{乖離率}\,(\%) = \frac{\text{転換社債価格} - \text{パリティ}}{\text{パリティ}} \times 100(\%) = \frac{95-90}{90} \times 100(\%)$$
$$= 5.5555\ldots(\%) \approx 5.56(\%) \qquad \text{(答)}$$

(3)
$$\text{利回り}\,(\%) = \frac{\text{クーポン} + \dfrac{100 - \text{転換社債価格}}{\text{残存年数}}}{\text{転換社債価格}} \times 100(\%)$$
$$= \frac{5 + \frac{100-95}{5}}{95} \times 100(\%) = 6.3157\ldots \approx 6.32(\%) \qquad \text{(答)}$$

(4)　株式としての性格が強くなるためには，パリティが大きくなればよい．したがって，求める条件は 転換社債 B のパリティ ＞ 転換社債 A のパリティとなる．転換社債 A のパリティは 90 であるから，転換社債 B の価格が満たすべき条件は，以下の通りとなる．

$$\frac{\text{転換社債 B の株価}}{\text{転換社債 B の転換価格}} \times 100 > 90$$
$$\Leftrightarrow \quad \frac{603}{\text{転換社債 B の転換価格}} \times 100 > 90$$
$$\Leftrightarrow \quad \text{転換社債 B の転換価格} > 670 \qquad \text{(答)}$$

問題 8.33（プット・コール・パリティ）　現在のX社およびY社の株式の現在の状況は下表の通りとなっている．このとき，次の(1)~(3)の各問に答えよ．なお，リスクフリー・レートは1.00%（連続複利表示）とし，$e^{-0.01}=0.990$ を用いよ．解答は小数第1位を四捨五入して，整数で解答せよ．

	現在の価格	配当利回り（連続複利表示）
X社の株式	15,000円	配当なし
Y社の株式		5%

(1)　X社の株式を原資産とし，満期1年，行使価格が16,000円のヨーロピアン・コール・オプションの価格が1,000円とする．このとき，このオプションの時間価値はいくらか．

(2)　(1)のオプションについて，プット・コール・パリティから導かれる価格はいくらか．

(3)　Y社の株式を原資産とし，期間1年，行使価格が10,000円のヨーロピアン・コール・オプションの価格が500円，ヨーロピアン・プット・オプションの価格が600円とする．このとき，プット・コール・パリティから導かれる現在のY社の株価はいくらか．

■ **Point**

- 実際の試験では，「プット・コール・パリティにより算出」といったヒントがないこともありうる．プット・コール・パリティが使える条件をきちんとおさえておき，プット・コール・パリティの使い方に慣れておくことが重要．
- プット・コール・パリティは金利や配当利回りが連続複利表示でない場合，違う算式（必須知識&公式集(5.23)参照）になる．連続複利表示かそうでないかもきちんと確認することが重要．

【解答】

(1)　時間価値はオプション価格と直ちに行使したときの価値である本源的価値との差であるから，

$$\text{本源的価値} = \max(15{,}000 - 16{,}000,\ 0) = 0$$

$$\begin{aligned}\text{時間価値} &= \text{オプション価格} - \text{本源的価値}\\ &= 1{,}000 - 0 = 1{,}000 \qquad \text{(答)}\end{aligned}$$

(2)　プット・コール・パリティにより，

$$\begin{aligned}& C - P + Ke^{-rT} = S_0\\ \Leftrightarrow\quad & P = -S_0 + C + Ke^{-rT}\\ \Leftrightarrow\quad & P = -15{,}000 + 1{,}000 + 16{,}000e^{-0.01\cdot 1}\\ \Leftrightarrow\quad & P = 1{,}840 \qquad \text{(答)}\end{aligned}$$

(3)　プット・コール・パリティにより，

$$\begin{aligned}& C - P + Ke^{-rT} = S_0e^{-qT}\\ \Leftrightarrow\quad & S_0 = \frac{C - P + Ke^{-rT}}{e^{-qT}}\\ \Leftrightarrow\quad & S_0 = \frac{500 - 600 + 10{,}000e^{-0.01\cdot 1}}{e^{-0.05\cdot 1}}\\ \Leftrightarrow\quad & S_0 = \frac{500 - 600 + 10{,}000e^{-0.01}}{(e^{-0.01})^5}\\ \Leftrightarrow\quad & S_0 = 10{,}305.05\ldots \approx 10{,}305 \qquad \text{(答)}\end{aligned}$$

問題 8.34（スペキュレーション）　オプションを用いたスペキュレーションに関する次の(1)，(2)の各問に答えよ．

(1)　行使価格が500円，満期まで期間が1年のコール・オプションおよびプット・オプション（ともにヨーロピアン・オプション）の価格がともに32円であったとき，ストラドルの売りポジションを組んだ．1年後に原資産価格が530円になったとき，オプション満期における正味損益はいくらか．ただし，リスクフリー・レートは0%とする．解答は小数点以下第1位を四捨五入して，整数で解答せよ．

(2)　行使価格が200円のコール・オプションと，行使価格が100円のプット・オプションによるストラングルの買いポジションを組んだ．コール・オプションおよびプット・オプションはともに満期まで1年のヨーロピアン・オプションであり，価格はいずれも20円であったとする．1年後の原資産の価格は X 円であった．このとき，オプション満期において利益をあげることができる X 円の範囲を求めよ．ただし，リスクフリー・レートは0%とする．解答は小数点以下第1位を四捨五入して，整数で解答せよ．

■ **Point**

- ストラドルとストラングルは名前が似ており，混同しがちである．両者の違いの覚え方の一例を紹介しておく．
  - ストラドル：名前が短い→損益がフラットになる部分が短い（ない）．
  - ストラングル：名前が長い→損益がフラットになる部分が長い．

【解答】

(1)　満期におけるコール・オプションの売りおよびプット・オプションの売りの正味損益は以下の通り．

$$\text{コール・オプションの売りの正味損益} = C - \max(S-K,\ 0)$$
$$= 32 - \max(530-500,\ 0) = 2$$
$$\text{プット・オプションの売りの正味損益} = P - \max(K-S,\ 0)$$
$$= 32 - \max(500-530,\ 0) = 32$$

よって，満期における正味損益は $2+32=34$ となる．　　(答)

(2)　満期におけるコール・オプションの買いおよびプット・オプションの買いの正味損益は，1 年後の原資産の価格 X を用いると，

$$\text{コール・オプションの買いの正味損益} = \max(S-K,\ 0) - C$$
$$= \max(X-200,\ 0) - 20$$
$$\text{プット・オプションの買いの正味損益} = \max(K-S,\ 0) - P$$
$$= \max(100-X,\ 0) - 20$$

となる．よって，ストラングルの買いの正味損益 $F(X)$ は，

$$F(X) = \text{コール・オプション買いの正味損益} + \text{プット・オプション買いの正味損益}$$
$$= \max(X-200,\ 0) + \max(100-X,\ 0) - 40$$

とかけるので，$F(X)$ が正となる X の範囲を求めればよい．

(i)　$\underline{X<100 \text{のとき}}$　$F(X) = 0+100-X-40 = 60-X$

$\therefore X<60$

(ii)　$\underline{100 \leq X \leq 200 \text{のとき}}$　$F(X) = 0+0-40 = -40$　$\therefore$解なし

(iii)　$\underline{200<X \text{のとき}}$　$F(X) = X-200+0-40 = X-240$

$\therefore X>240$

以上より，求める X の範囲は $X<60,\ 240<X$ となる．　　(答)

■付録 A

初心者のための「会計」の基礎

中野貴章

A.1 「会計」とは

会計の発端は諸外国からの輸入の学問であると言われる．日本語のままで専門用語の意味を捉えにくい時は英語にあえて変換してみると意味をイメージしやすくなることがある．

私たちの日常生活で会計という言葉が出てくるのは，レストランでの「お会計」といった計算的な意味のイメージが強いかもしれないが，試験で問われている「会計」はそのイメージとは異なる．

会計は英語では「accounting」であり，「報告する」という意味である．つまり，会計とは「報告する」というイメージを持つとよい．

ここで，報告の主語は企業であると考えて欲しい．会計を学習することは，「企業の一連の報告行為」について学習するというイメージを持つとよいであろう．

以下で，ある企業のシンプルな事例を想定して会計の流れを説明していく．

（事例）

Actuary 株式会社（以下 A 社）は，アクチュアリー試験の教育ビジネスを行うことを目的として設立された新進気鋭のベンチャー企業である．A 社について，①～⑤の取引がそれぞれ発生している．

＜設立当初＞

①.1 月 1 日　A 社設立にあたり，B 銀行から 300 万円の借入を行った．

②.1 月 1 日　A 社設立にあたり，200 万円の出資を株主 C から受けた．

＜事業開始＞

③.1 月 3 日　授業を実施するためにビルの 1 室を借りることとした．賃料の最初の月額支払いとして 10 万円を支払った．

④.1 月 4 日　また講師を一人雇うこととした．講師の月給として 30 万円を支払った．

⑤.1 月 5 日　授業を開始したところ生徒が 50 人集まった．50 人それぞれから月謝 1 万円を受け取った．

B 銀行の立場からすると A 社に 300 万円の貸付を行っており，その立場での関心事は貸したお金が戻ってくるかどうかである．

株主Cの立場からすると200万円の投資をA社に対して実施しているので，この先A社が利益を上げていくかが関心事である．

ここでA社はB銀行や株主CにA社自身の財政状況や経営成績について報告する必要が生じてくる．借金だらけでは企業が倒産する危険性が高いかもしれないし，また事業が軌道に乗らず損失を多く出している企業だと配当が出ないかもしれない．企業は借入や出資で資金を出してもらっている以上，これらの関係者に対して，資金の使途や事業の運営状況などについて報告義務を負う．

A.2　2つの報告形式

そこで，関係者へ報告する書類として，下記のような形の2つの書類を作って報告することが現在の会計のルールで定められている．（他にもあるがここでは2つに絞る．）

貸借対照表（B/S）

借方	貸方	
現金　510万円	借入金	300万円
	資本金	200万円
	利益剰余金	10万円 ⟸

損益計算書（P/L）

借方		貸方
給料	30万円	売上　50万円
賃料	10万円	
利益	10万円	

まずは1つ目の「貸借対照表」は，英語ではBalance Sheet（B/Sと略称される．以下B/S）という．

これは報告日時点での，企業の資産の内訳表だと捉えるとよい．上表は第1事業年度末のB/Sのイメージである．

どういう内訳かというと，資産を保有するに当たってどこからその資産を持つための資金を調達してきたかを表す内訳である．

会計のルールとして，左側（借方）に企業が保有する「資産」が記載されており，右側（貸方）には資産の調達元「負債」と「純資産」が記載されている．

資産の調達元というのは，上記の事例でいうと銀行から借りたもので返済義務があるもの（負債）であるのか，株主から資金調達したものなどで返済義務がないもの（純資産）であるのかに大きく分けられる．

B/Sは，左側の項目の内訳を右側の項目で示すのであるから，左と右が均等になる（バランスする）．

次に2つ目の「損益計算書」は，英語ではProfit and Loss statement（P/Lと略称される．以下P/L）という．

一定の期間（通常決算年度の1年間）において，会社が儲かっているのか損しているのかを表す報告書類である．上表はある第1事業年度の1年間のP/Lのイメージである．

これも会計のルールで右側（貸方）に収益，左側（借方）に費用を記載することとなっている．その差額が利益または損失である．利益が出ているのか損失が出ているかが視覚的に一目で分かるように作成されている．

B/S，P/Lを作成することが会計報告の最終ゴールであるとイメージしよう．

A.3　B/S, P/Lの作成と仕訳

上記の例のように①〜⑤程度の取引量だと，これらの取引の結果を反映させて作ればよいと思うかもしれないが，実際の企業は大量の取引を日々実施する．いざ報告の時点でB/S, P/Lを作成しようと思っても膨大な日々の取引の記録を取っておかないと作成は不可能である．

一方で膨大な取引について，全ての個々の取引に対して文章を記載していくことは非常に困難であり，金額を集計するのもまた容易ではない．

そこで日々の取引の記録方法として文章で記載することに代わって発明されたのが仕訳（しわけ）である．

上記のB/S，P/Lが最終的に日々の取引記録を集計した結果として作れるように，B/S，P/Lを構成する5要素（資産，負債，純資産，収益，費用）を用いて取引を二面的に分解して日々の記録を取っていく方法である．

仕訳の世界では，一つの取引が生じると，必ず上記の5要素のうち2要素の増減を記録する．いわば取引をこれらの2要素に仕分ける行為であるから仕訳（しわけ）と呼ぶのだと捉えよう．

資産，費用は仕訳において，左側に記載すると増加（プラス）となり，右側に記載すると減少（マイナス）を意味する．

負債，純資産，収益は仕訳において，右側に記載すると増加（プラス）となり，左側に記載すると減少（マイナス）を意味する．

なお，上記でB/S，P/Lの左側，右側という表現を使ったが，これを仕訳の世界では左側の事を借方，右側のことを貸方と呼ぶ．なぜそう呼ぶかについては諸説あるが，ここでは理由を考えずに覚え込んでしまってよい．

報告する時には，それらの日々の仕訳を積み上げの影響を集計することでB/S，P/Lが自動的に作れるようになるという仕組みである．

上記で示した事例に基づいて仕訳の例を示す．（借）は左側（借方）への計上，（貸）は右側（貸方）への計上を表している．

①.1月1日　借入金という負債（右側がプラス）が増えて，現金という資産（左側がプラス）が増えたという2要素の増減を同時に記録する．なお，それぞれの要素の名前は勘定科目という名前で呼ばれ，その具体的な取引内容によって名前が決まるので徐々に覚えていくとよい．仕訳は以下のようになる．勘定

科目と金額を併記する形で記載する．

（借）現金　300 万円　　（貸）借入金　300 万円

②.1 月 1 日　資本金という純資産（右側がプラス）が増えて，現金という資産（左側がプラス）が増えたという 2 要素の増減を記録する．仕訳は以下の通り．

（借）現金　200 万円　　（貸）資本金　200 万円

③.1 月 3 日　賃料という費用（左側がプラス）が増えて，現金という資産（左側がプラス）が減ったという 2 要素の増減を記録する．仕訳は以下の通り．

（借）賃料　10 万円　　（貸）現金　10 万円

④.1 月 4 日　給料という費用（左側がプラス）が増えて，現金という資産（左側がプラス）が減ったという 2 要素の増減を記録する．仕訳は以下の通り．

（借）給料　30 万円　　（貸）現金　30 万円

⑤.1 月 5 日　売上という収益（右側がプラス）が増えて，現金という資産（左側がプラス）が増えたという 2 要素の増減を記録する．仕訳は以下の通り．

（借）現金　50 万円　　（貸）売上　50 万円

これらから期末の B/S の左側（資産側＝現金）を計算すると，$300+200-10-30+50=510$，右側（負債＋純資産側）を計算すると $300+200=500$ となり，資産が 10 超過していることになる．決算を行うとこの部分が，利益剰余金として，純資産が増加したことを意味する．これを，P/L で見てみると，左側（費用）の合計が $10+30=40$，右側（収益）の合計が売上の 50 となるため，その差額 10 が利益となり，B/S の利益剰余金の額と一致する．

これまでシンプルな事例を用いて，「会計」学習の全体像を説明してきたが，教科書の各章の内容の中には複雑な取引を仕訳することが求められるものもある．

ここで肝要なのはいかなる取引でも必ず B/S, P/L の 5 要素のうち 2 要素に仕分けられるので，それぞれの取引の経済実態を深く理解して 2 要素の増減に落とし込むことである．この落とし込みの練習を本書の問題集を通じて行い，理解を深めて欲しい．

付録B

KKTのための数学基礎公式集

ここではKKTを攻略するために最低限必要な公式を掲載する.

[合格へのストラテジー 数学] にも数学の基礎公式を多く掲載しているので適宜参照して欲しい.

B.1 2次方程式の解

$ax^2+bx+c=0$ $(a\neq 0)$ の解は，以下の通り.

$$x=\frac{-b\pm\sqrt{b^2-4ac}}{2a} \tag{B.1}$$

B.2 数列

B.2.1 等差数列・等比数列の和

$$\sum_{\text{初項}}^{\text{末項}} \text{等差数列} = \frac{\text{初項}+\text{末項}}{2}\cdot\text{項数}, \qquad \sum_{\text{初項}}^{\text{末項}} \text{等比数列} = \frac{\text{初項}-\text{末項}\cdot\text{公比}}{1-\text{公比}} \tag{B.2}$$

B.2.2 重要な $\sum$ 計算

$$\sum_{k=1}^{n} c = cn, \qquad \sum_{k=1}^{n} k = \frac{n(n+1)}{2} \tag{B.3}$$

B.3 指数計算

$$a^n\cdot a^m = a^{n+m}, \qquad \frac{a^n}{a^m}=a^{n-m}, \qquad a^0=1 \tag{B.4}$$

$$a^{-n}=\frac{1}{a^n}, \qquad (a^n)^m=a^{nm} \tag{B.5}$$

B.4　微分法

$$y = c \ (c\text{は定数})\ \text{のとき}, \quad \frac{dy}{dx} = 0 \tag{B.6}$$

$$y = x^n \ \text{のとき}, \quad \frac{dy}{dx} = n \cdot x^{n-1} \tag{B.7}$$

$$y = e^x \ \text{のとき}, \quad \frac{dy}{dx} = e^x \tag{B.8}$$

B.5　確率の基本公式

B.5.1　期待値

添え字がない $\sum$ は全区間の合計を表すものとする．

確率変数 X の期待値（平均）$E(X)$ は，以下で定義される．

$$E(X) = \sum x_i \cdot f(x_i) \tag{B.9}$$

$g(x)$ を x の関数とするとき，$g(X)$ の平均として，以下が定義できる．

$$E[g(X)] = \sum g(x_i) \cdot f(x_i) \tag{B.10}$$

B.5.2　分散と標準偏差

確率変数 X の分散 $V(X)$ は，以下の式で定義される．$V(X) = \sigma^2$ と表すこともある．

$$V(X) = E\left[(X-\mu)^2\right] = E\left(X^2\right) - E(X)^2 \tag{B.11}$$

また，$\sqrt{V(X)} = \sigma$ を X の標準偏差という．

B.5.3　共分散と相関係数

確率変数 X, Y の共分散 $Cov(X,Y)$ を以下の通り定義する．

$$Cov(X,Y) = E[\{X - E(X)\}\{Y - E(Y)\}] = E(XY) - E(X)E(Y) \tag{B.12}$$

確率変数 X, Y の相関係数 $\rho(X,Y)$ を以下の通り定義する．

$$\rho(X,Y) = \frac{Cov(X,Y)}{\sqrt{V(X)V(Y)}} = \frac{E(XY) - E(X)E(Y)}{\sqrt{V(X)V(Y)}} \tag{B.13}$$

B.5.4　期待値，分散，共分散，相関係数の性質

a, b, c は X, Y, Z に無関係な定数として，以下の性質がある．

$$E(X+Y)=E(X)+E(Y) \tag{B.14}$$

$$E(aX+b)=aE(X)+b \tag{B.15}$$

$$V(aX+b)=a^2V(X) \tag{B.16}$$

$$V(X+Y)=V(X)+V(Y)+2Cov(X,Y) \tag{B.17}$$

$$V(aX+bY)=a^2V(X)+b^2V(Y)+2abCov(X,Y) \tag{B.18}$$

$$Cov(X,X)=V(X) \tag{B.19}$$

$$Cov(aX,bY)=abCov(X,Y) \tag{B.20}$$

$$-1 \leq \rho(X,Y) \leq 1 \tag{B.21}$$

X, Y が独立であるとき，以下の性質がある．

$$E(XY)=E(X)E(Y) \tag{B.22}$$

$$V(X+Y)=V(X)+V(Y) \tag{B.23}$$

$$Cov(X,Y)=\rho(X,Y)=0 \tag{B.24}$$

■参考文献

[財務会計講義]　桜井久勝,『財務会計講義（第22版）』, 中央経済社, 2021.
[入門経済学]　伊藤元重,『入門経済学（第4版）』, 日本評論社, 2015.
[新・証券投資論I理論篇]　小林孝雄・芹田敏夫,『新・証券投資論I理論篇』, 日本経済新聞出版社, 2009.
[新・証券投資論II実務篇]　伊藤敬介・荻島誠治・諏訪部貴嗣,『新・証券投資論II実務篇』, 日本経済新聞出版社, 2009.

以上は，日本アクチュアリー会指定の教科書である．

[合格へのストラテジー 数学]　藤田岳彦監修, 岩沢宏和企画協力, アクチュアリー受験研究会代表MAH,『アクチュアリー試験 合格へのストラテジー 数学』, 東京図書, 2017.

最後に，本書の有益な情報のベースは，アクチュアリー受験研究会の会員からのものが多くを占めている．

[アク研]　アクチュアリー受験研究会, https://pre-actuaries.com/

索引

さ

■監修者紹介

三輪（みわ）　登信（たかのぶ）

1992年3月 大阪大学工学部 卒業

大手生命保険会社を経て，現在大手監査法人において保険会社に対する会計監査・相談対応やIFRS・経済価値ベースのソルベンシーマージン規制導入・決算早期化等のアドバイザリー業務に従事．所属する監査法人において保険セクターの日本代表も務める．

公認会計士，日本アクチュアリー会 正会員，年金数理人，

日本証券アナリスト協会 認定アナリスト（CMA）

企業会計基準委員会 保険契約専門委員会専門委員

日本公認会計士協会 保険業部会規制対応グループ長，

IFRS保険会計に関する勉強会座長

金融庁 経済価値ベースのソルベンシー規制等に関する有識者会議メンバー（前）

■著者紹介

MAH

1990年3月 東北大学工学部機械系精密工学科 卒業

1990年4月 国内保険会社 入社

2000年1月 確定拠出年金関連業務に従事

2009年1月「アクチュアリー受験研究会」を発足．現在代表を務める

日本証券アナリスト協会 認定アナリスト（CMA）

DCプランナー1級

日本アクチュアリー会 準会員

栗山（くりやま）　太一（たいち）

1997年3月 京都産業大学理学部数学科 卒業

2005年12月 有限責任監査法人トーマツ静岡事務所 入所

2015年11月 栗山太一会計事務所 開設

常葉大学外国語学部非常勤講師

公認会計士

税理士

日本アクチュアリー会 研究会員

中村（なかむら）　慎二（しんじ）

1999年3月 東京大学法学部 卒業

2000年10月（現）アンダーソン・毛利・友常法律事務所外国共同事業 入所

各種企業法務，金融規制業務，税務・会計助言業務，不正対応業務などを取扱う

日本アクチュアリー会 正会員（理事長賞受賞）

日本証券アナリスト協会 認定アナリスト（CMA）

弁護士

公認会計士

米国公認会計士（イリノイ州 RCPA）

相馬（そうま）　直樹（なおき）
2008年3月 東北大学工学部 卒業
2010年3月 東京大学大学院工学系研究科修士課程 修了
国内保険会社勤務
日本アクチュアリー会 正会員

畑田（はただ）　英和（ひでかず）
2003年3月 上智大学理工学部数学科 卒業
2005年3月 東京大学大学院数理科学研究科修士課程 修了
生命保険会社を経て，現在再保険会社において生命再保険のプライシング業務に従事
日本アクチュアリー会 準会員
日本証券アナリスト協会 認定アナリスト（CMA）

アクチュアリー試験（しけん）　合格（ごうかく）へのストラテジー　会計（かいけい）・経済（けいざい）・投資理論（とうしりろん）

2021年7月25日　第1刷発行　Printed in Japan
2024年5月25日　第3刷発行

監修者　三輪登信
著者　MAH・栗山太一・中村慎二
相馬直樹・畑田英和
発行所　東京図書株式会社
〒102-0072 東京都千代田区飯田橋3-11-19
振替 00140-4-13803　電話 03(3288)9461
http://www.tokyo-tosho.co.jp/

ISBN 978-4-489-02365-1